改訂版

これから始める3Dモデリング

土木技術者のための SketchUp

井出　進一
水野　麻香　著

日刊建設通信新聞社

はじめに

近年、国土交通省は、建設現場を魅力ある現場に劇的に変えていくために、革新的技術の活用等により建設現場の生産性向上を図る「i-Construction」を推進しています。

「i-Construction」では、ICT（Information and Communication Technology：情報通信技術）やBIM/CIM（Building/Construction Information Modeling, Management）の活用が挙げられており、今後の一般化に向けて急速に進められています。BIM/CIMとは、調査、設計、施工、維持管理の一連の建設生産プロセスにおいて、３次元モデルを導入することで全体の生産性向上を図るものです。また、BIM/CIMは施工段階単体に焦点を当てた活用においても多くのメリットがあることが実証されています。その主な効果は、３次元モデルの活用による施工段階で発生するリスクの早期発見、および対策の立案ができるフロントローディングが挙げられます。

土木工事において、３次元モデルを作成する最大のメリットは、これから作る構造物を「見える化」することです。現在、BIM/CIMの取り組みにおいて３次元モデリングは、専門的なスキルをもつCADオペレーターが行っているのが主流です。しかし、土木技術者が３次元モデリングのスキルを身につけることは、多くのメリットがあります。

土木技術者は、３次元モデリングのプロセスにおいて、自らの経験から施工状況をイメージしながらモデリングすることができ、その時点で施工上のリスクを発見することが多くあります。工事の経験を活かして問題点を速やかに見つけることは、施工計画・施工管理のマネジメントにおいて重要です。

また、３次元モデルは、設計上の干渉チェックや計画段階の施工シミュレーション、施主、協力会社、近隣住民などと合意形成をするためのコミュニケーションツール、VRを利用したリアルスケールでの体感など様々な用途に利用できます。そのほかにも、経験の少ない若手社員に分かりやすく土木施工技術を伝承するためのツールにもなります。

３次元モデルを作成するソフトウェアは色々ありますが、その中でもSketchUpは直感的な操作性により習得が容易で、比較的簡単に３次元モデリングができることから様々な場面で世界的に使われています。SketchUpから３次元モデルに触れることで、３次元に対する苦手意識を克服することが期待できます。また、SketchUpは一般的な汎用３次元CADとも互換性があるため、BIM/CIMにもデータ連携ができます。

このように土木技術者がSketchUpを使えるようになることは、とても有効です。

しかし、これまでに市販されているSketchUpの操作テキストは、主に建築構造物を題材にしたものが多く、土木向けのテキストがありませんでした。そこで土木技術者にとってなじみの深い土木構造物を題材とすることで、土木技術者が自ら３次元モデルを作成できるためのマニュアルを発刊いたしました。

SketchUpによる３次元モデリングを習得することによって、土木技術者の仕事が楽しくなり、社会基盤を支える土木工事の現場が魅力的になることを望みます。

最後になりましたが、書籍発行にあたり、大変ご尽力をいただいた株式会社日刊建設通信新聞社の方々、ご協力いただいた日本マルチメディア・イクイップメント株式会社、株式会社アルファコックスの方々、コーディネートしていただいた東急建設株式会社小島文寛氏には大変感謝しております。この場を借りてお礼申し上げます。

井出　進一
水野　麻香

SketchUp でできること

事例の紹介などを少ない紙面で有効に表現ができます

図は BOX カルバートでウィング部下端よりコンクリート打設を実施したところ、ウィング立ち上がり壁の下部スラブ面にジャンカが発生した（着色部分）品質事故事例における事故発生個所の説明図です。２次元図ですと平面、正面、側面、詳細など複数枚の図が必要になりますが、SketchUp の X 線モードを使用して１枚で表現しました。

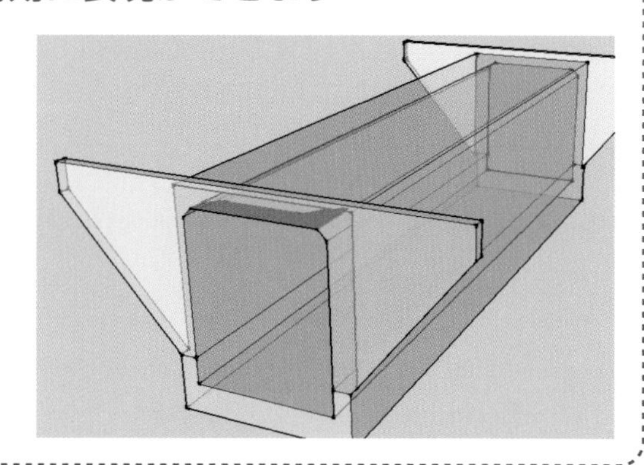

理解度が深まります

新入社員教育において２次元図で作業手順の説明を行い、足場の組み立て実習を行ってきましたが、SketchUp のアニメーションを使った動画で説明するように変えたところ３／４程度の組み立て時間に短縮することができました。ジャッキベースの釘止め、巾木の設置のなども的確に行えるようになりました。実際に作業のポイントや各部材の繋がりなどが事前に実感できた効果でしょう。

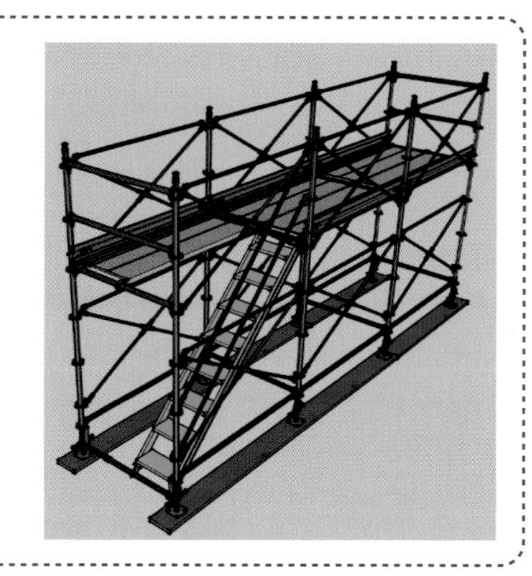

受注後すぐに完成品を体感できます

発注図面より 3D にすることで建造物内部に侵入して形状把握や断面計測が可能で、バーチャルな竣工検査も体験できます。

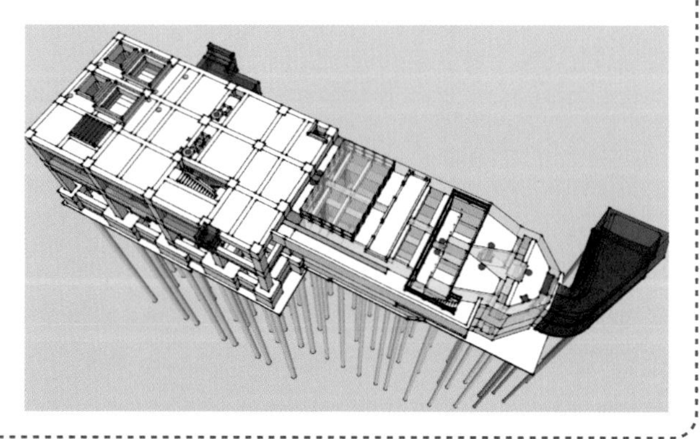

パースの代わりに

鉄道のホーム改良工事でお客様から、仕上げ色の決定のためパース製作のご要望がありましたので、代わりに SketchUp のアニメーションで見ていただきました。

パースとの相違点はその場ですぐに色を変更できることで最終仕上げの決定が早くなります。

施工計画・検討への活用

施工の現場においては、3D モデルを作成することが目的ではなく、3D モデルが完成してからがスタートです。

早い段階で 3D モデルを完成させて、施工の効率化、高度化、正確性の向上を図るためのツールとして有効活用することが重要です。

※施工 3 ケ月前に作成した 3D モデルの計画図と実際の写真の比較

安全にも貢献

協力業者の職長さんなども自費で Pro 版を購入して、講習会に参加される方もいらっしゃいます。

今や作業手順書も 3D です。新規入場者にもわかりやすく好評です。

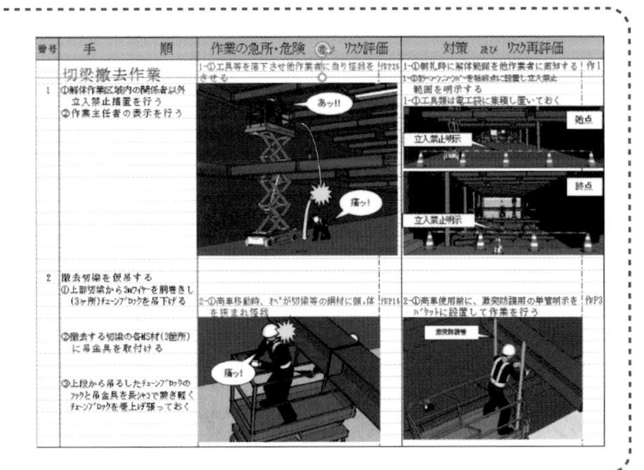

番号	手順	作業の急所・危険 及び リスク評価		対策 及び リスク再評価	
	切梁撤去作業	1-①工具等を落下させ他作業者に当り怪我をさせる	作P25	1-①朝礼時に解体範囲を他作業者に周知する	作1
1	①解体作業区域内の関係者以外立入禁止措置を行う ②作業主任者の表示を行う			1-②[illegible]を始終点に設置し立入禁止範囲を明示する 1-①工具類は電工袋に集積し置いておく	
2	撤去切梁を仮吊する ①上部切梁から3mワイヤーを胴巻きし(3ヶ所)チェーンブロックを吊下げる ②撤去する切梁の各MS材(3個所)に吊金具を取付ける ③上段から吊るしたチェーンブロックのフックと吊金具を長シャコで繋ぎ軽くチェーンブロックを巻上げ張っておく	2-①高車移動時、オペが切梁等の鋼材に頭,体を挟まれ怪我	作P15	2-①高車使用前に、激突防護用の単管明示をバケットに設置して作業を行う	作P3

各種協議資料への活用

鉄道の工事では、土木・建築だけでなく、軌道、電気・信号、運転、駅・営業等と言った、様々な関係者との協議が必要です。しかし、2次元の図面だけでは理解しづらく内容が正確に伝わりきらず、さらに協議先の担当者が上司に説明や報告をする際にも同じ問題が起こります。

こういった事が協議の進捗に非常に大きな影響を及ぼしてきました。

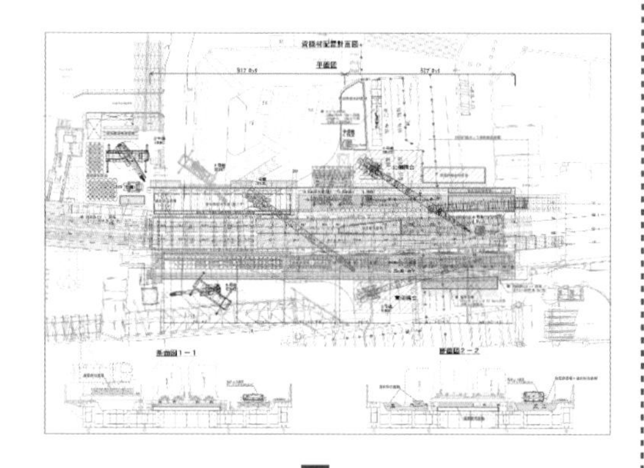

3Dモデル化

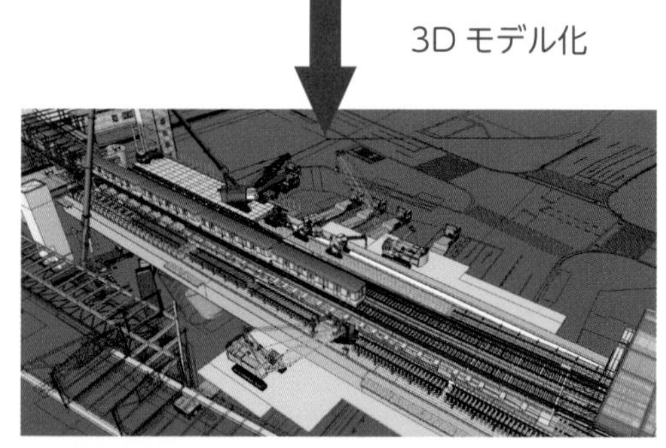

3Dモデルを使って可視化することで、関係者すべてが瞬時に同じレベルでイメージを共有でき、それぞれの専門的な立場からの意見が得られるので、課題が早期に処理され、次のステップへと進めるようになりました。視覚的・直感的に分かりやすい情報を共有することが、生産性の向上へと繋がります。

機械開発のツールにも使用できます

折りたたみやヒンジ部の回転などが表現できるため機械製作前にSketchUpで動作確認ができます。

特許事務所でも3Dの表現力に感銘しSketchUpを導入することになった例があります。

本書をご利用になる前に準備すること

SketchUp には Pro と Studio のラインナップがあり、評価版は SketchUp Studio の機能が30 日間無料でご利用いただけます。

SketchUp の評価版についてはアルファコックス社のホームページからダウンロードしてください。

● SketchUp Pro 2022 の動作要件

■ Windows ■

Windows10/Windows11 の 64 ビット OS に対応
※ Windows 8 以前の OS は非対応
必須ソフトウェア：Microsoft Edge
Google Chrome を推奨
.NET Framework バージョン 4.5.2 が必要
インターネット接続が必須
〈最小ハードウェア〉
1GHz 以上の CPU
4GB 以上のメインメモリ
500MB 以上の HDD 空き容量
512MB 以上のメモリを搭載した 3D 対応グラフィックスカード（OpenGL3.1 以上準拠対応）
ハードウェアアクセラレーションをサポートしていること
3 ボタンスクロールホイールマウス

■ Mac ■

macOS10.15（Catalina）/11.0（Big Sur）/12（Monterey）に対応
※ macOS10.14（Mojave）以前の OS には非対応
必須ソフトウェア QuickTime5.0 以上 /Safari
インターネット環境が必須
〈最小ハードウェア〉
2.1GHz 以上の Intel プロセッサまたは現行の Apple M1 プロセッサ
4GB 以上のメインメモリ
500MB 以上の HDD 空き容量
512MB 以上のメモリを搭載した 3D 対応グラフィックスカード（OpenGL3.1 以上準拠対応）
ハードウェアアクセラレーションをサポートしていること
3 ボタンスクロールホイールマウス

本書は Windows 環境での作業を前提に記載しております。
Mac 環境で使用する場合は適宜読み替えを行ってください。

※本書における方向の呼び方

上方
左方向
奥
手前
右方向
下方

※ダウンロードアイコンについて

アイコンの隣に記載された URL より、本文中に登場する部材等の SketchUp モデル（.skp）や図面データ（.pdf）をダウンロードしていただけます。

目　次

第3章　作成例Ⅰ（土木材料をつくる）

第4章　作成例Ⅱ

第5章　作成例Ⅲ

第6章　作成例Ⅳ（高架橋をつくる）

付　録

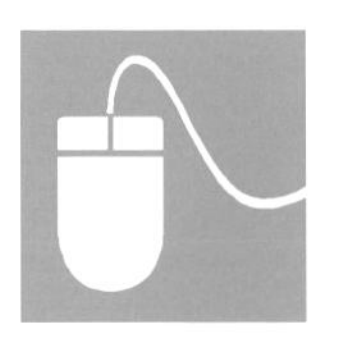

第１章
初期設定

初期設定

1-1　マウス各部の働き

図１－１

1．左ボタン
　最も多用されるボタンです。メニューやツールなどの選択や行為の決定に使用します。

2．右ボタン
　コンテキストメニューを表示します。

3．ホイール
　押しながらマウスを移動することで図を回転させます（オービットと同じ機能）。Shift キーを押しながらマウスを移動すると図を左右上下に移動できます（パン表示と同じ機能）。また前後に回転させるとズームイン、ズームアウトができます（ズームと同じ機能）。

1-2　起動時

最初にテンプレートを選択します。画面の左にある「ファイル」タブになっていることを確認し「建築図面表記ミリメートル」をクリックします。白抜きの丸部分をクリックするとハートマークが付き、デフォルトのテンプレートとして設定されます。次回以降のテンプレート選択画面では、ハートマークが付いたテンプレートが一番左側に表示されます。

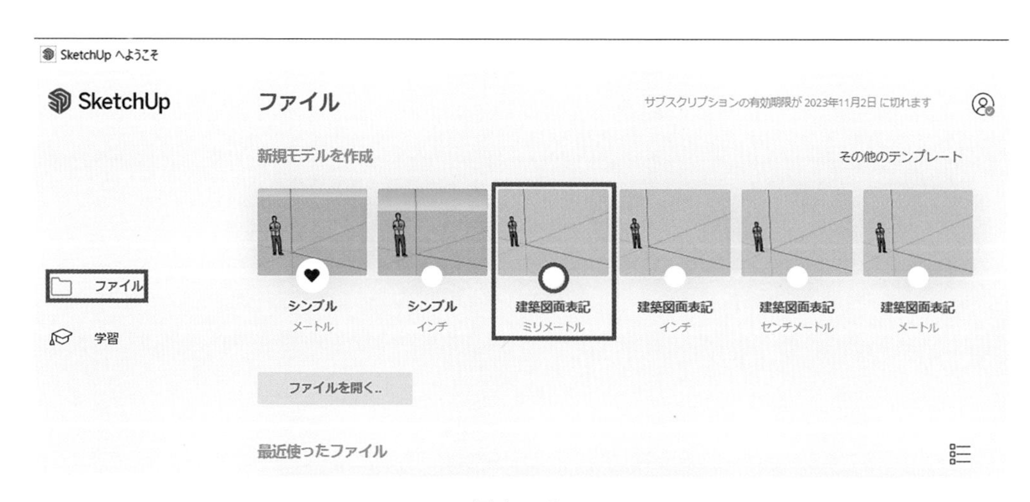

図１－２

1-3　初期画面

図１－３のような画面が表示されます。

図の人間は、画面表示サイズの目安となっています。

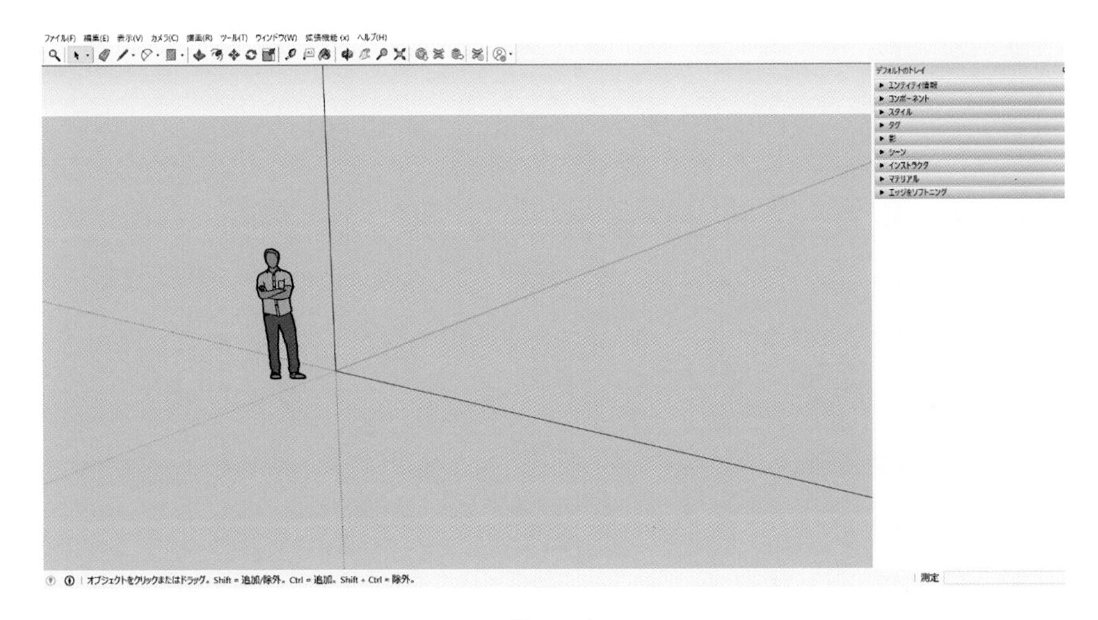

図１－３

描画準備をします。

Ctrl キー＋A キーを押して人間を選択し、Delete キーで消去してください（Ctrl キー＋A キーを押すと作図全体を選択します）。

さらに、作業範囲を広くするため画面右の「デフォルトのトレイ」を閉じます。

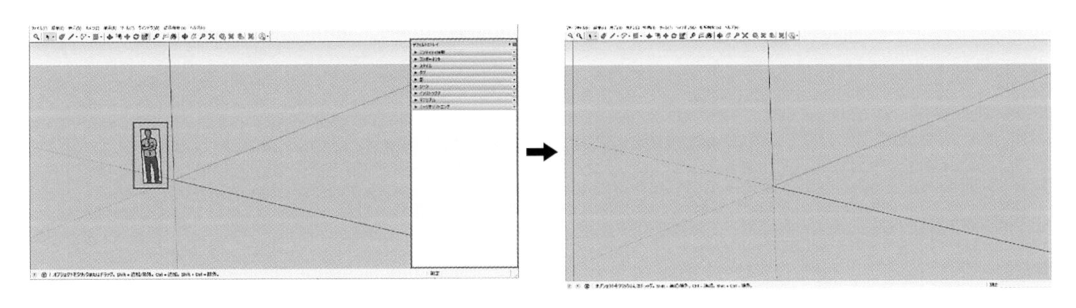

図１－４

次にメニューバーから「表示 (V)」を選択し、「ツールバー (T)」をクリックします。

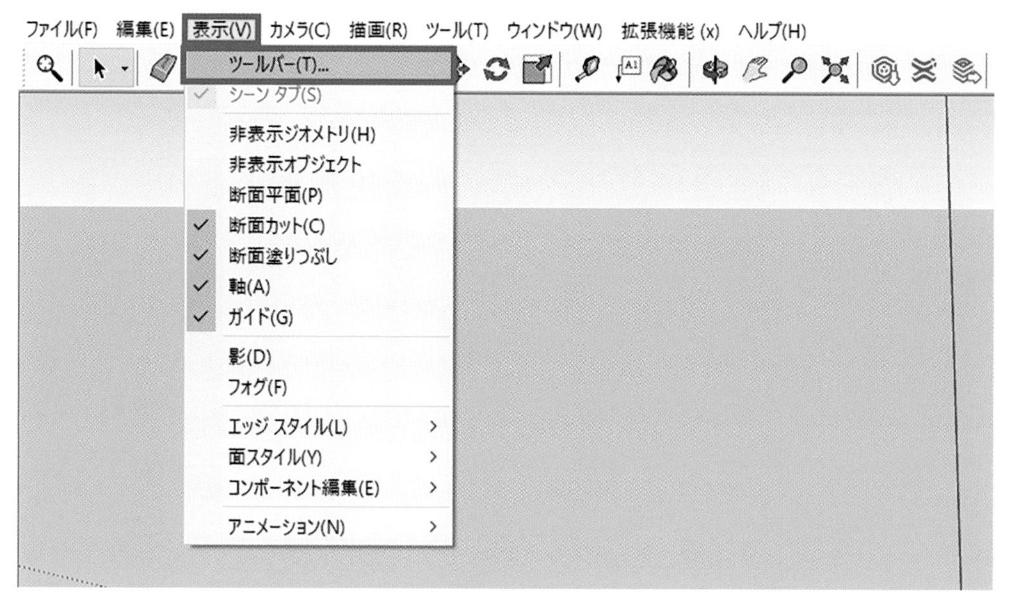

図１－５

図１－６のようなメニューが表示されるので、「スタイル」「ソリッドツール」「ビュー」「ラージツールセット」「標準」にチェックを入れ、これ以外はチェックを外します。

※本書に必要なツールを表示させています。

図１－６

さらに「オプション」を選択し、描画スペースを広くするために「大きなアイコン」のチェックを外してから「閉じる」をクリックします。

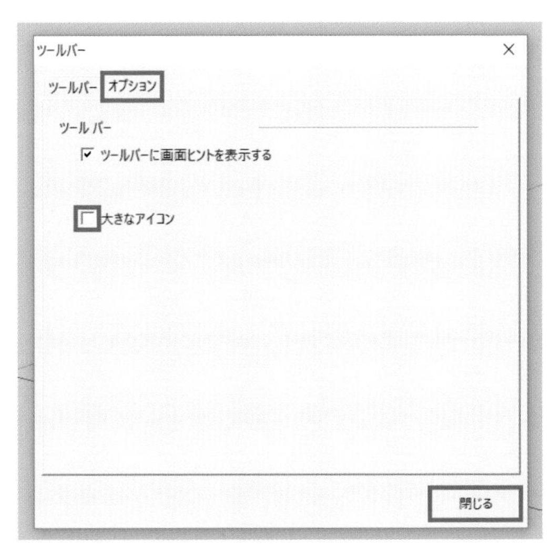

図1－7

図1－8のような配置にします。ここで行った配置は記憶するので、次回からは同様のツールバー配置で表示されます（これは本書向けの推奨スタイルなので、使い勝手の良い配置に工夫してください）。

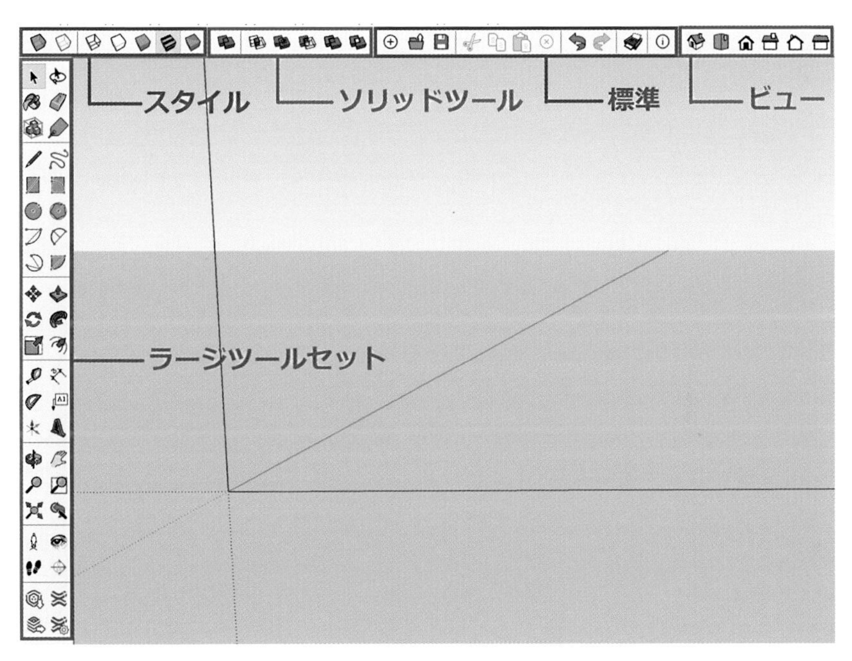

図1－8

■ショートカットキー

SketchUp にはあらかじめいくつかのショートカットキーが設定されています。ショートカットキーは作業効率を上げるために便利な機能です（2章以降で使います）。

ショートカットキー　一覧

ツール	キー	ツール	キー
Select	Space	Push/Pull	P
Paint Bucket	B	Rotate	Q
Eraser	E	Scale	S
Line	L	Offset	F
Rectangle	R	Tape Measure	T
Circle	C	Orbit	O
Arc	A	Pan	H
Move	M	Zoom	Z

ショートカット機能を新たに追加したい場合は、独自に設定することができます。

～ショートカットの追加方法～

メニューバーの「ウィンドウ (W)」→「環境設定」→「ショートカット」より、設定したい機能をリストから選び、「ショートカットを追加」の入力欄に設定したいキー操作を入力して、隣の「+」ボタンをクリックすると、「割り当て済み」の欄に表示されます。(Ctrl、Shift、Enter、Alt など一部設定できないキーがあります。) 最後に「OK」を押して登録を完了します。

不要な機能は「割り当て済み」の欄にある項目を選んで、右の「−」ボタンを押せば削除できます。(Delete キーは使わないでください。)

※ショートカットキーが効かないとき

- メニューバーの「ウィンドウ (W)」→「環境設定」→「ショートカット」より「全てリセット」を押して「OK」を押してください
- ショートカットキーは、半角変換の状態で使用できます。(全角変換するとショートカットキーが効きません)。

おまけ

グループやコンポーネントの編集は、Space キーを押して選択ツールでダブルクリックすると、素早く編集ができます。

第２章
基本的な事項

基本的な事項

2-1　軸線

赤軸は X 座標、緑軸は Y 座標、青軸は Z 座標を表しています。
(軸ツールで軸を移動することができます。軸の変更方法については P99 を参照)。

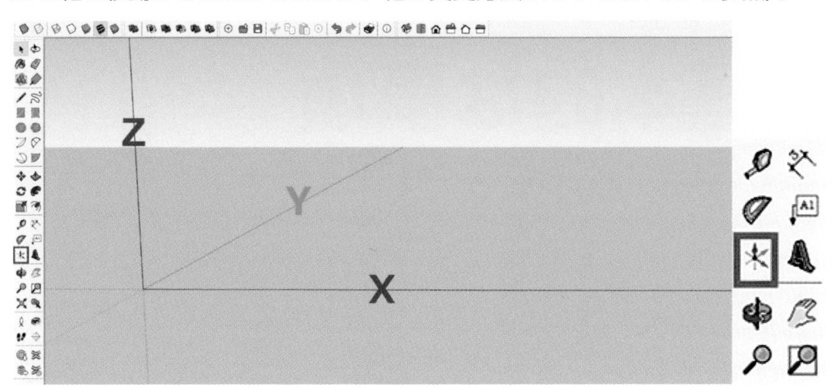

図２－１

画面下の灰色の部分は地面を表し、上の明るい部分は空を表しています。境界が地平線のイメージです。

SketchUp ではモデルなどを描画、移動する場合、何色の軸上で動かすかが重要です。常に赤、緑、青を意識する必要があります。

2-2　線

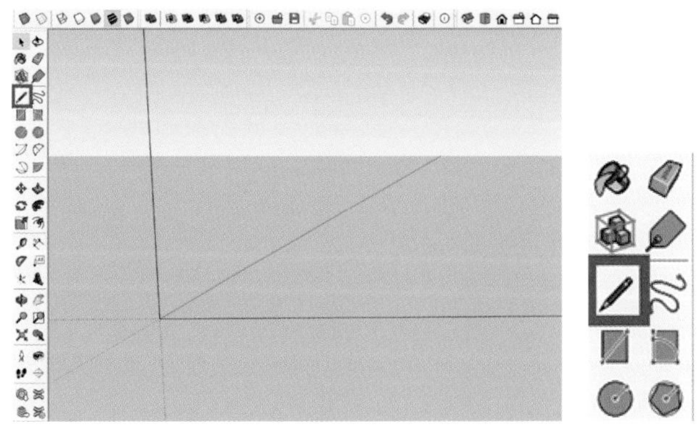

図２－２

線ツール　は直線を描くために使います。

始点 A をクリックし、ポインタを移動して終点 B をクリックすると、線 AB が描けます。

画面右下の測定ツールバーに描かれた線の長さが表示されます。

操作を繰り返すと、連結された線が作成されますが、いったん区切りをつける場合には、Esc キーを押します。

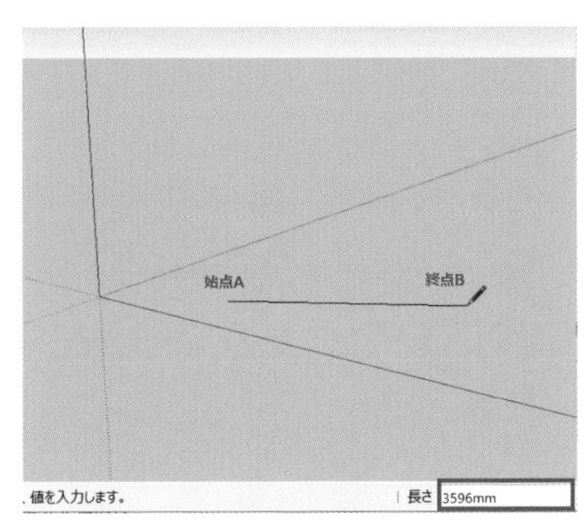

図２－３

線の長さを指定したい場合は、始点をクリックしてポインタを動かした後（線を描きたい方向にポインタを動かし方向を決めます）、測定ツールバーに数値を入力すると、指定した長さの直線が作成されます。

終点 B でポインタを動かさなければ、測定ツールバーに値を入力して何度でも修正できます（決めた方向で値だけ修正できます）。

赤・緑・青の軸と並行に線を描くと同色で表示されます。

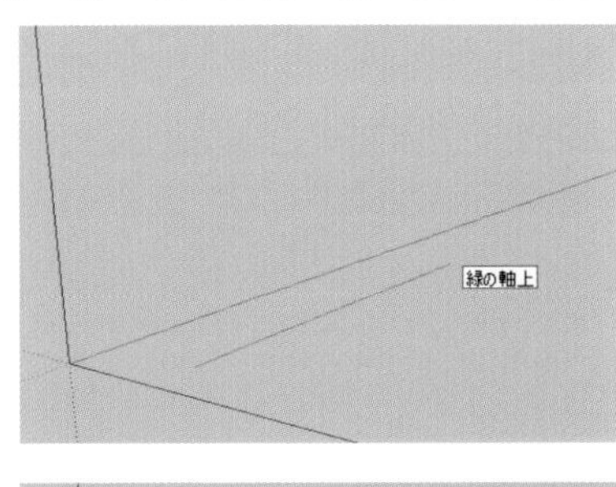

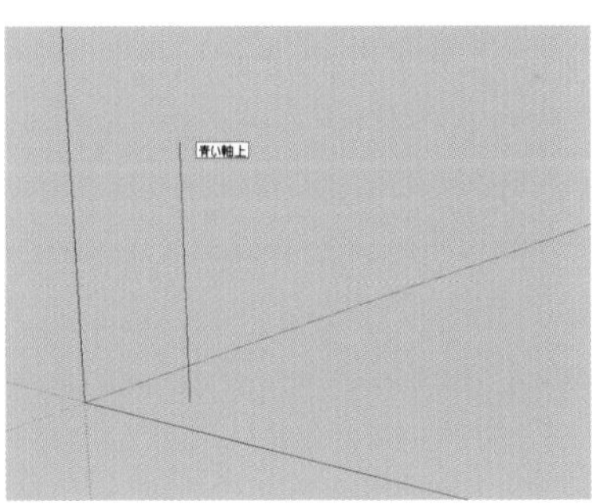

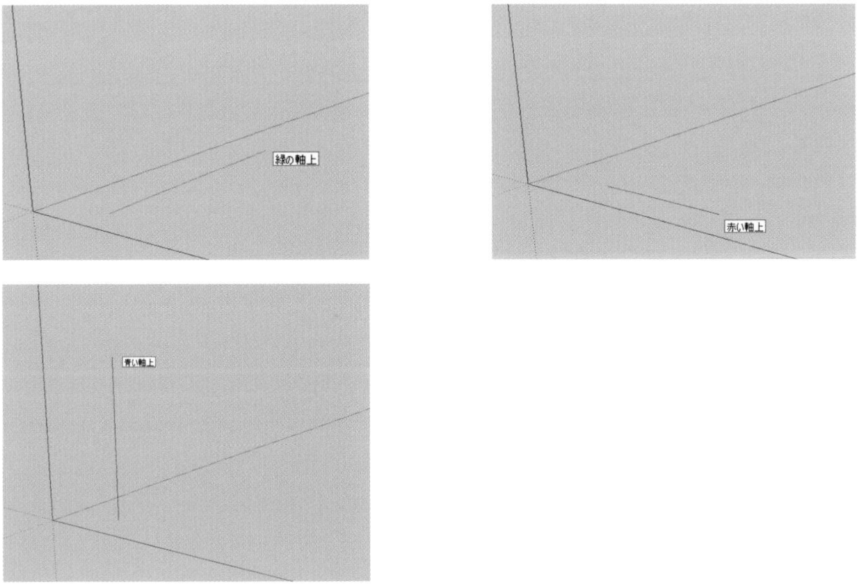

図２－４

赤・緑・青の軸に平行でない任意の線と並行の場合は、マゼンタ色で表され「エッジに平行」とコメントされます。

また、直角方向もマゼンタ色になり「エッジに垂直」とコメントされます。

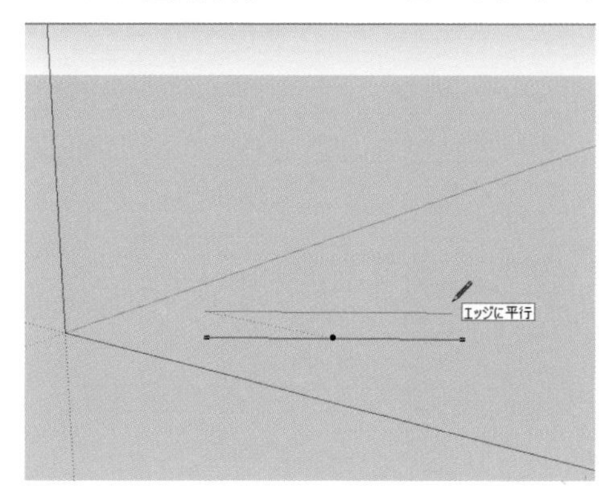

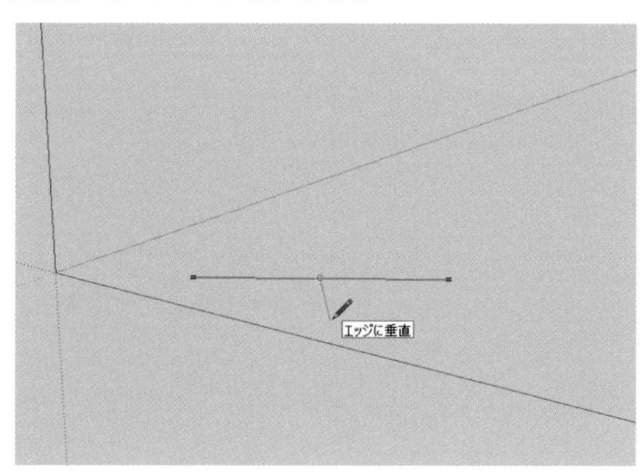

図2－5

フリーハンドツール は、始点をクリックし、マウスをクリックしたままポインタを移動することで、自由に線を描画できます。

Ctrl キー、Alt キーでなめらかさ（セグメント数）の調整ができます。

図2－6

2-3 円

図2－7

中心点となる場所をクリックし、ポインタを移動して外周をクリックすると円が描けます。また、線ツールと同様に右下の測定ツールバーに数値を入力すると半径を定義します。

中心点をクリックし、中心点から離れる方向にポインタを動かし『2500』と入力して Enter キーを押すと半径 2,500㎜の円が描けます。

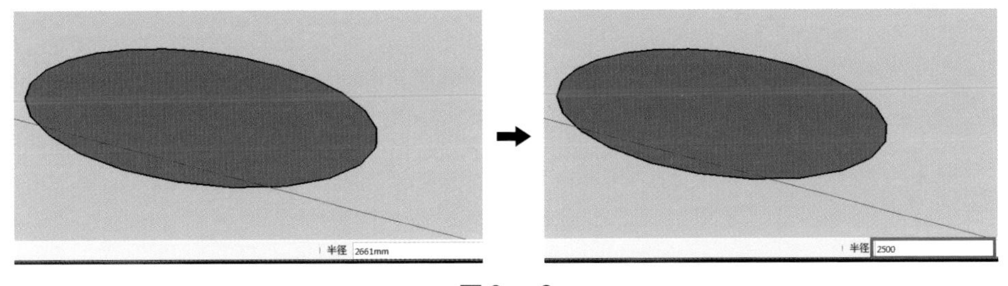

図2－8

※ Enter キーを押して円を確定した後でも次の行為を行わない限り何度でも直接入力して半径を変更できます。

青色の円は X-Y 座標（青軸に直角方向）に円を描いていることを表しています。

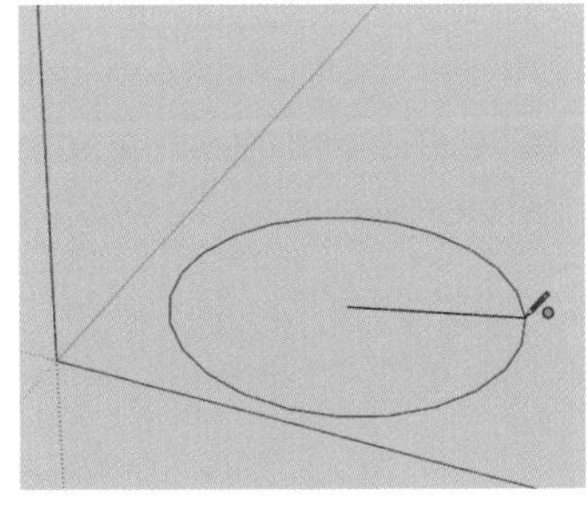

図2－9

同様に赤色の円はY-Z座標（赤軸に直角方向）に、緑色の円はX-Z座標（緑軸に直角方向）に描いています。

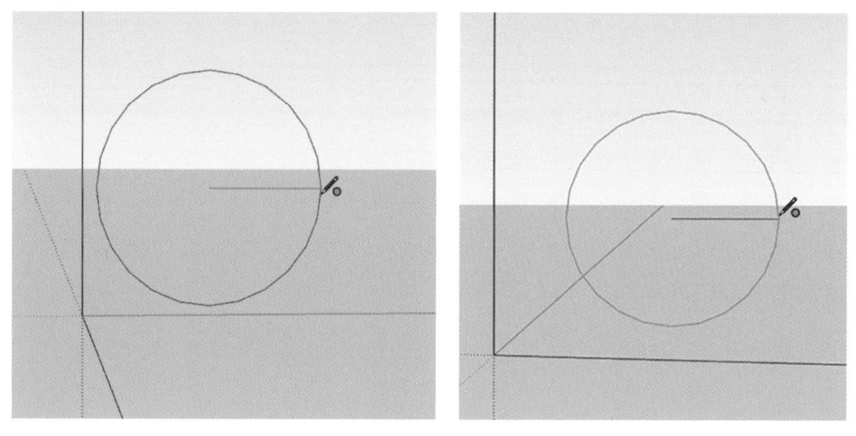

図2－10

※矢印キーで、↑を押すと青色の円、→を押すと赤色の円、←を押すと緑色の円になります。その他の作図や移動の際にも矢印キーは有効です。

※各軸（赤軸・青軸・緑軸）の延長線上の空や地面に円を描くと、各軸に直交する円が描けます。（長方形やポリゴンなど他の作図も同様です）

2-4　長方形

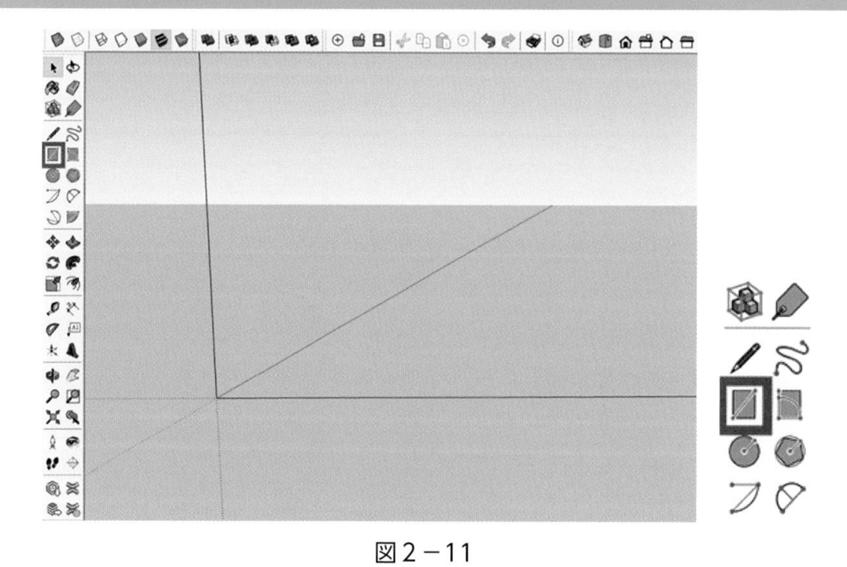

図2－11

最初の頂点となる箇所をクリックし、ポインタを対角線方向に移動して2番目の頂点をクリックすると、長方形や正方形が描けます。

作図後、測定ツールバーに『横，縦』の長さを入力すると指定した大きさの四角形が描けます。

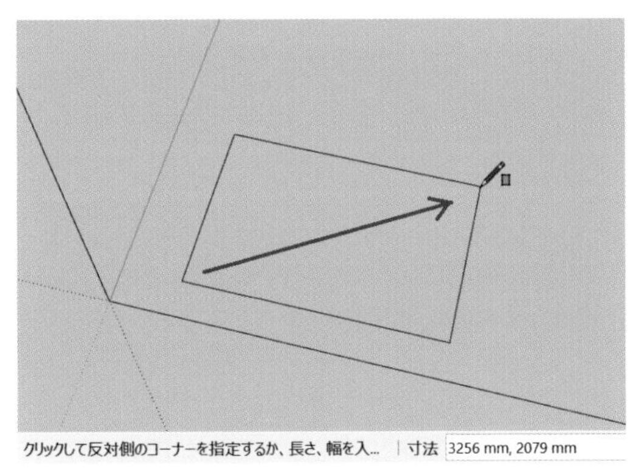

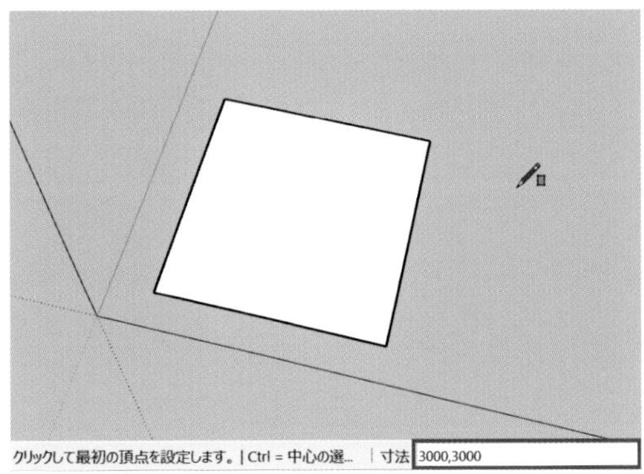

図２－12

円などと同様に青色の四角は X-Y 座標に長方形を描きます。

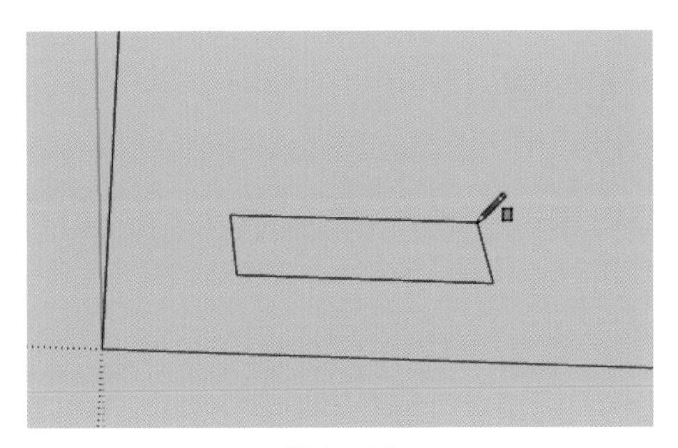

図２－13

同様に赤い四角は Y-Z 軸に、緑の四角は X-Z 軸に長方形を描きます。

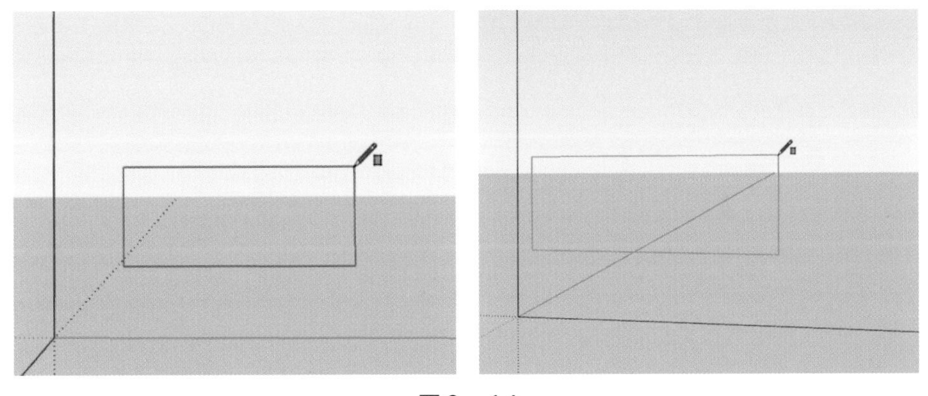

図２－14

通常の長方形ツールアイコンは下図左のように表示され、ポインタを対角線方向に移動します。

Ctrl キーを押すとアイコンは下図右のように変化して、中心からの描画に切り替わります。

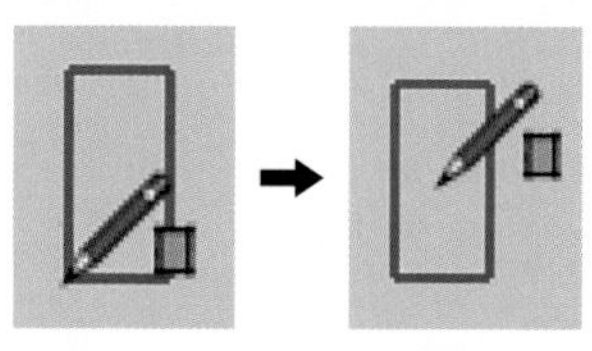

もう一度 Ctrl キーを押すと解除され、通常対角線隅からの状態になります。

2-5 プッシュ / プル

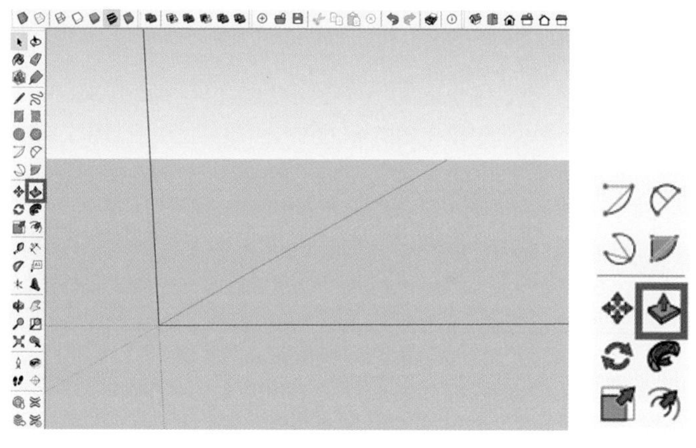

図2－15

ポインタを面の上に置くとハッチングされます（ハッチングしたところが選択された面になります)。ハッチングした面をクリックし、伸ばしたい方向（面に対し直角方向）に移動することで面を 3D にできます。測定ツールバーに移動量が表示されます。ここに直接数値を入力すると正確な移動量を設定できます。

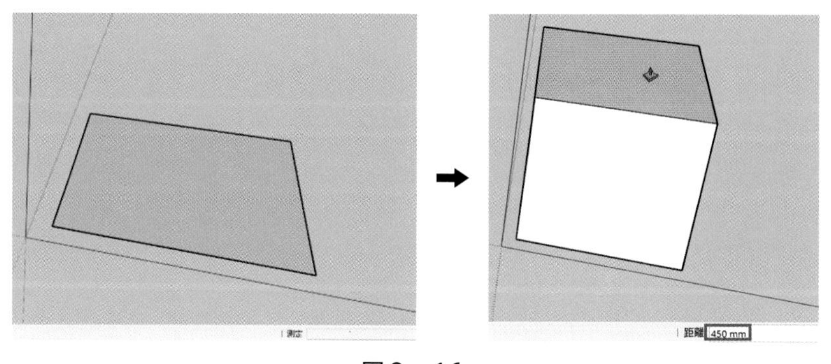

図2－16

伸ばすことも縮めることもできます。立体の任意の面に図形を重ね、プッシュ / プルツールでその図形を端面まで押し切るとくり抜くこともできます。

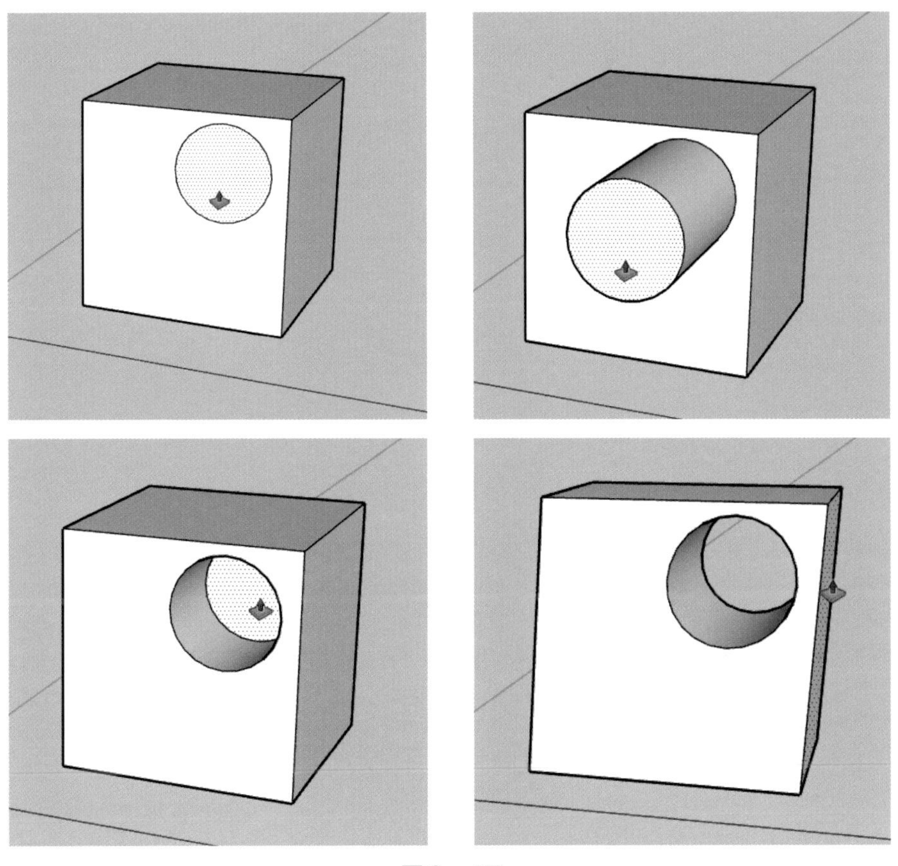

図2－17

プッシュ / プルツールでモデルを伸縮させるとき、他のモデルの上面に触れると同じ高さにできます。

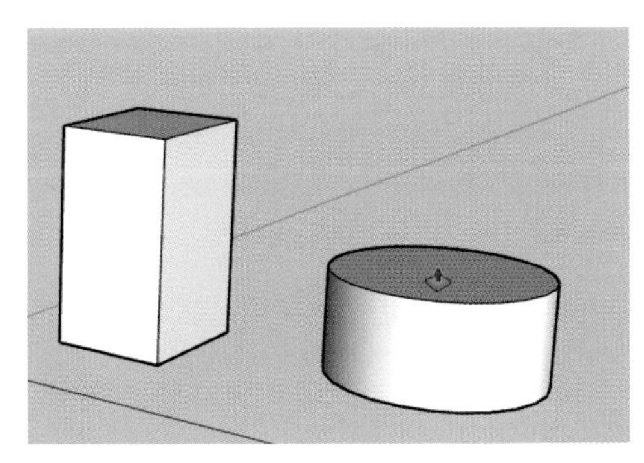

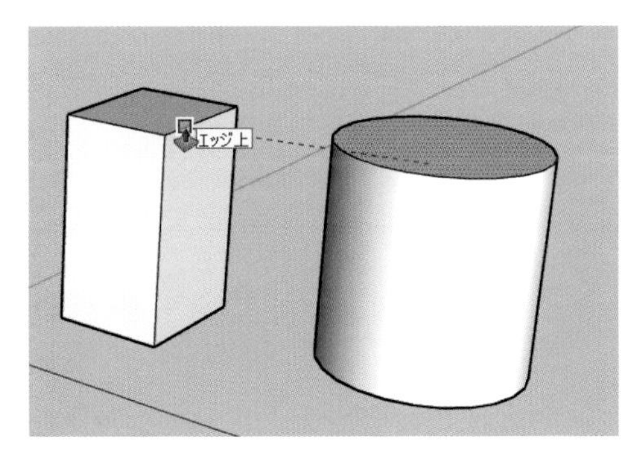

図2－18

2-6　消しゴム

図2－19

消したい線や面をクリック、またはドラッグすると消去できます。

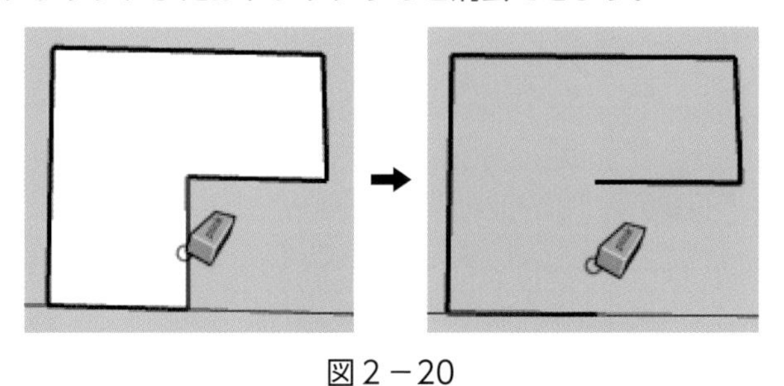

図2－20

2-7　ペイント

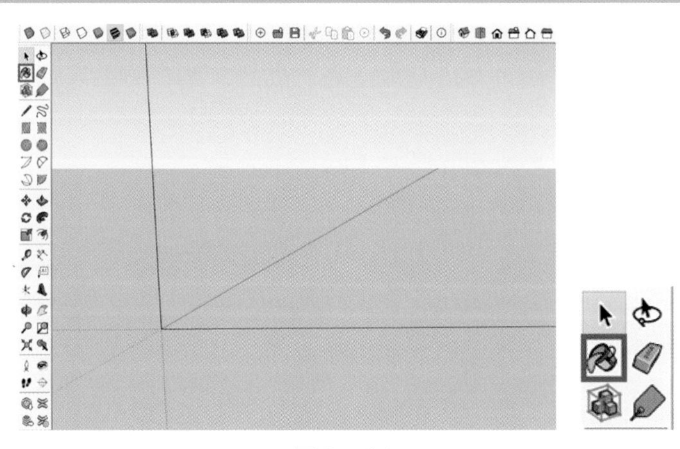

図2－21

作成したモデル面にマテリアルを張り付けたり、色を塗ることができます。

ペイントツールをクリックすると、「デフォルトのトレイ」の「マテリアル」が表示されます。プルダウンボタンを押して「色」を選択し、塗りたい色を選び、塗りたい面をクリックします。

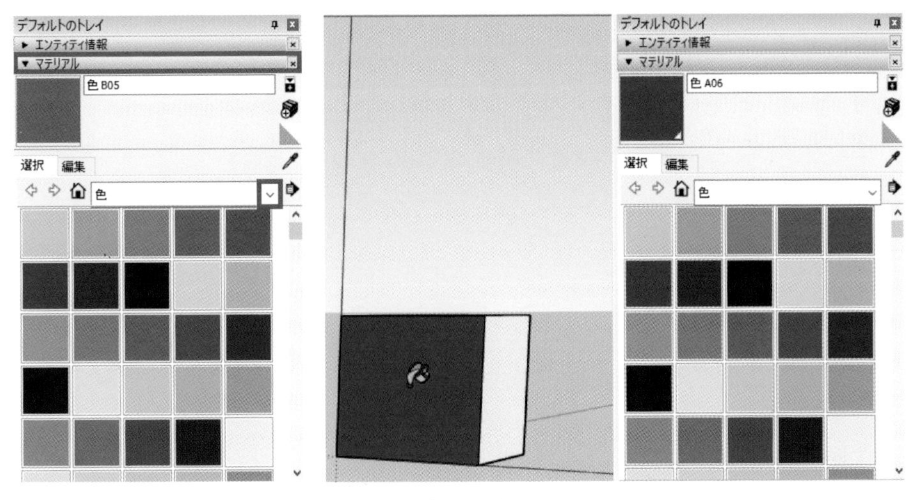

図2－22

「マテリアルを作成」ボタンを押すとポップアップメニューが現れ、色調や縦横比、不透明度などの設定ができます。

色を透明や半透明にすることも可能です。

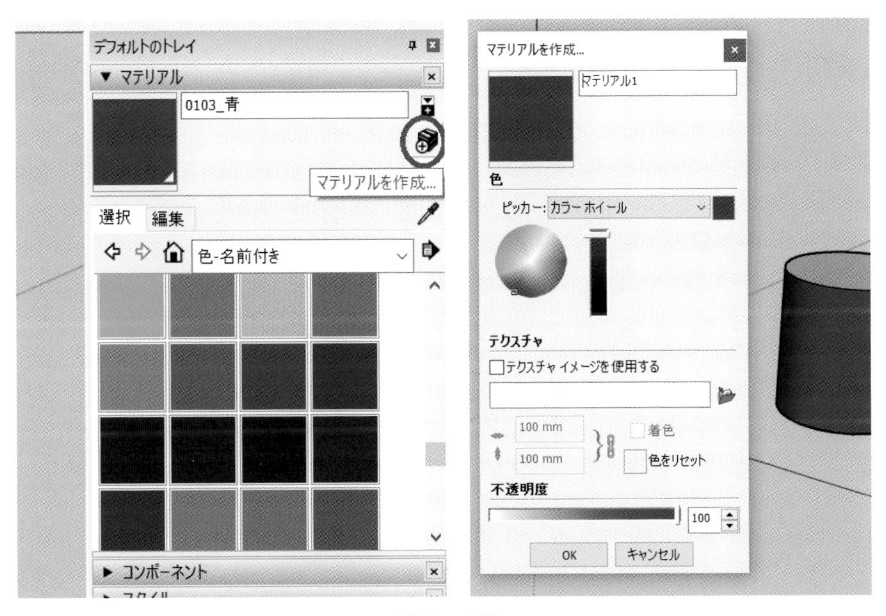

図2－23

2-8 メジャー

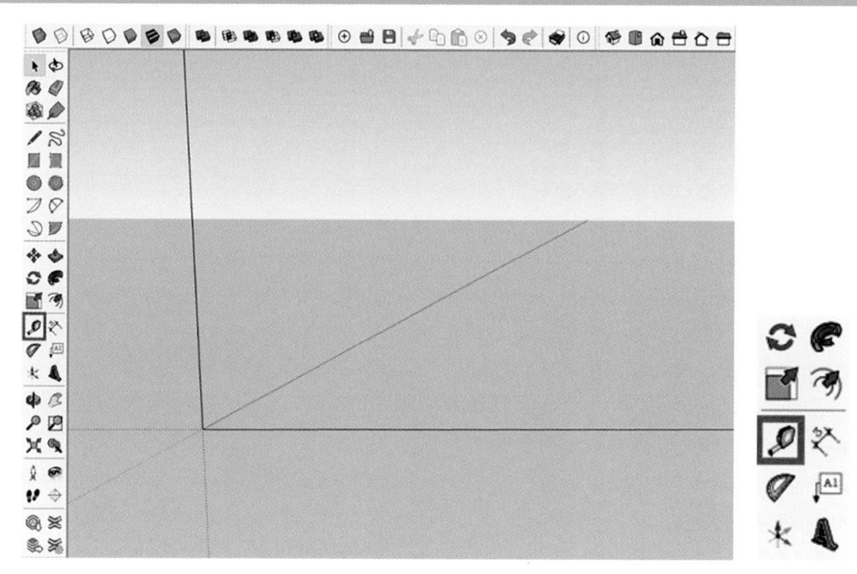

図2－24

距離を測定したり、ガイドラインやガイドポイントを作成できます。

測定したい個所の始点をクリックし、ポインタを動かして終点をクリックすると始点～終点間の距離が表示されます。

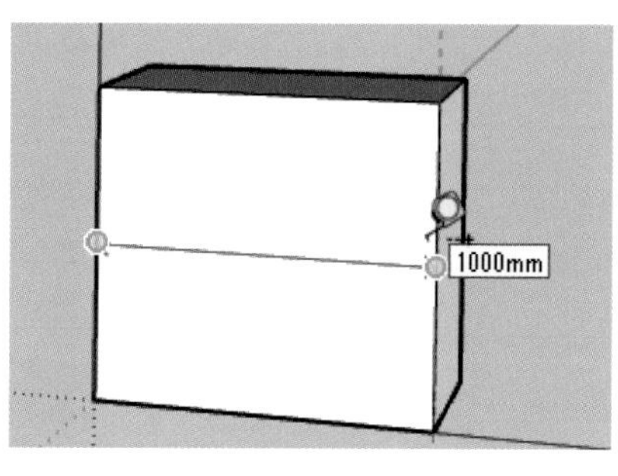

図2－25

メジャーツールで線に触れるとその線の長さを表示します。

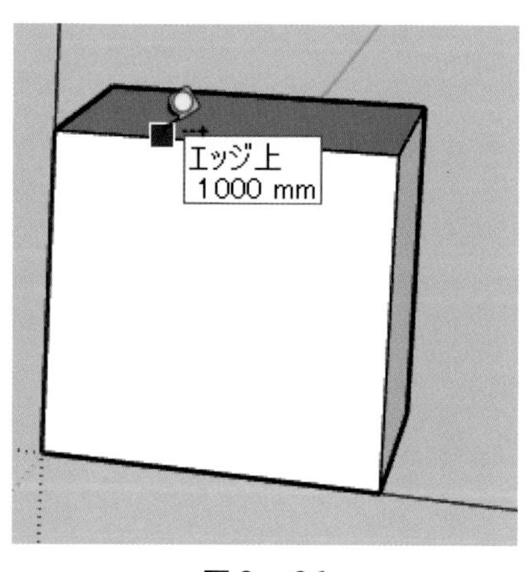

図2－26

面に触れるとその面の面積を表示します。

図２－27

端点または中点に触れるとその点の座標を表示します。

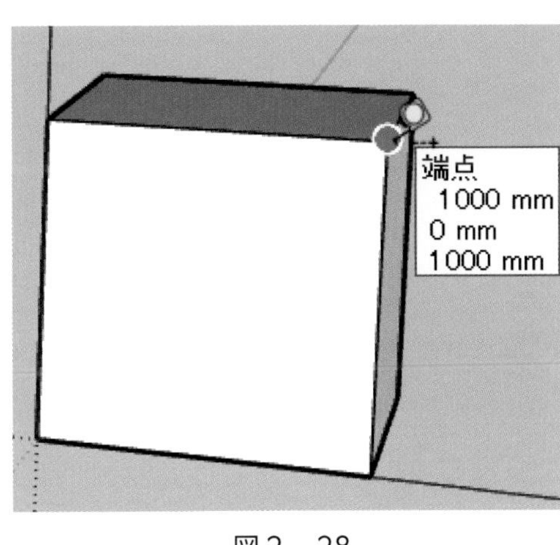

図２－28

Ctrl キーを押すと、距離の測定やガイドライン・ガイドポイントの作成機能を切り替えることができます。

下左図の状態ではガイドライン・ガイドポイントを作成することができ、下右図の状態のときはガイドラインを引かずに距離の測定ができます。

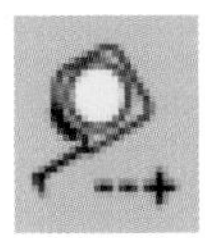（ガイドラインまたはガイドポイント）　（測定のみ）

軸線から任意の距離でガイドラインを引きます。

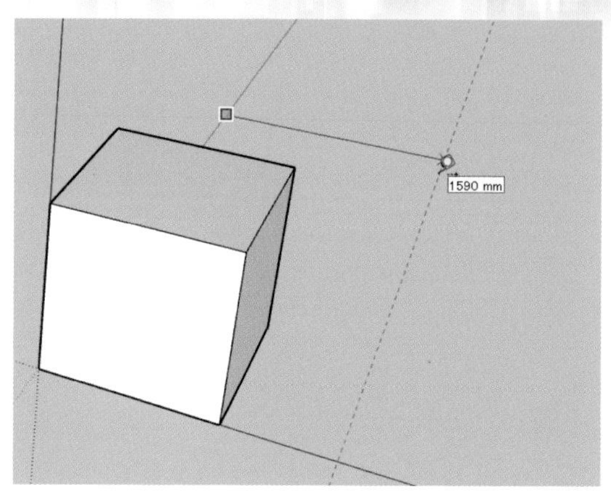

図2－29

モデルから任意の位置にガイドラインを引きます。

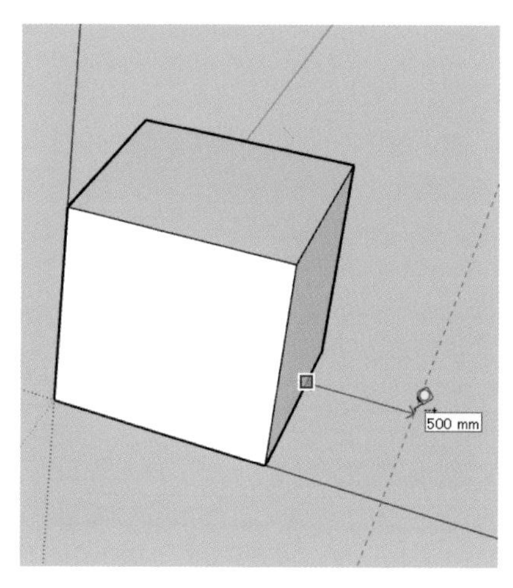

図2－30

端点や交点からは任意の距離にガイドポイントを作成できます。

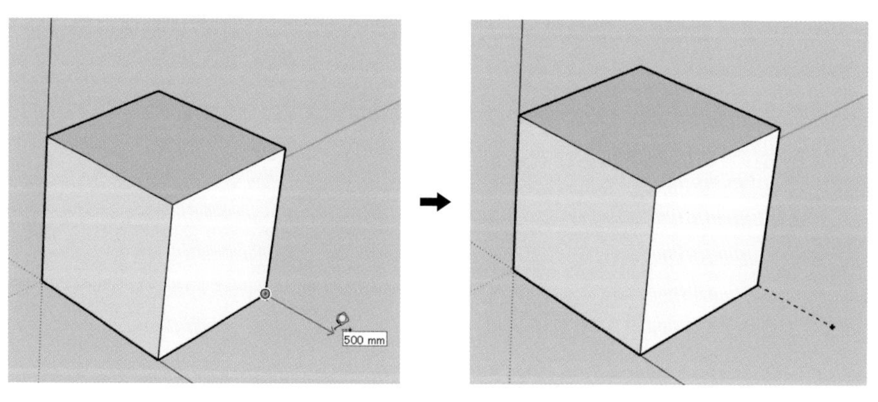

図2－31

メジャーツールは、モデルの尺度変更もできます。微妙な尺度変更の場合にも正確に実施できます。

例えば 4,000㎜の三角形の底辺を測定し（測定する始点と終点をクリックする）、測定ツールバーに『8000』と入力し Enter キーを押すと、下図のように「モデルのサイズを変更しますか？」と表示されるので「はい」を選択します。すると下図右のようになり各辺も 2 倍になったことがわかります。

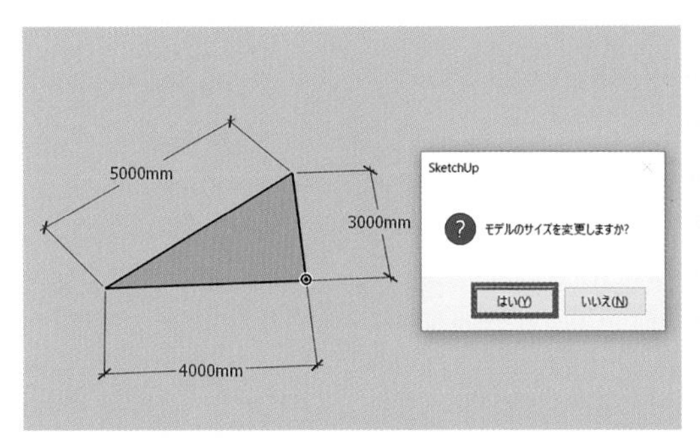

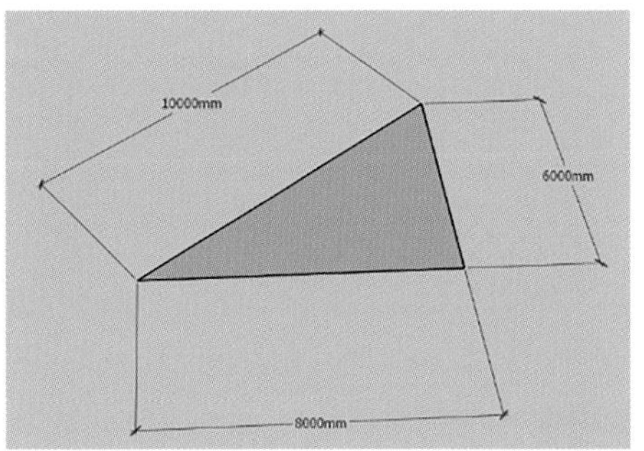

メジャーツールで計測したときや、エンティティ情報に表示される単位（m、㎜など）については、メニューバーの「ウィンドウ (W)」→「モデル情報」の中の「単位」より変更することができます。

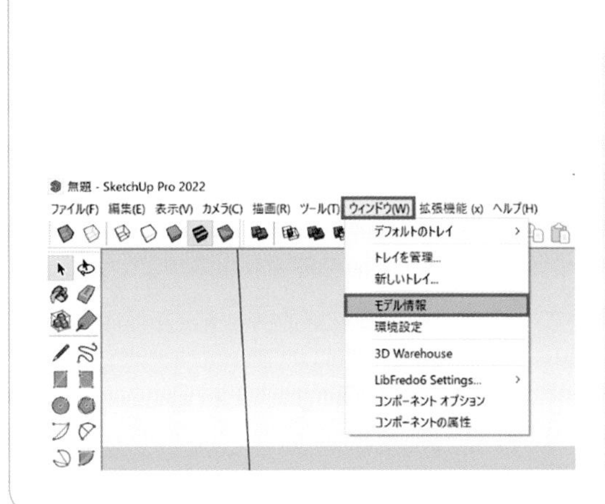

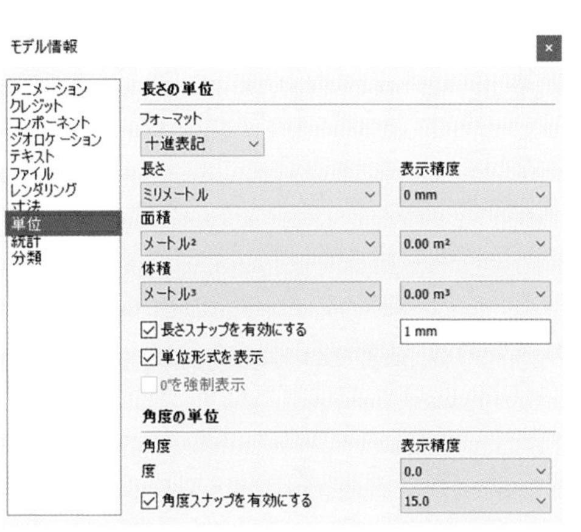

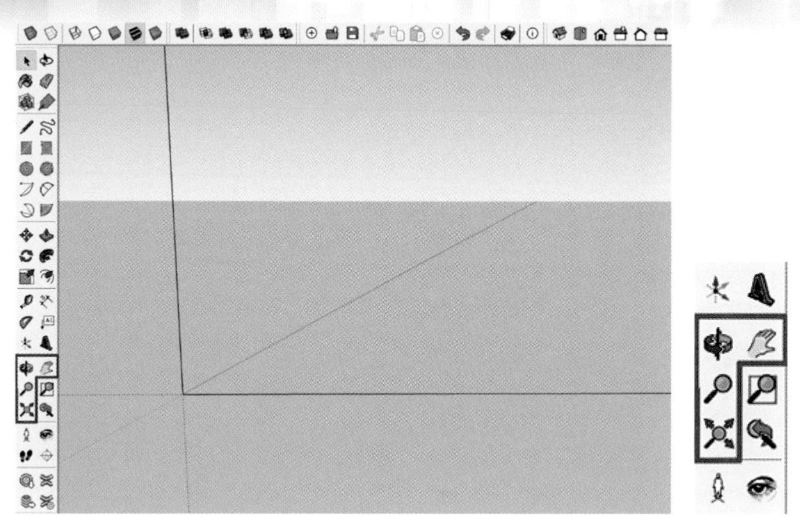

図2－32

2-9　オービット

クリックしたままマウスを動かすと、モデルが回転します。

ホイール付きマウスの場合は、オービットツールをクリックしなくてもホイールを押したままマウスを動かすことで同様の動作が可能です。

2-10　パン表示

クリックしたままマウスを動かすと、図形を垂直方向または水平方向に動かせます。

ホイール付きマウスの場合は、パン表示ツールをクリックしなくてもShiftキー＋ホイールを押したまま動かすと同様の動作が可能です。

2-11　ズーム

クリックしたままマウスを動かすと、図全体をズームイン、ズームアウトできます。

ホイール付きマウスの場合は、ズームツールをクリックしなくてもマウスのホイールを回すと同様の動作が可能です。

2-12　全体表示

クリックすると作図全体を表示します。表示画面サイズに対して作図したモデルが小さすぎると、どこを描いているかわからなくなる場合があります。「描いているはずなのに画面に現れない」というときは、縮尺が極端に小さくなっている場合があります。そんな時にはこの全体表示ツールをクリックします。

2-13　選択

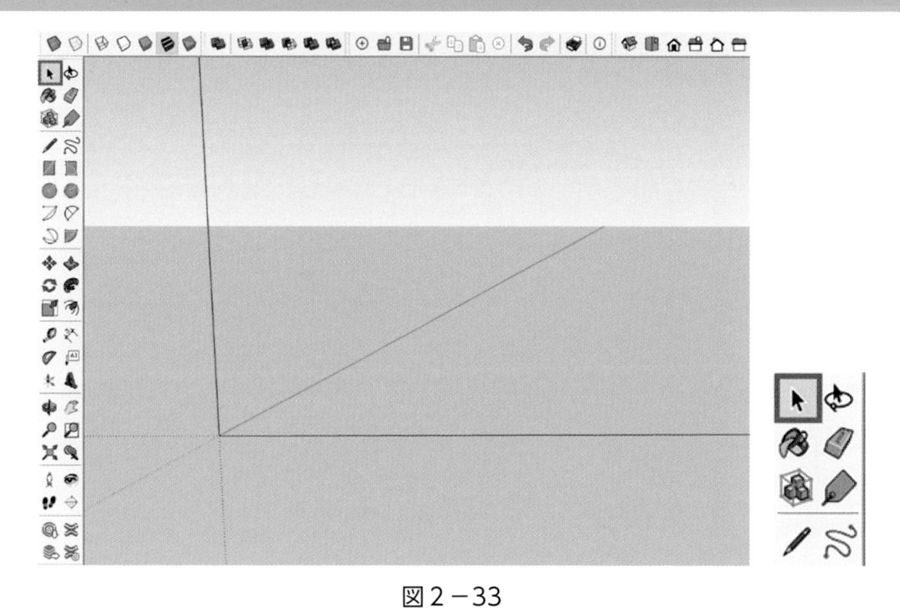

図２－33

１クリックでポインタの触れている線や面を１個所選択します。

図２－34

Shift キーを押しながらクリックすると複数選択ができます。

矢印アイコンに±のマークが表示され、±になります。

図２－35

面上をダブルクリックすると周辺の線を含んだ面を選択します。

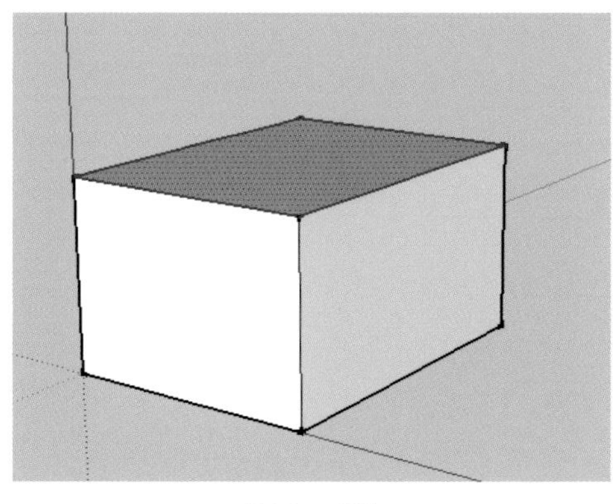

図２－36

トリプルクリックすることで触れている立体全体を選択します。

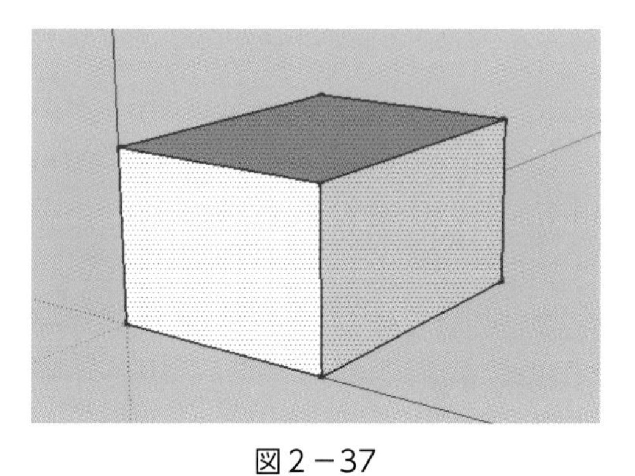

図２－37

また、範囲選択（選択ツールで対角線上をクリック＆ドラッグします）で、範囲内の線、面、立体を選択できます。

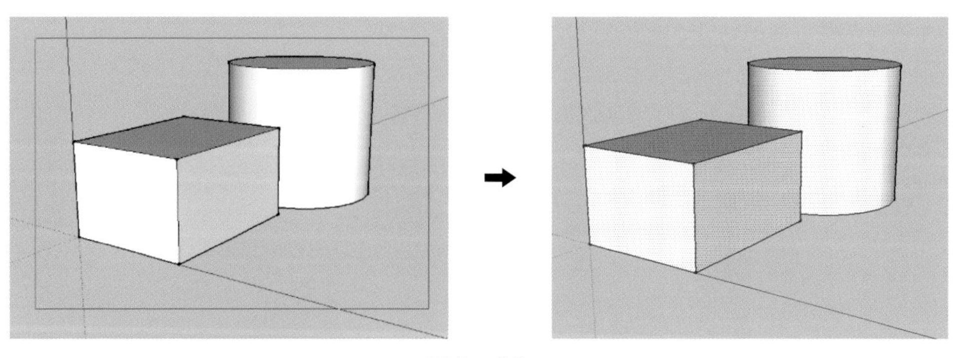

図２－38

ドラッグして範囲を選択する場合、左側から右側に移動すると範囲が実線で表示されます。この範囲内に完全に入った線、面を選択します。

（完全選択）

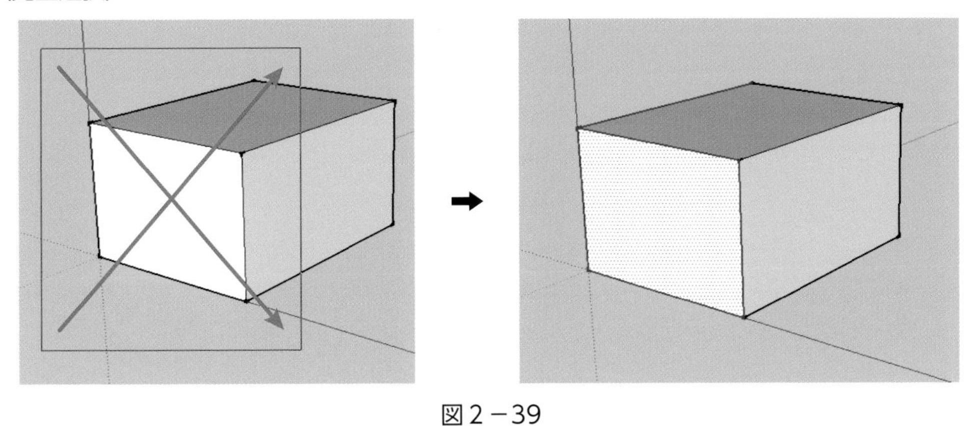

図２－39

反対に右側から左側にドラッグすると範囲が破線で表示され、この範囲内に一部でも触れた線、面を選択します。

（不完全選択）

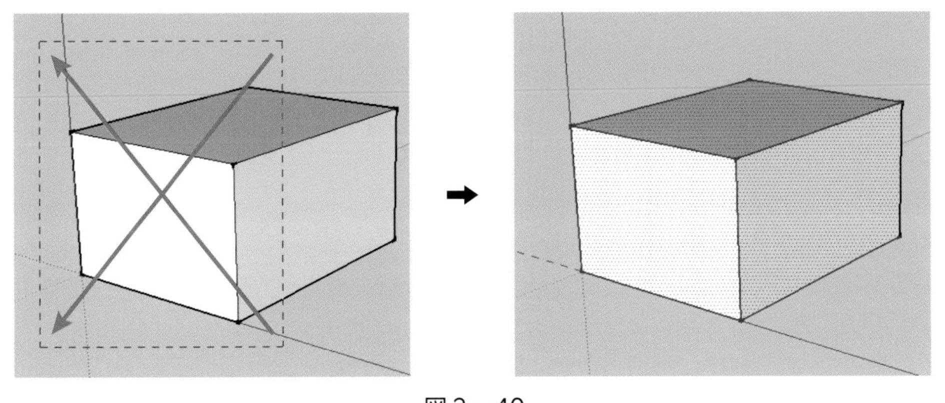

図２－40

2-14　移動

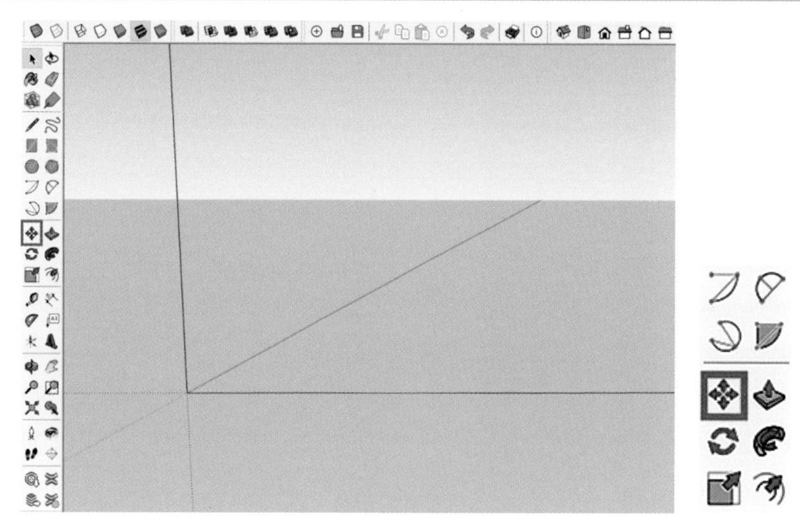

図２－41

図形の端点・線・面を選び、ポインタを移動させると図形が変形します。変形量は測定ツールバーに表示されます。ここに数値を入力すると正確な変形量を指定できます。

＜端点移動＞

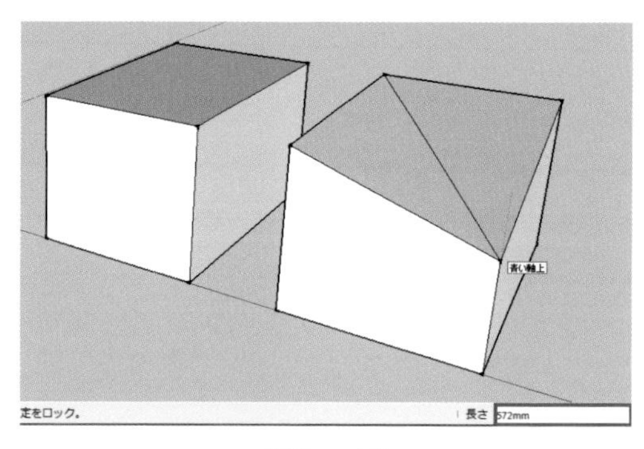

図２－42

＜線移動＞

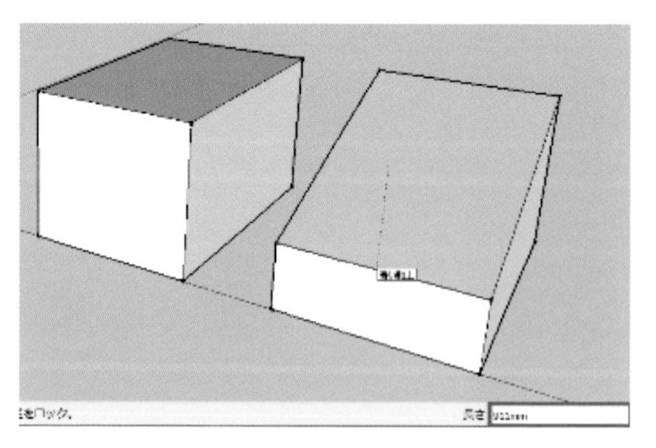

図２－43

＜面移動＞

プッシュ / プルツールに似ていますが、プッシュ / プルツールは面に直交する方向にしか作用しないのに対し面移動はどの方向にも伸縮します。

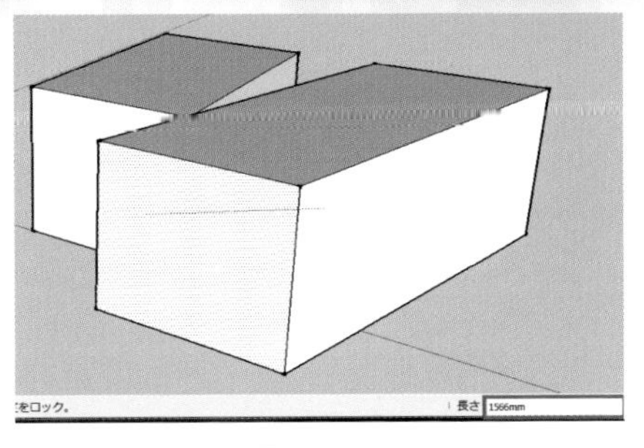

図 2 −44

＜ 図形の移動 ＞

選択ツール で図形全体を範囲選択（またはトリプルクリック）します。次に移動ツール を選択して図形の任意点をクリック後、ポインタを赤い軸上に移動させ、再クリックすると選択した図形が移動します。測定ツールバーに移動量が表示されます。直接入力で移動距離を指定できますが移動方向はポインタを動かした方向の延長線上になります。

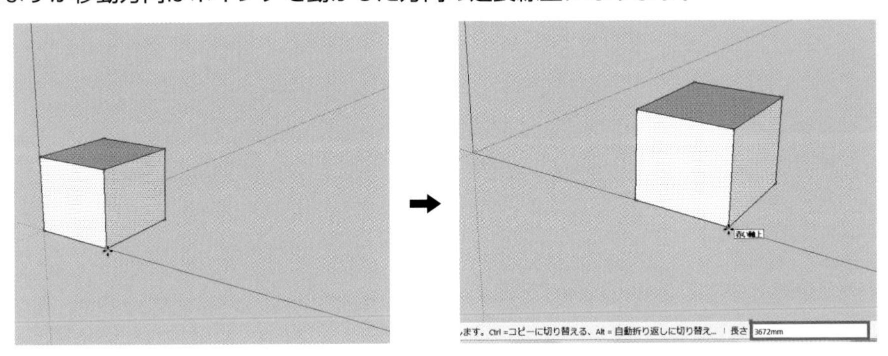

図 2 −45

＜ 図形のコピー ＞

図形を選択後、移動ツール を選択し、Ctrl キーを押すとカーソルに＋マークが表示されコピーモード になります。図形上の任意点をクリックし、ポインタを動かした後再クリックすると、ポインタを移動させた距離分離れた位置にコピーします。直接数値を入力して指定の位置にコピーすることもできます。

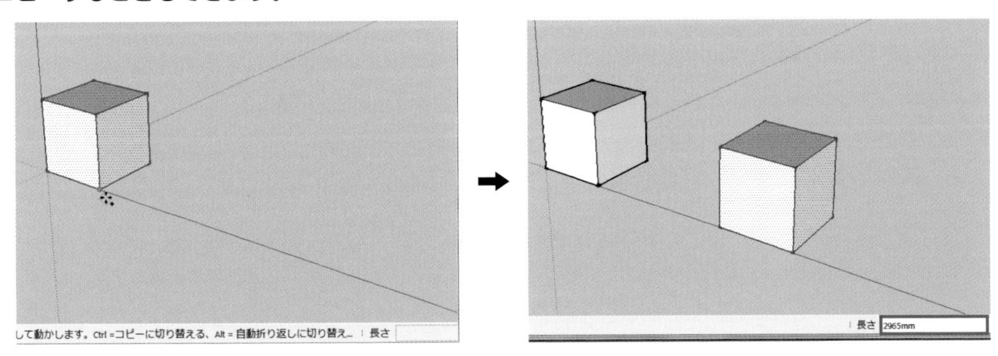

図 2 −46

＜等間隔で複数コピーする＞

図形を選択後、移動ツール ＋Ctrlキーでコピーモード にします。図形右下端点をクリックして赤軸上を右に移動し、『2000』と入力すると、右に2,000㎜離れた位置にコピーされます。続けて（他の場所をクリックなどしてコピー状態の解除をせずに）『x3』または『3x』と入力すると、2,000㎜ピッチで3個の連続コピーができます（xの代わりに＊でも同様にコピーします）。

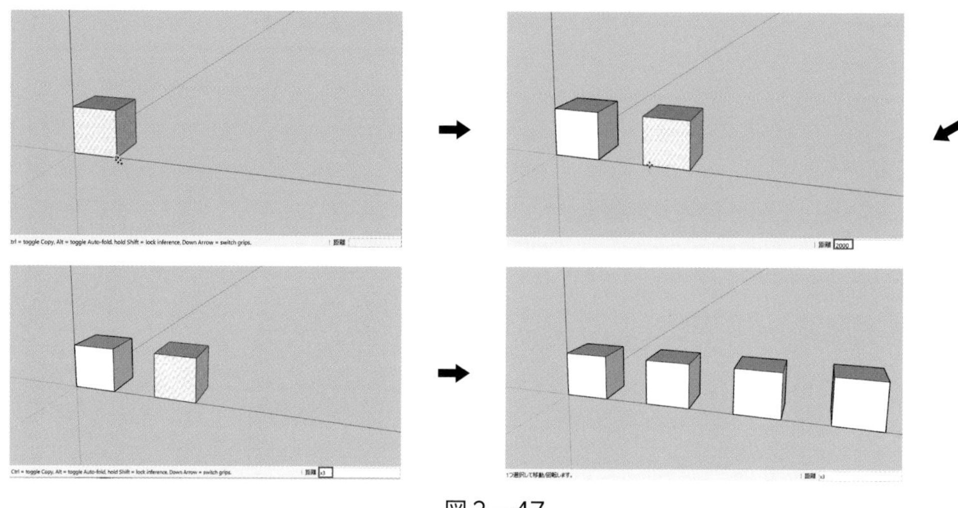

図2－47

＜両サイドの位置を決めて間を等間隔に配置してコピーする場合＞

上記と同様に図形を選択後、移動ツール ＋Ctrlキーでコピーモード にします。

図形右下端点をクリックして赤軸上を右方向に移動し、測定ツールバーに『6000』と入力すると、右に6,000㎜離れた位置にコピーされます。ここで更に『/3』または『3/』と入力すると等間隔に3個連続コピーができます。

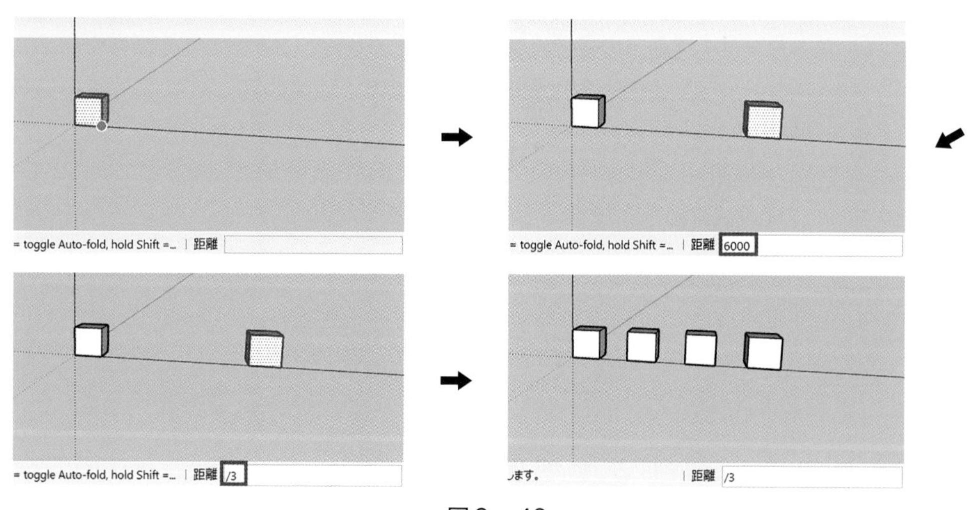

図2－48

＜他ファイルからコピーする＞

別に SketchUp を開き、図 2 －49 のような図を作成します。

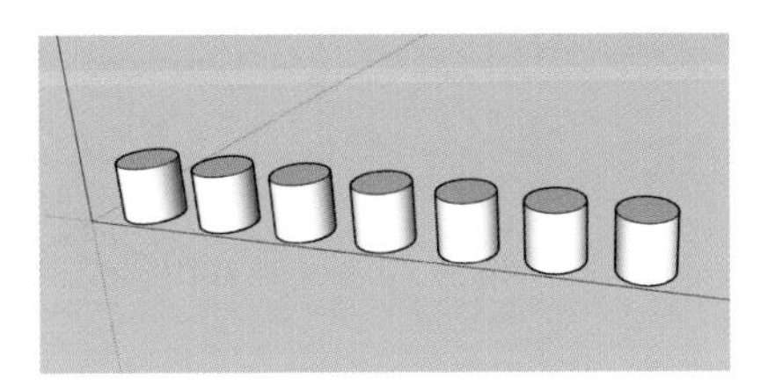

図 2 －49

この中で左から 4 個の円柱をコピーします。

4 個の円柱を選択し、メニューバーの「編集 (E)」→「コピー (C)」をクリックします（Ctrl キー＋C キーも同じ機能です）。

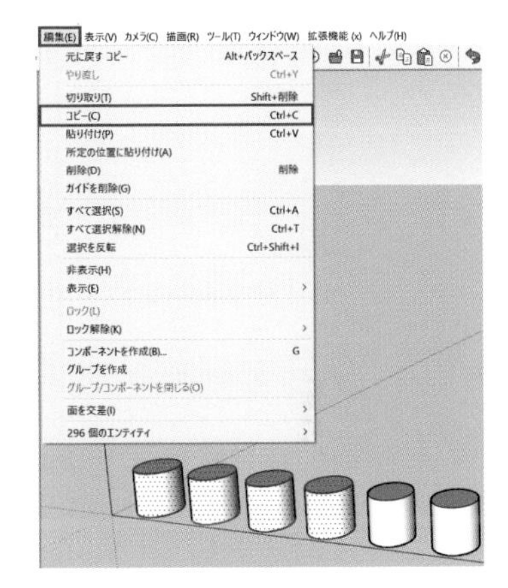

図 2 －50

もとの SketchUp 画面に戻り、メニューバーの「編集 (E)」→「貼り付け (P)」をクリックします（Ctrl キー＋V キーも同じ機能です）。

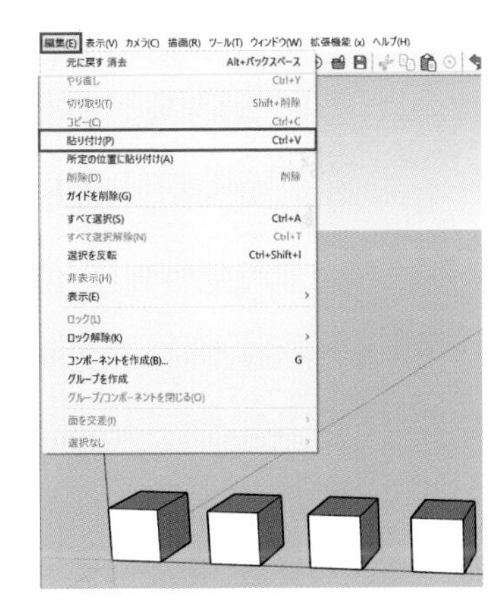

図 2 －51

任意の位置でクリックするとコピーの完成です。

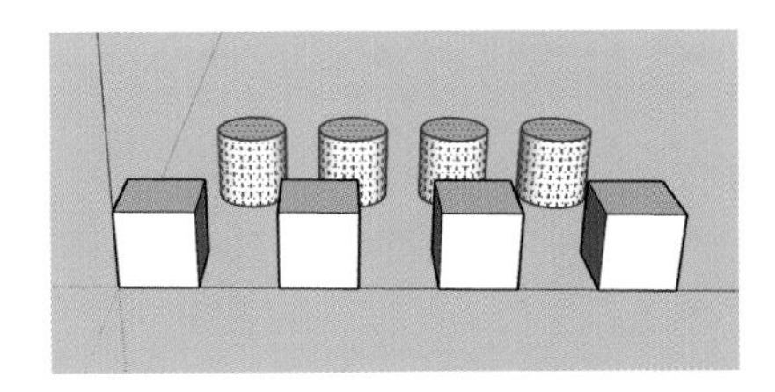

図 2 －52

2-15　オフセット

図2－53

＜面のオフセット＞

選択した面の外側のエッジ辺から一定の距離に平行線をコピーします。

オフセットを行いたい面上に触れると赤いドットが出てくるのでクリックします。ポインタの動きと合わせてエッジのコピーが表示され、移動した距離が測定ツールバーに表示されます。エッジの内側、または外側のいずれかにオフセットします。

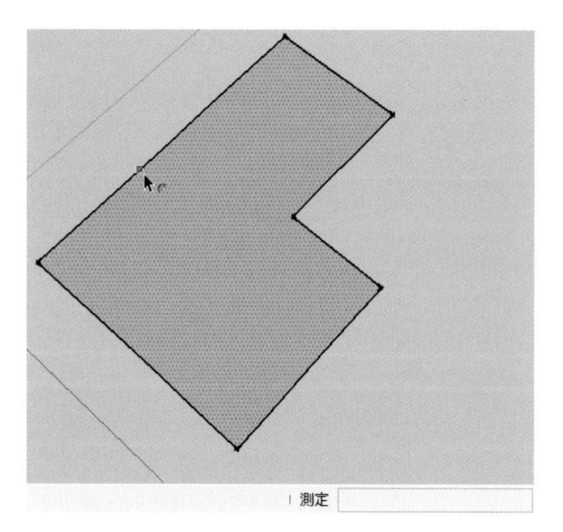

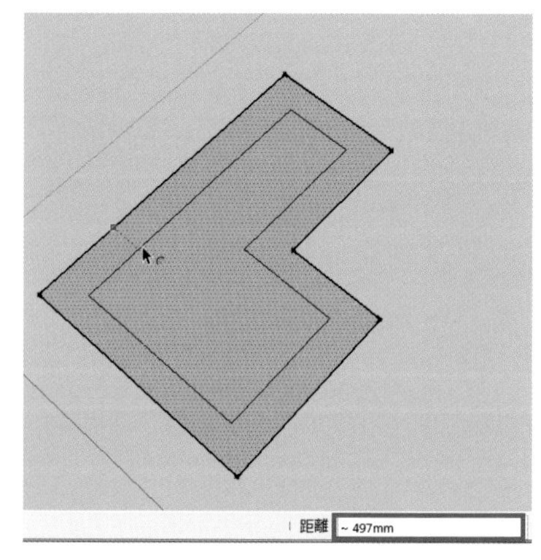

図2－54

＜エッジのオフセット＞

オフセットを行いたいエッジを、選択ツール で図２－55 の左図のように複数選択します。次にオフセットツール を選んで、選択したエッジ上にカーソルを移動すると自動的に最も近いエッジにスナップします。そのままクリックしてカーソルを移動し、再度クリックするとオフセットが確定します。

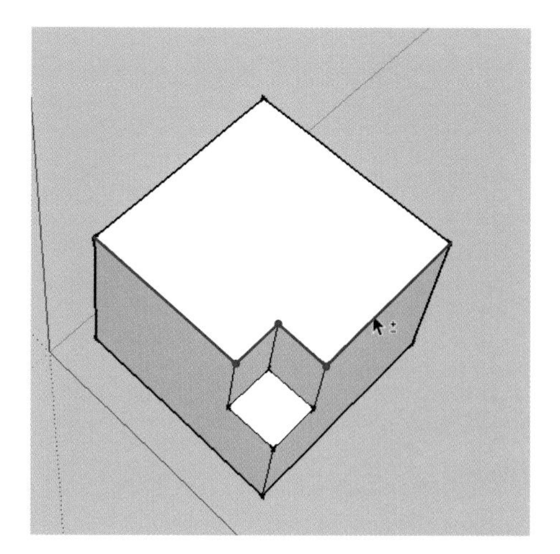

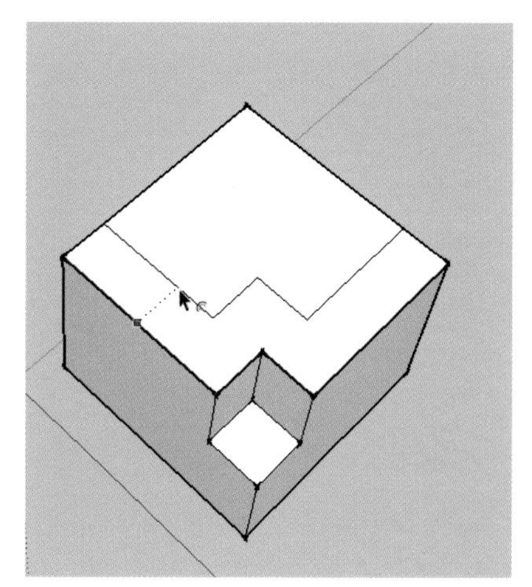

図２－55

１回目にオフセットした面と、異なる面をダブルクリックすると、１回目と同様の距離にオフセットすることができます。

・１回目

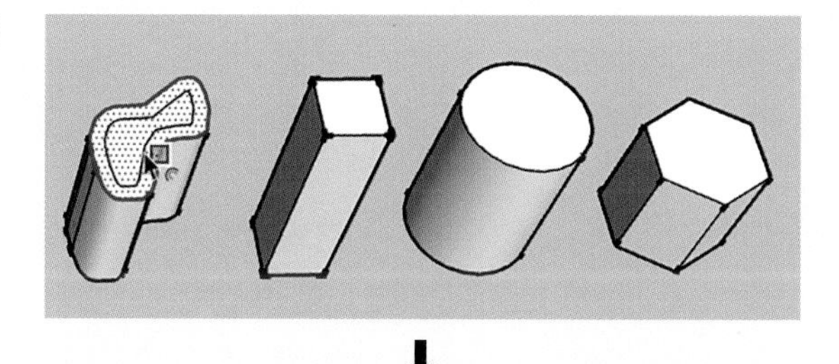

・２回目

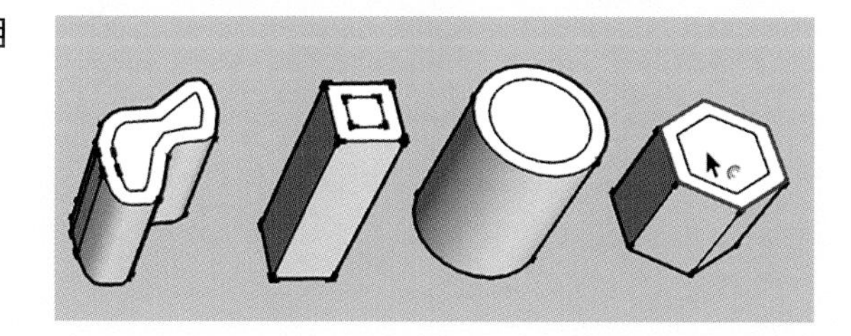

2-16 フォローミー

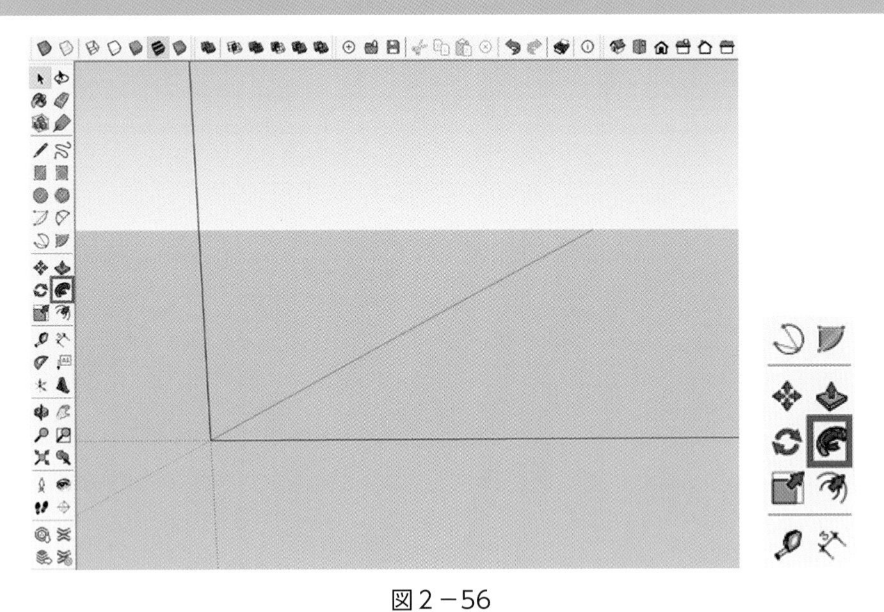

図2－56

パスに対して垂直に面を押し出し、形状を作成する機能です。

ここで、パスとなる任意の線形を描きます（2次元でも3次元でも構いません）。

始めの線に直交するように図（ここでは円をモデルにしました）を配置します。

パス（描いた全線形）を選択して、フォローミーツールをクリックし、押し出したい面（ここでは円）をクリックするとパスに沿って円が押し出され、パイプ状の立体が作成できます。

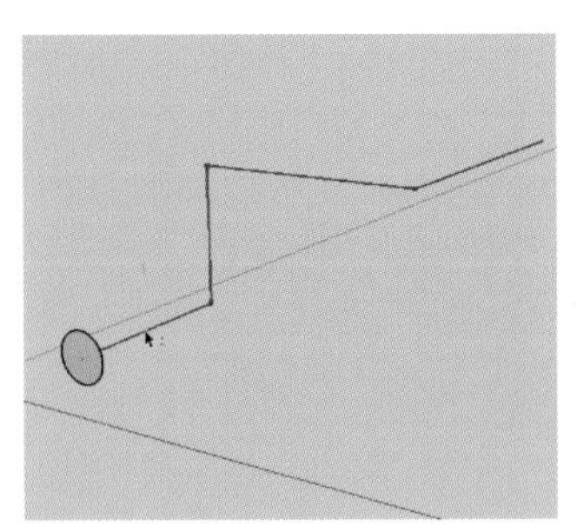
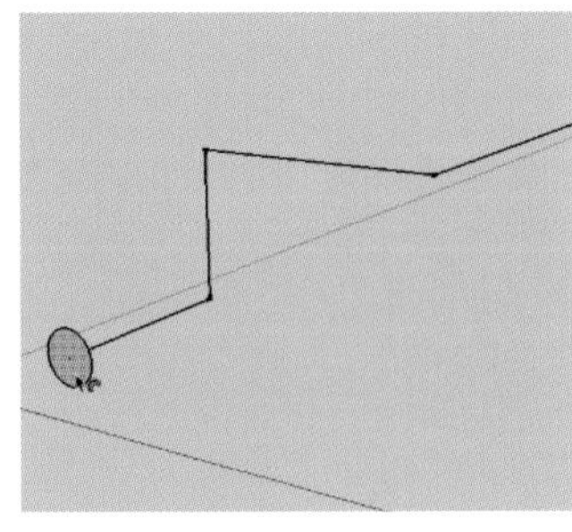
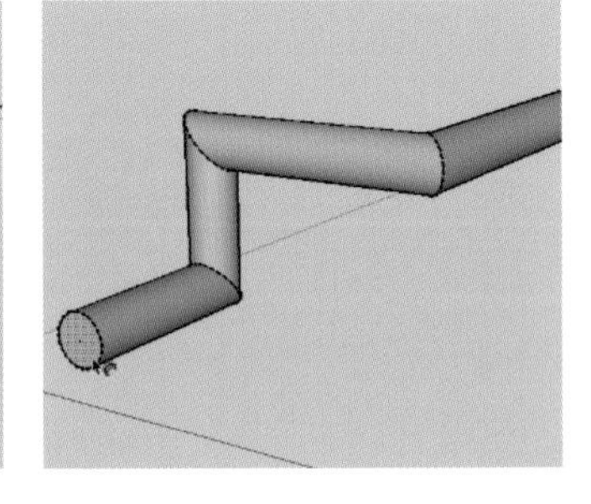

図2－57

最初にパスを選択しなくても、面（ここでは円）をクリックしたままパス上をドラッグしても作成できます。

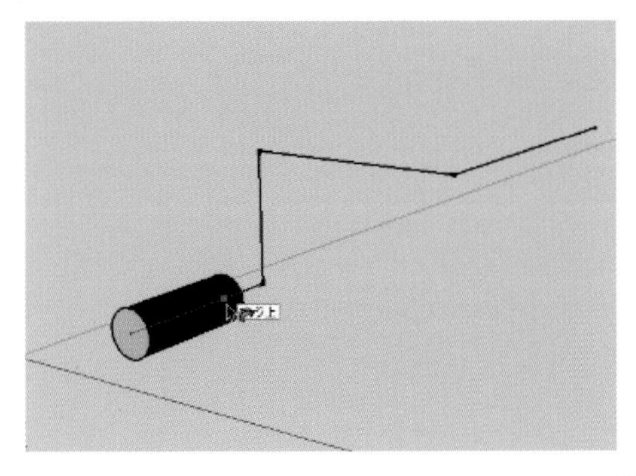
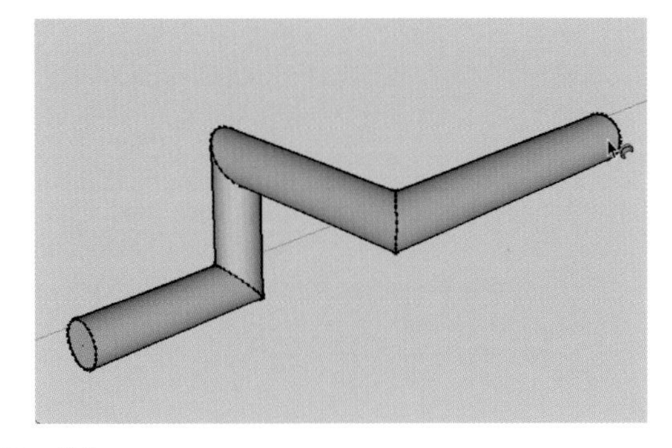

図２－58

＜円すいの作成＞

フォローミーツールは円すいなど回転体を作成することもできます。

原点を中心に円を描き、この円の中心の縦軸に合わせた三角形を描きます。

選択ツールでパスとなる円を指定します（パスは、円周の線、円周に囲まれた面、ダブルクリックで面と線、いずれを指定しても同じ結果になります）。

パスを指定した状態で、フォローミーツールを選択して三角形をクリックすると円すいが完成します。

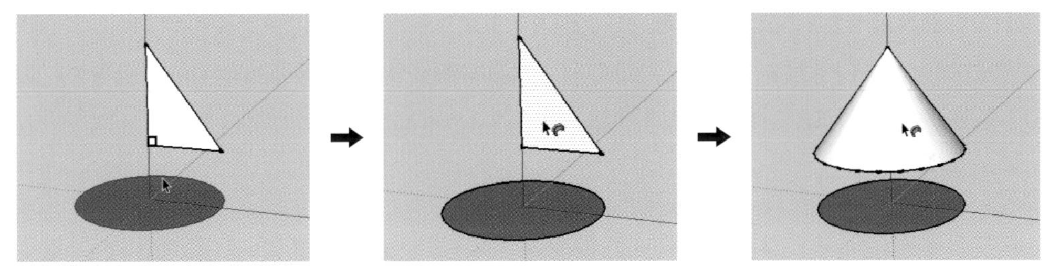

図２－59

CHALLENGE　円すいの作成方法を参照して、球を作成してみましょう！

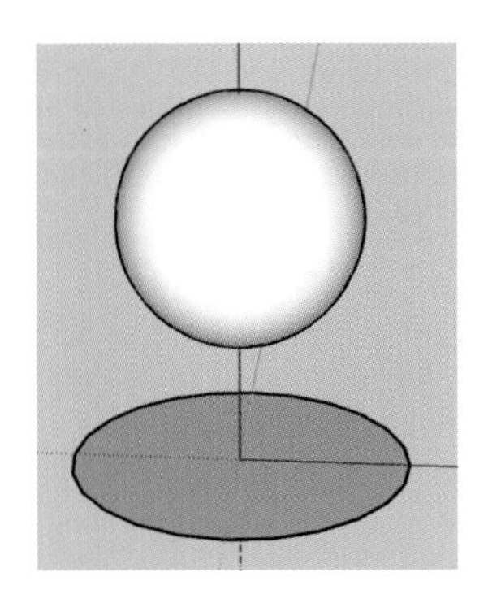

2-17　回転

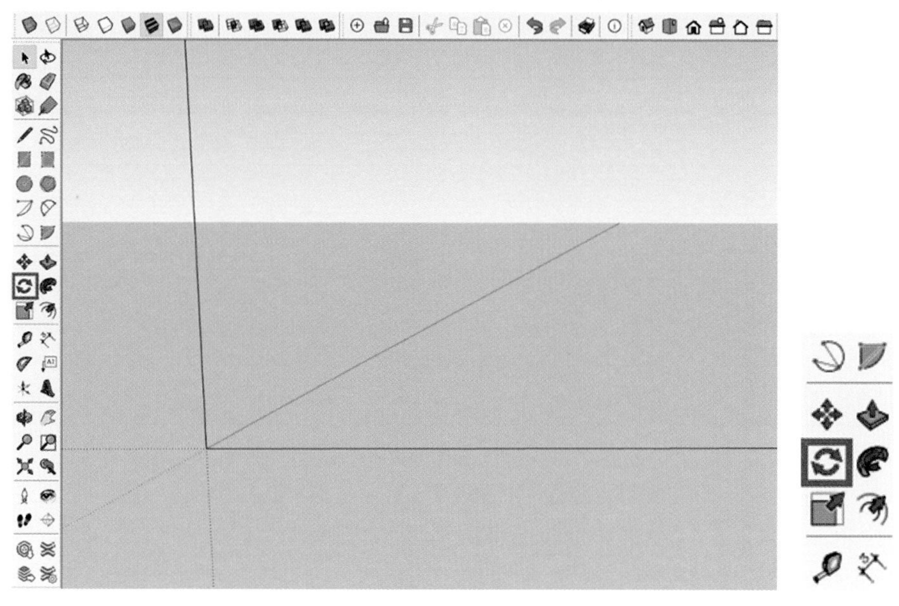

図２－60

図形を回転させるツールです。図２－61 のような立体を描き、これを選択（範囲選択かトリプルクリックで選択）して回転ツールを選び、図上を移動すると赤、緑、青と変色します。これはそれぞれ X、Y、Z 軸に直交して回転することを（任意の面の場合は黒になる）表しています。回転させたい軸の色になったら Shift キーを押したまま操作することで、回転方向を固定できます。

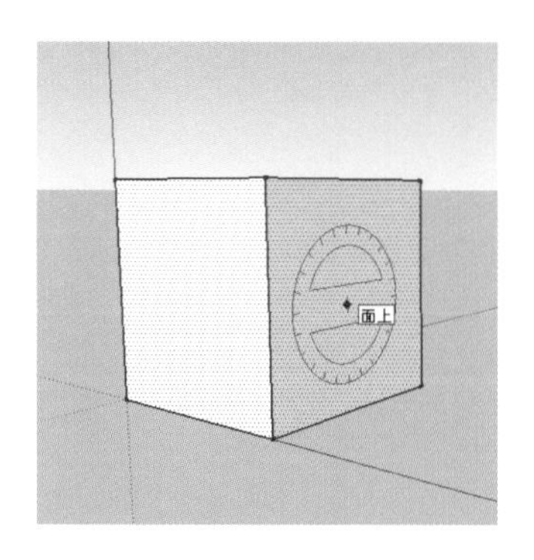

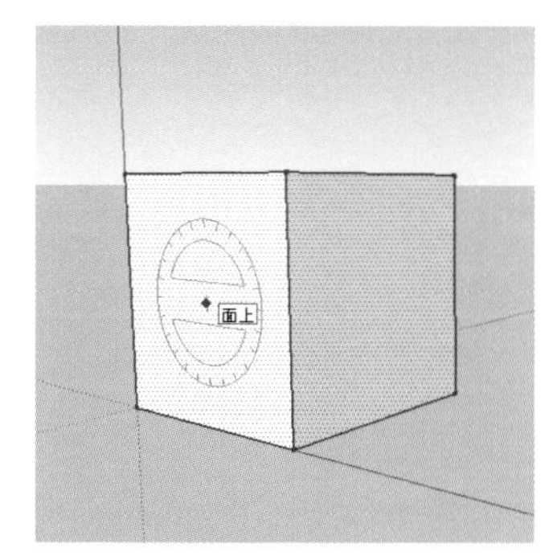

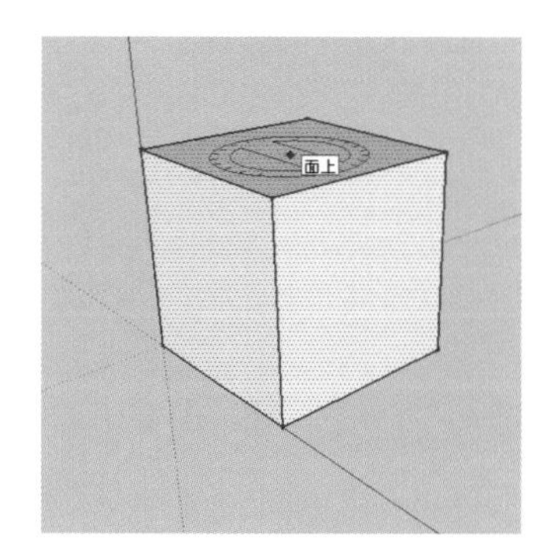

図２－61

緑軸上で固定して回転させてみましょう。

図形の左下端点をクリックしたら、ポインタを動かして右下端点をクリックし、カーソルを回転させたい方向へ移動させると図形が回転します。

右下の測定ツールバーに直接角度を入力することもできます。

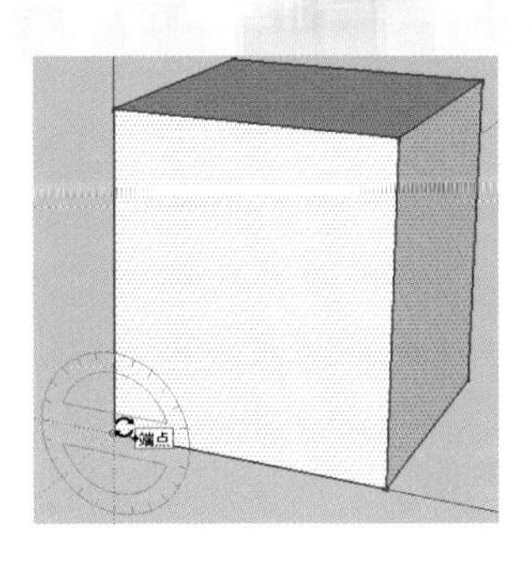

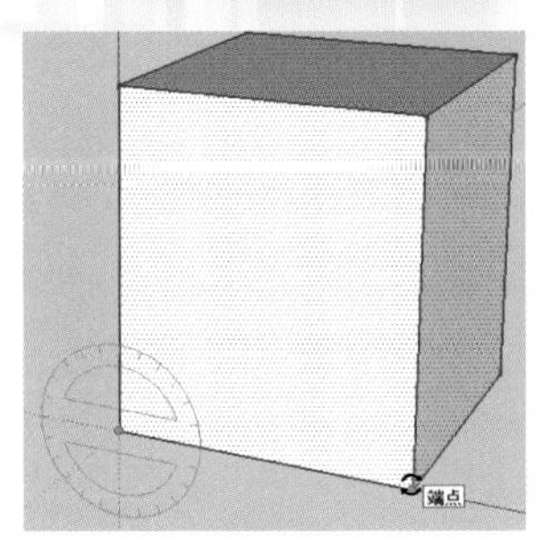

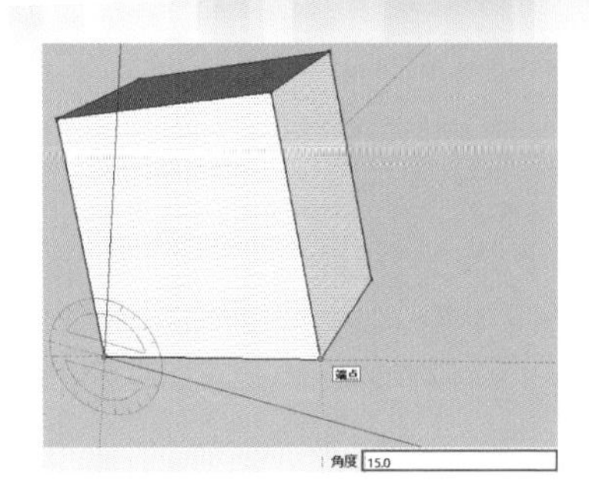

図２－62

また、移動ツールと同じように回転コピーすることができます。

図２－63 のように、図形を描いて選択し、青軸（Z 軸）を中心に回転させるために、回転ツールを青色にして原点をクリックします。ここで Ctrl キーを押すと回転ツールに＋記号が追加され コピーモードに変ります。図形の端点をクリックし回転させたい方向に少し動かして、測定ツールバーに『45』と入力すると 45 度の角度で回転コピーされます。さらに『x7』と入力し Enter キーを押すと全周に回転コピーができます。

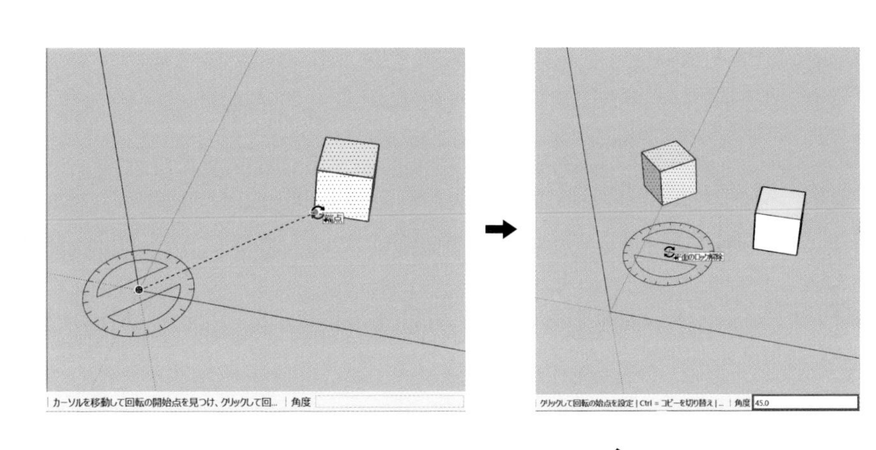

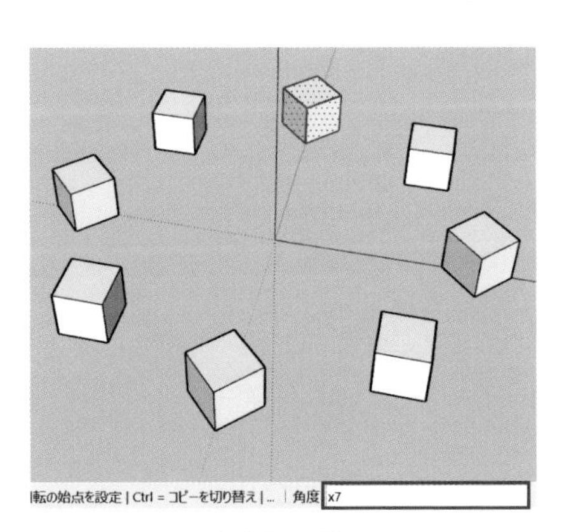

図２－63

折り紙のように面をエッジにそって任意の角度に折り曲げることもできます。図2－64のように長方形の折り曲げたい部分にラインを描き、折り曲げる部分全体を選択します（ダブルクリックまたは範囲指定）。ここで回転ツールをクリックし折り曲げる端点でクリックしたまま折曲げ線上をドラッグすると分度器の色が黒になり、線に直交して立ち上がります。折り曲げたい部分をクリックし移動すると図2－64の下段のように折り曲げることができます。測定ツールバーで角度を直接入力することもできます。

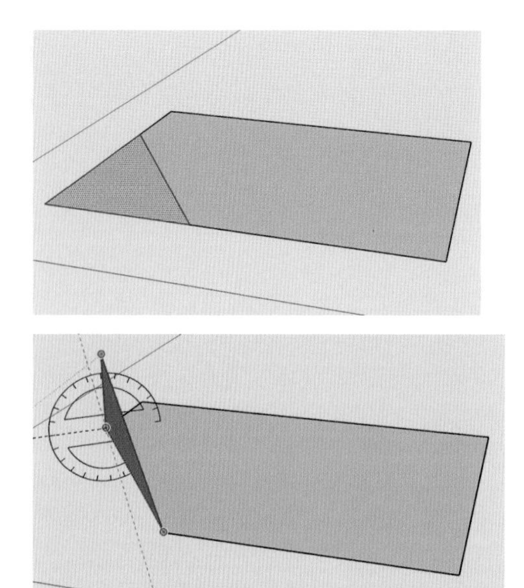

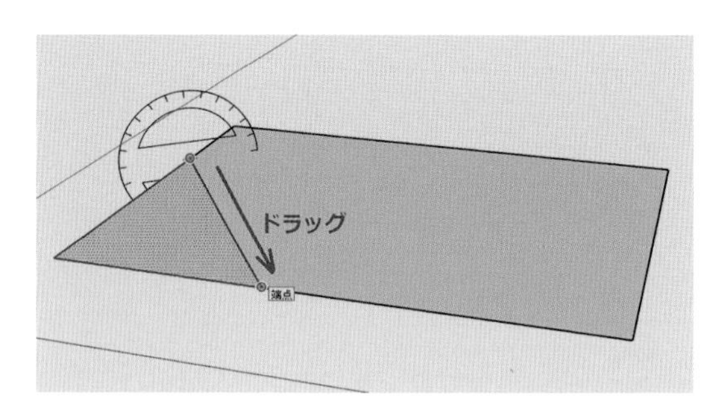

図2－64

CHALLENGE

左の図のように立方体の展開図を描きます。
回転ツールを利用して右のような立方体に組み立ててください。

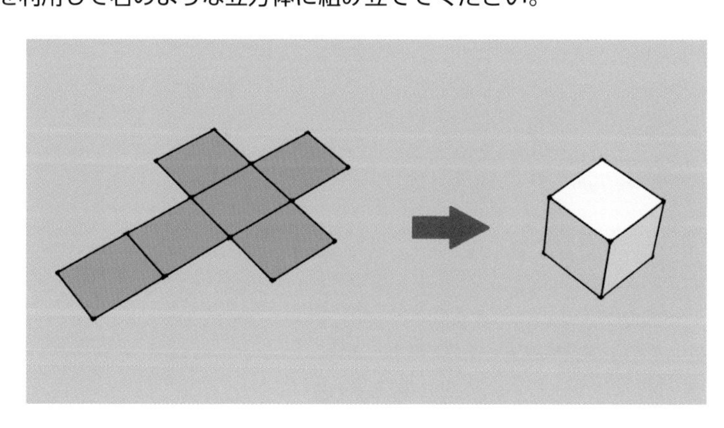

2-18　尺度

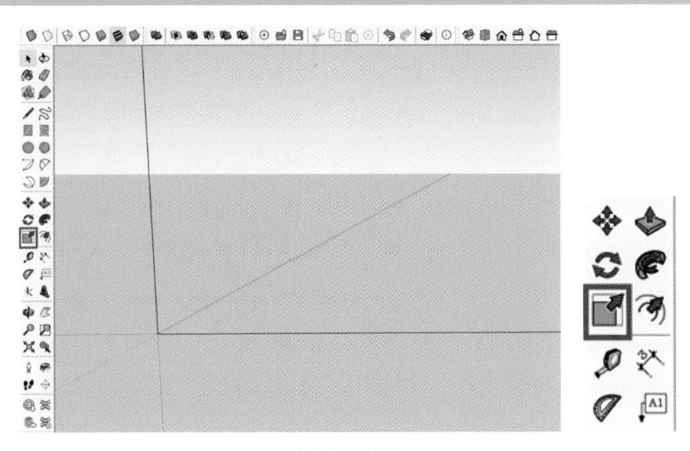

図２－65

描いたモデルの尺度を変更（拡大、縮小）します。

対象となる図形を選択し、尺度ツールをクリックするとモデルの中心点やその他の端点にグリップが表示されます。

グリップをクリックしてポインタを移動すると、対角線上のグリップを不動点として拡大、縮小ができます（図２－66 の上段参照）。Ctrl キーを押しながら移動すると、図の中心を不動点として拡大、縮小が行われます（図２－66 の下段参照）。測定ツールバーに比率が表示され、数値入力ができます。

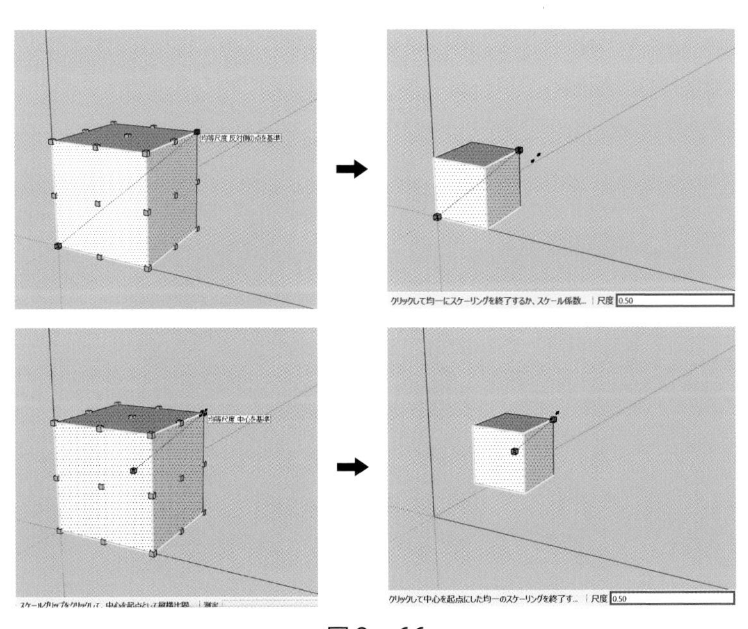

図２－66

面だけを選択し尺度ツールを同様に使うことで立体の面の尺度変更も可能になります。中心を基準に変更する場合は Ctrl キーを押しながら行います。ここでは 2 つの方法の例を表示します。

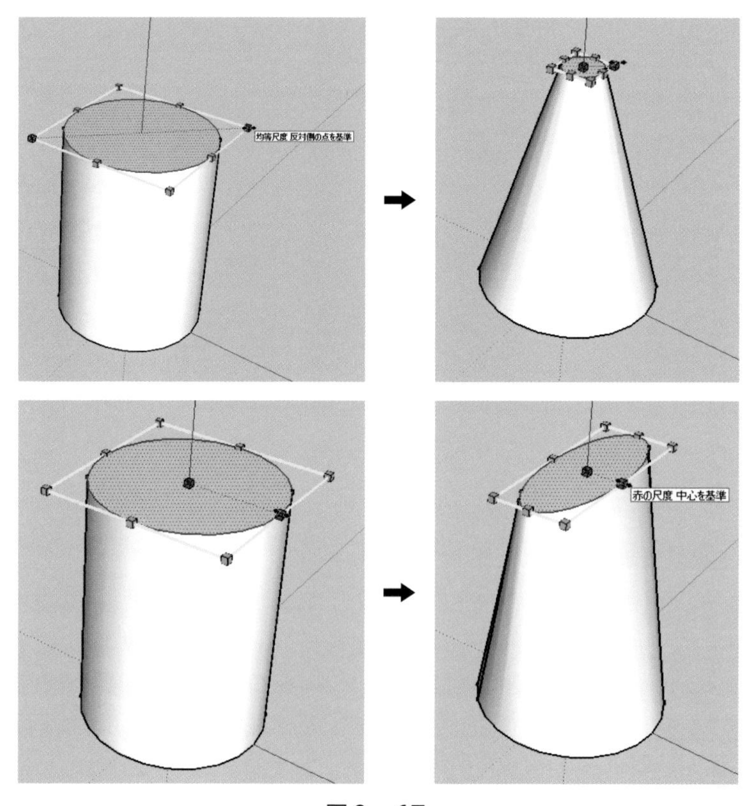

図 2 －67

形を反転する場合には、反転したい方向にグリップを移動させ、測定ツールバーに『-1』を直接入力し Enter キーを押します。

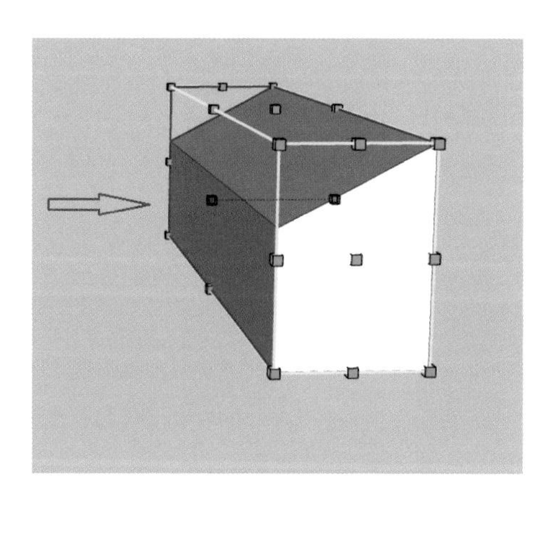

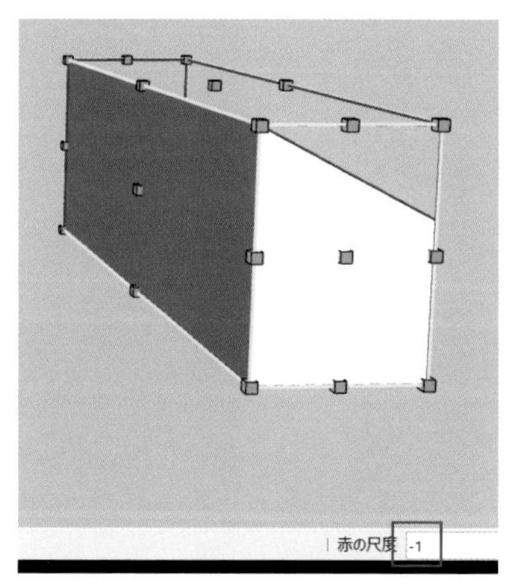

図 2 －68

2-19　グループとコンポーネント

SketchUp は図形どうしを接するように作成すると、面と面、辺と辺が重なった部分は自動的に一体化されてしまい、切り離すことが困難です。

図２－69 のように、接する２つの四角の右側 B を（ダブルクリックまたは範囲指定）選択して移動させると A の右辺も移動してしまい、意図しない結果になります。

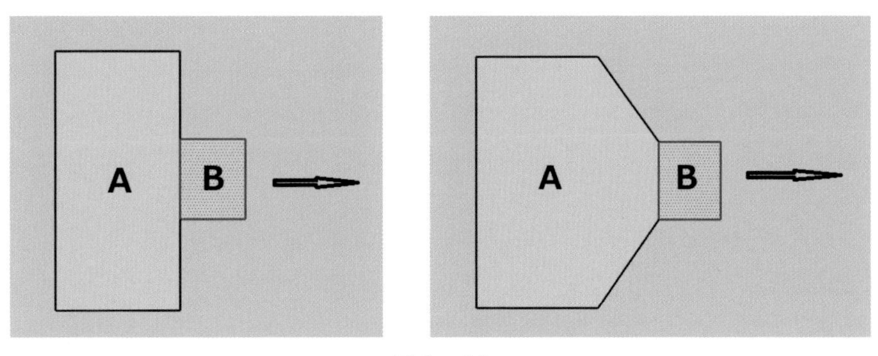

図２－69

そこで B を選択した後、右クリックでコンテキストメニューを表示し「グループを作成」（または「コンポーネントを作成」）すると独立した状態で B を移動することができます。

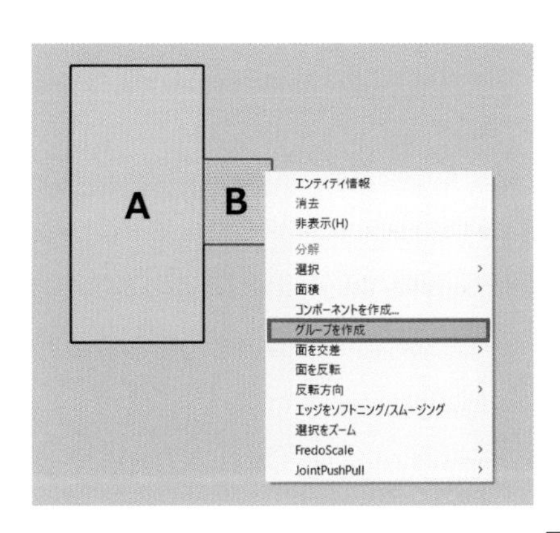

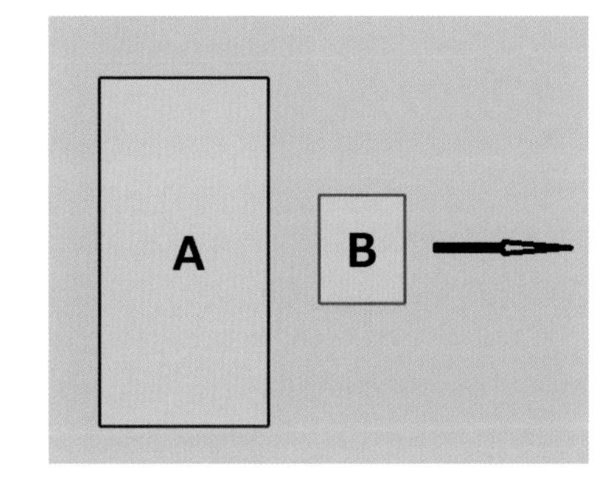

図２－70

〇グループとコンポーネントの相違点

グループやコンポーネントを複数個コピーした場合コンポーネントのどれか１個に編集を加えると他のコンポーネントすべてに変更が反映されますが、グループは指定した図形のみ編集が反映され、他には変化が起きません。

＜グループの場合＞

図２－71 の左図のような図形を描いてグループにします。これを等間隔で３セットコピーします。

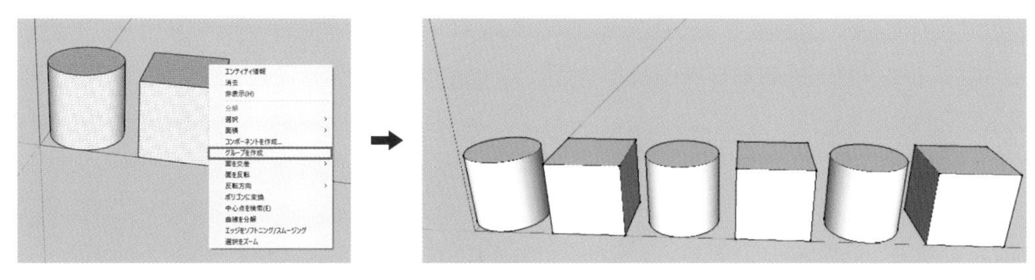

図２－71

最初のグループを選択し右クリックして「グループを編集」をクリックします。

これで編集が可能になるので、プッシュ / プルツール を使用して円柱を伸ばし、グループを閉じます（グループ編集領域外を右クリック →「グループを閉じる」もしくは選択ツールで破線領域外をクリック）。このグループの円柱のみが伸びて他には影響を与えません。

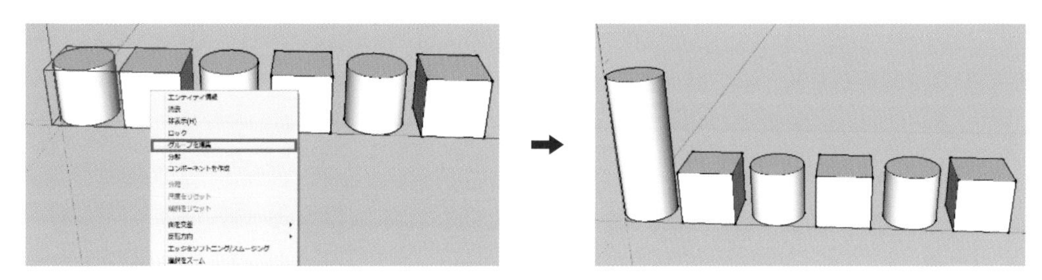

図２－72

＜コンポーネントの場合＞

同様にコンポーネントにして、３セットコピーします。

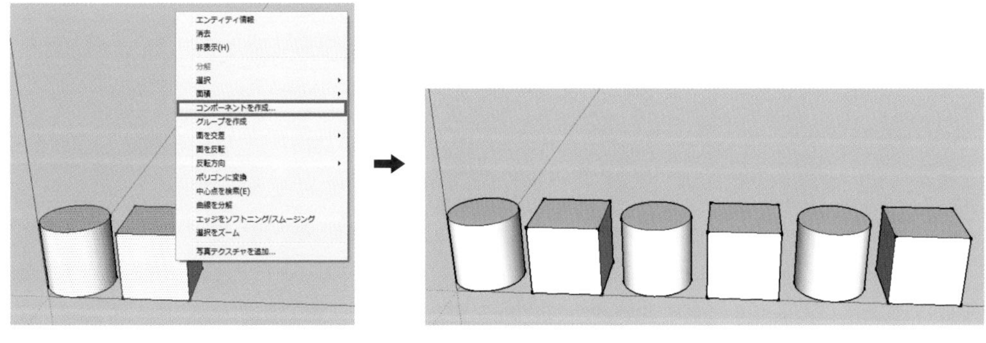

図２－73

最初のコンポーネントを右クリックし「コンポーネントを編集」をクリックしてプッシュ / プルツール で円柱を伸ばした後、グループと同様にコンポーネントを閉じます。円柱のコンポーネント全てが変化したことがわかります。

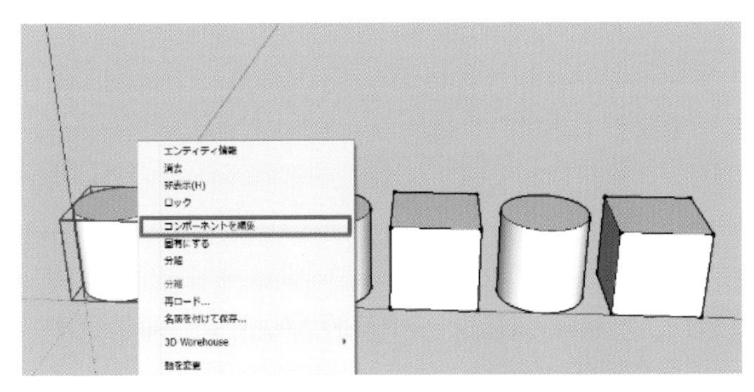

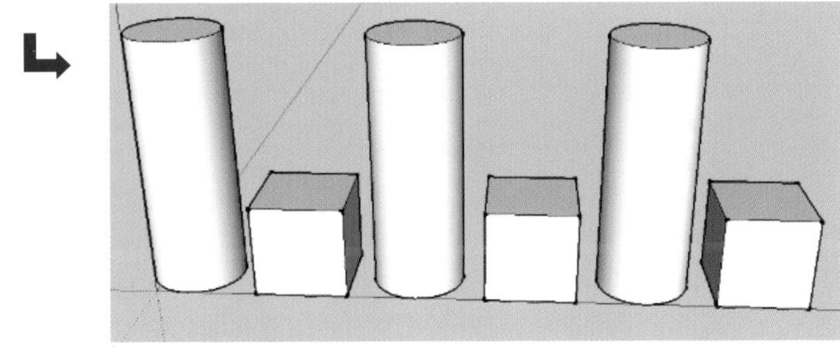

図２－74

基本的な事項

コンポーネントは、後々色や形状を変更したくなった場合に一括処理ができるので便利な形態ですが、同じコンポーネント内でも変更したくない個所がある場合は、以下のような処理を行います。

図２－75 のように６個のコンポーネントが並んでいます。

図２－75

右側の 2 個は変更したくない場合、2 個の図形を複数選択後、右クリックをしてコンテキストメニューから「固有にする」を選択します。

図 2 −76

固有にした後、一番左側のコンポーネントを右クリックし「コンポーネントを編集」を選択して、プッシュ／プルツールで引き伸ばすと図 2 −78 のような結果になります。

図 2 −77

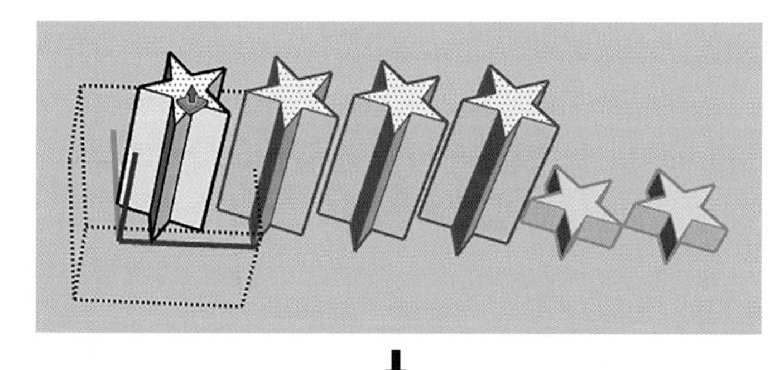

図 2 −78

第3章
作成例Ⅰ（土木材料をつくる）

作成例Ⅰ（土木材料をつくる）

3-1　H形鋼

多くの土木材料が、断面図をプッシュ / プルツールで引き伸ばすことで、簡単に作成できます。

ここでは、形鋼の代表としてH形鋼を作成します。

H＝300、B＝300、t1＝10、t2＝15、r1＝13の「300H」といわれる鋼材を1m（1,000㎜）分作成します。

ビューのアイコン群から「平面」を選択します（メニューバーの「カメラ(C)」より「標準ビュー(S)」→「平面(T)」でも同様です）。

図3－1

メジャーツールを使い、軸上（軸上をダブルクリックすると軸上にガイドラインが引けます）と赤軸、緑軸上から、図3－2のようにガイドラインを引き、各交差部分を線ツールで結びます。

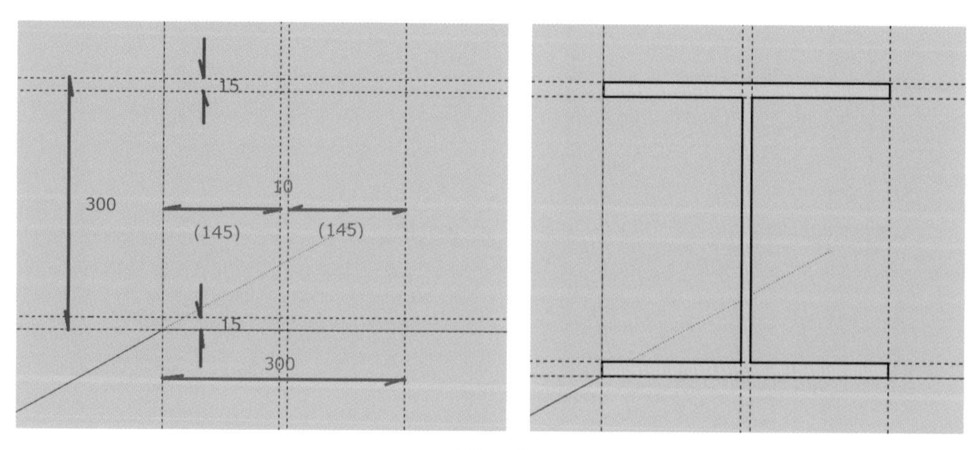

図3－2

次に、フランジの内側およびウェッブより『13』の位置にガイドラインを引き、各交差部分を中心に半径『13』の円を描きます。

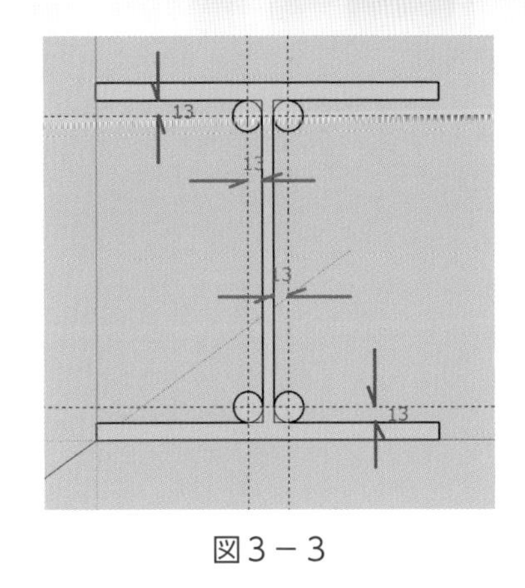

図3－3

余分な線を消しゴムツールで消去すると、断面ができあがるのでプッシュ / プルツールで引き伸ばし、測定ツールバーに『1000』と入力して Enter キーを押します。

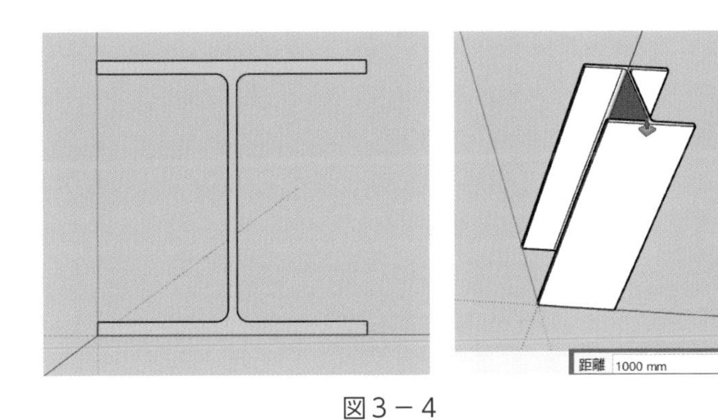

図3－4

3-2　L形側溝

次にL形側溝（300）を作成します。

ビューのアイコン群から「正面」を選択します。

図3－5

赤軸、青軸上から、図3－6のようなガイドラインを引き、各交差部分を結びます。

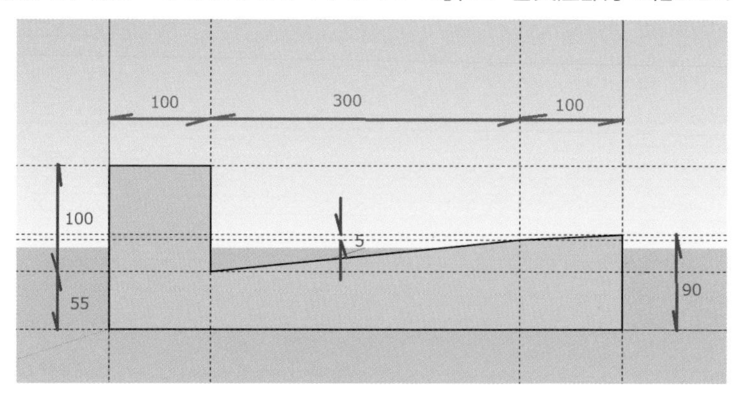

図3－6

できあがったモデルに2個所面取りを行います。r＝20なので図3－7のようにガイドラインを入れます。ガイドラインの交差部分を中心に円を描きますが、円ツールをクリックすると測定ツールバーに『側面　24』と表示されます。（SketchUpの円の初期設定は24角形となっています）勾配が微妙な斜辺に交差部分ができるよう、100角形にするので『100』と直接入力しEnterキーを押します。また、下側の円を描くときは、円（100角形）の端点が斜面上にくるように、交差部分から斜辺に対して垂直に向かって円を描きます。

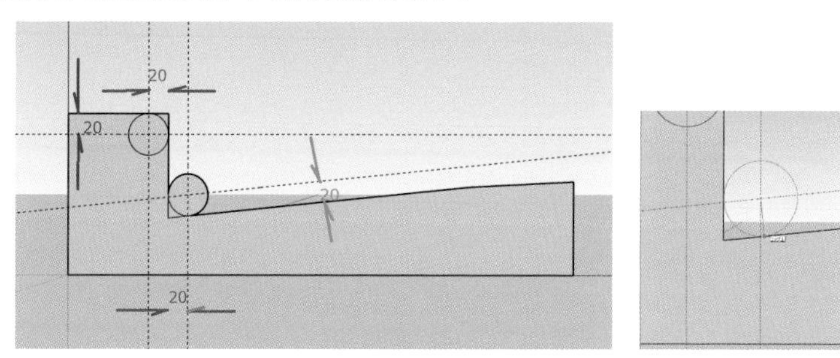

図3－7

余分な線を消去して、『600』引き伸ばすと完成です。

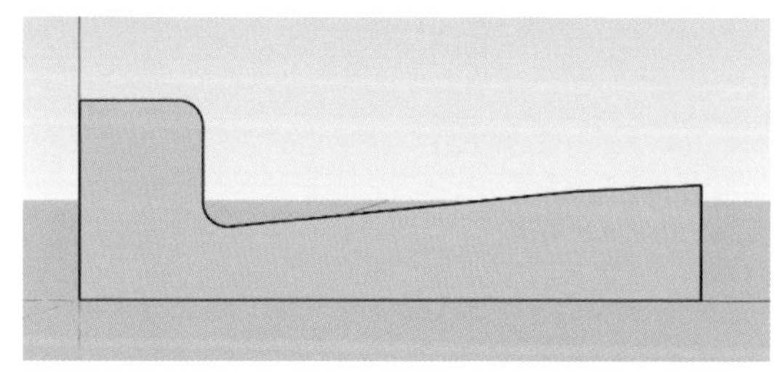

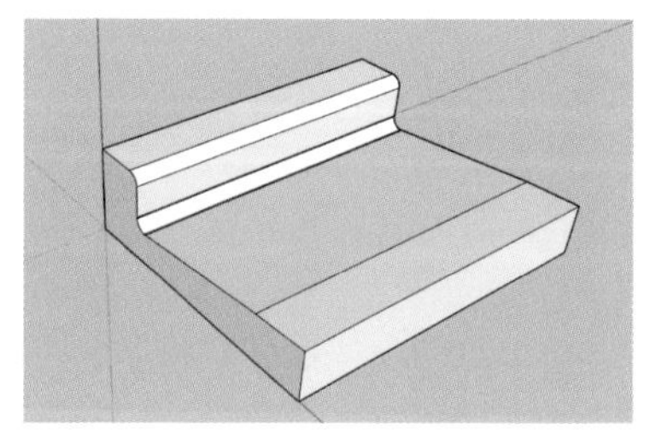

図3－8

3-3　回転体

回転体を作成するにはフォローミーツールを使います。

人孔側塊（斜壁）600C を作成します。

ビューを「正面」にして、図３－９の通りガイドラインを引き、交差部分を結びます。

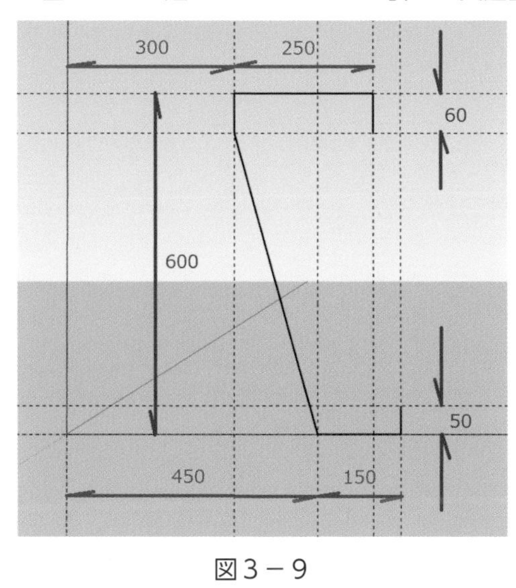

図３－９

作成した斜辺より平行に『60』のガイドラインを引きます。分度器ツールを選択してＢ点をクリックし、水平ガイドラインをクリックして『30°』回転したところでクリックします（この時、移動した角度方向にガイドラインが表示されます）。

Ａ点も同様に行います。

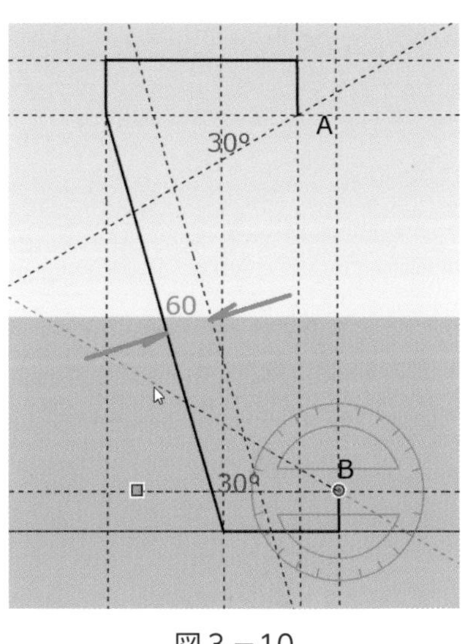

図３－10

交差部分を結ぶと図３－11のようになります。
パスとして青い軸上の下方に任意の大きさの円（青軸と直交する円）を描きます。

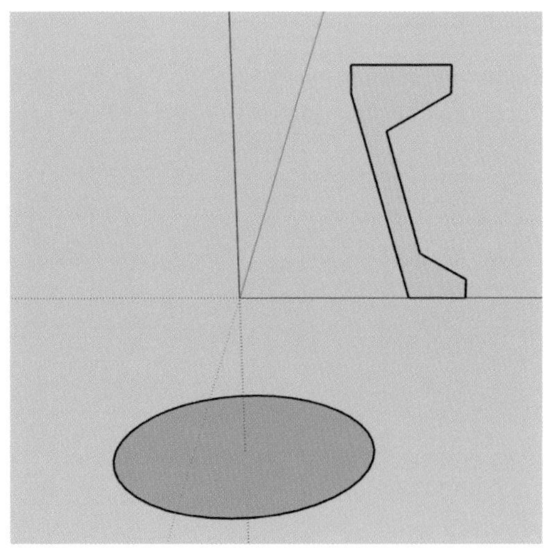

図３－11

この円①をパスとして選択します。
フォローミーツールでモデル面②をクリックします。
すると、斜壁が完成します（③）。

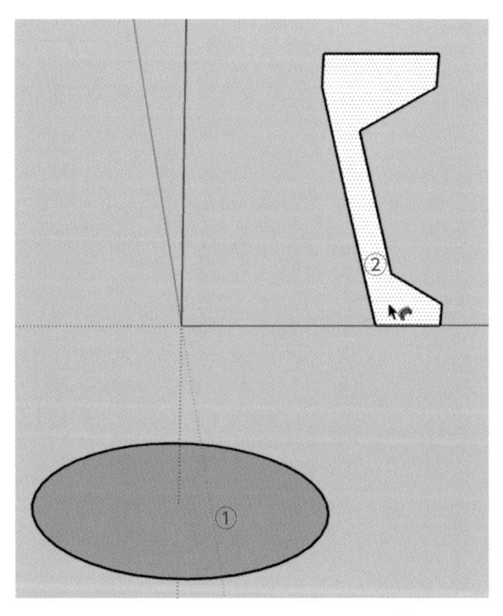

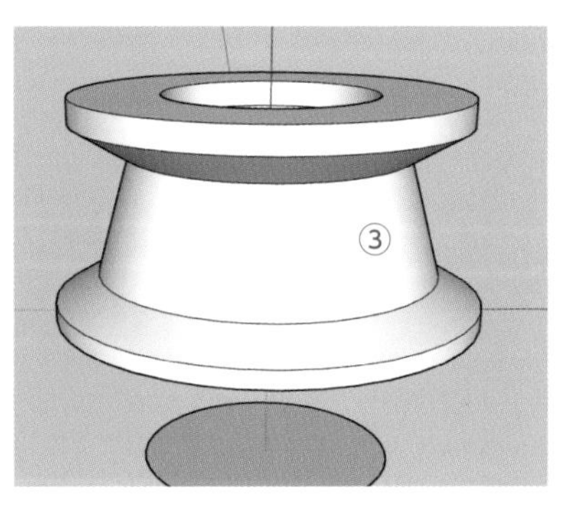

図３－12

3-4　鉄筋コンクリート管 B 形の作成

次に鉄筋コンクリート管 B 形　φ＝350 を作成します（詳細寸法省略）。

規格寸法通り判断面を作図すると図３－13 のようになります。

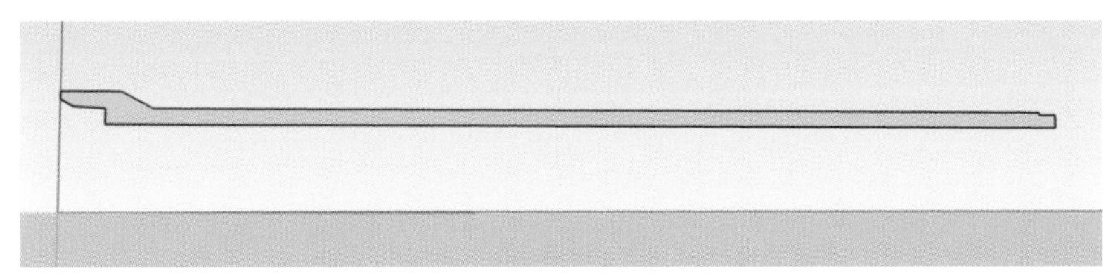

図３－13

今度の回転軸は赤軸になるため、赤軸上に直交する円（赤色）を任意の大きさで描きます。

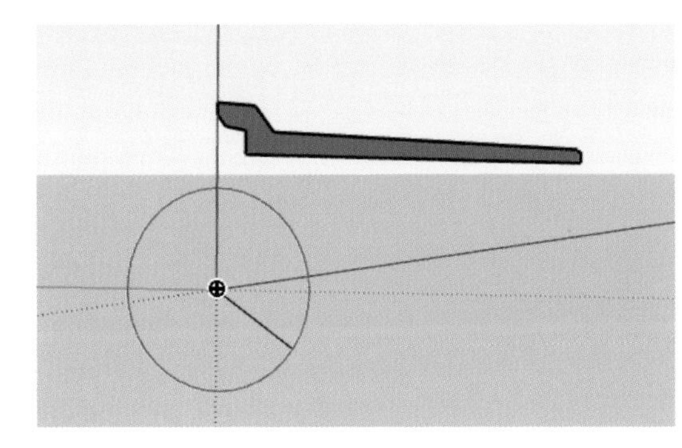

図３－14

この円①をパスとして指定します。

フォローミーツールでモデル面②をクリックします。

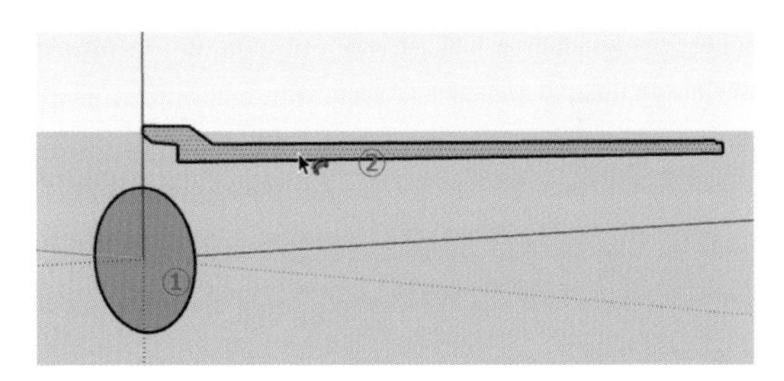

図３－15

パスの円を消去すると完成します。

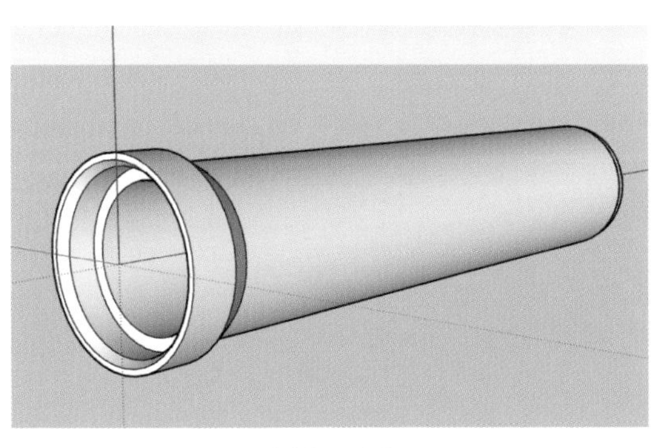

図３－16

3-5　消波ブロック

回転コピーを併用すると消波ブロックのような複雑なものも作成できます。

図３－17 は４脚のうち、１脚の寸法を表しています。

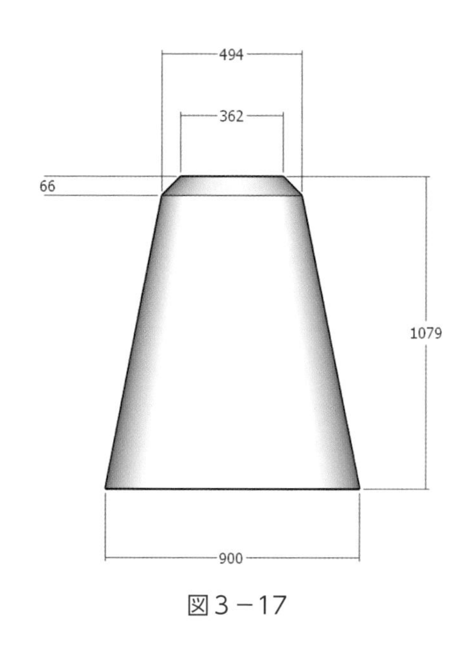

図３－17

図３－18 のようにガイドラインを利用して、原点より半断面を作ります。

また、原点より下方の青軸上を中心に、青色の円を任意の大きさで描きます（円ツールの側面を 24 から 100 に変更します）。

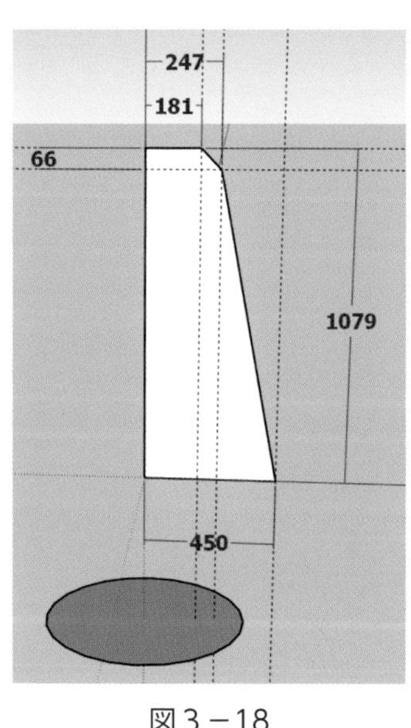

図３－18

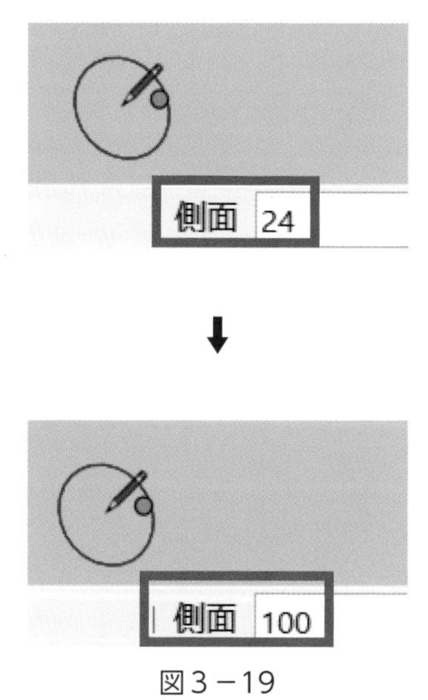

図３－19

下方の円をパスに指定（選択ツールで円をクリック）してフォローミーツールで半断面をクリックすると１脚分ができあがります。

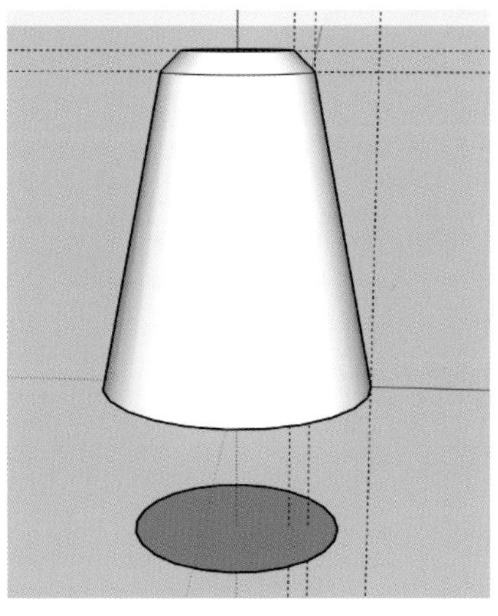

図３－20

不要になったガイドラインと円を消去して、１脚のモデル全体を選択し（範囲指定、またはトリプルクリックして）グループを作成します。

底面が少し見えるようにアングルを変え、グループにした１脚のモデルを選択し、回転ツールをコピーモード（Ctrl キーを押す）にして原点をクリックします（この時回転ツールは緑色を選択します）。

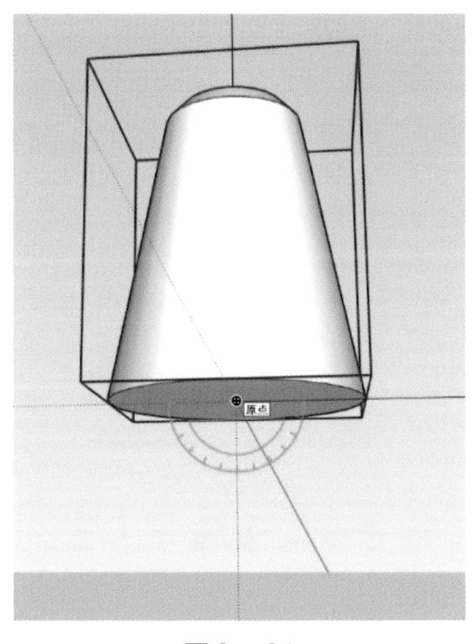

図３－21

原点に対応する点（この場合モデルのセンター軸）として青軸上の任意の位置をクリックし、左回りに回転させ、測定ツールバーに値『109.5』を直接入力し Enter キーを押します。

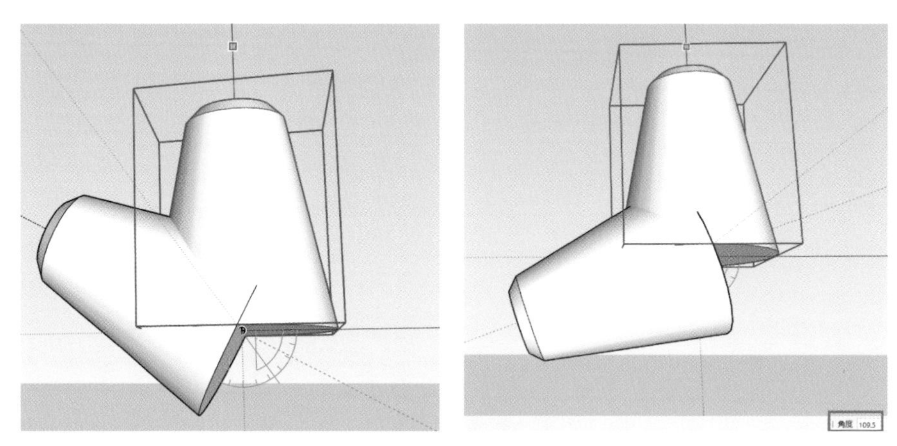

図3－22

コピーしたモデルを、さらに平面的に 3 等分する位置にコピーします。

上面が見えるアングルに調整して、コピーしたモデルを選択し、回転ツールをコピーモードにします。この状態で上面中央の青軸との交差部分をクリックし、ポインタを動かして任意の位置（ここでは赤い軸上）でクリックしたら、少し回転させて『120』と直接入力し、Enter キーを押します。

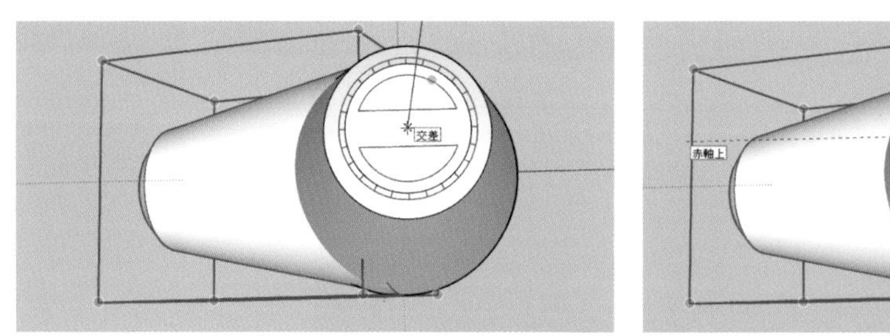

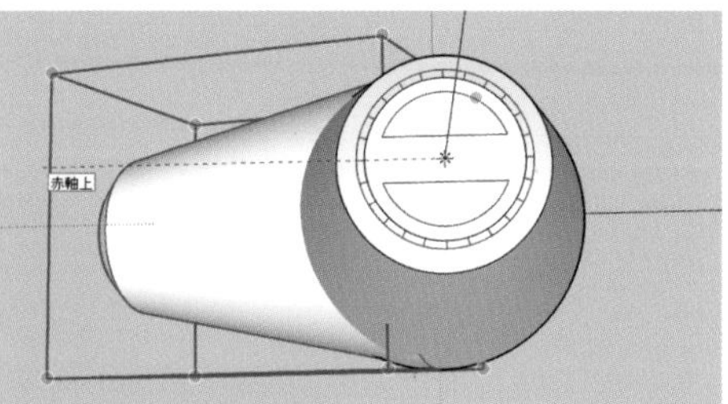

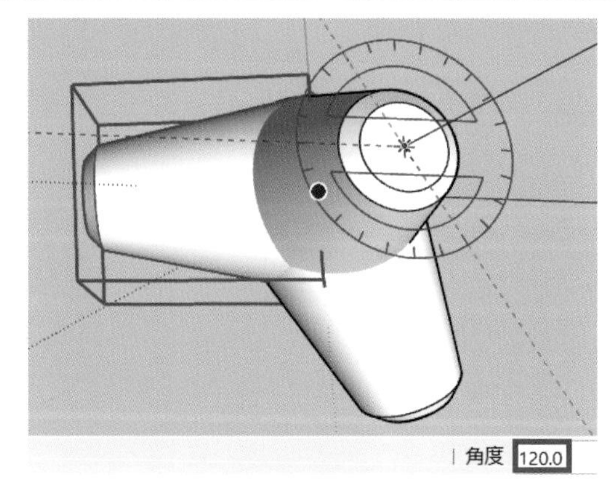

図3－23

さらに『x2』と直接入力して Enter キーを押し、2 脚コピーします。

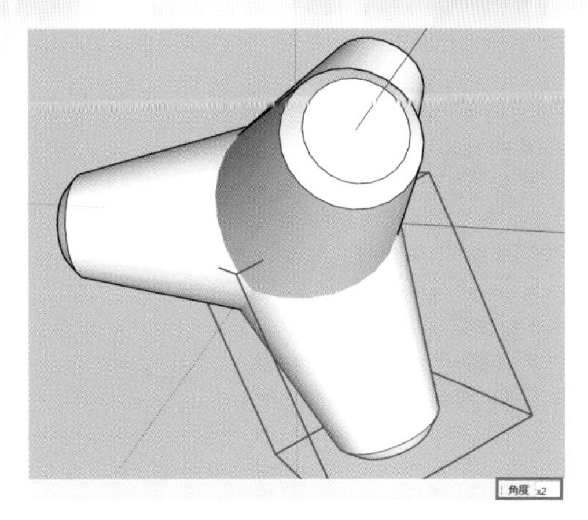

図３－24

これで外観上は完成ですが、スタイルの中の「X線」をクリックすると、各グループが重なり合っていることが確認できます。

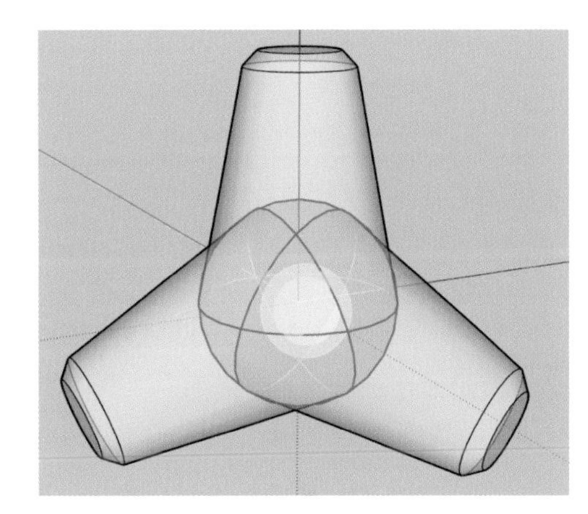

図３－25

全体を指定して、ソリッドツールの中の「外側シェル」をクリックします。

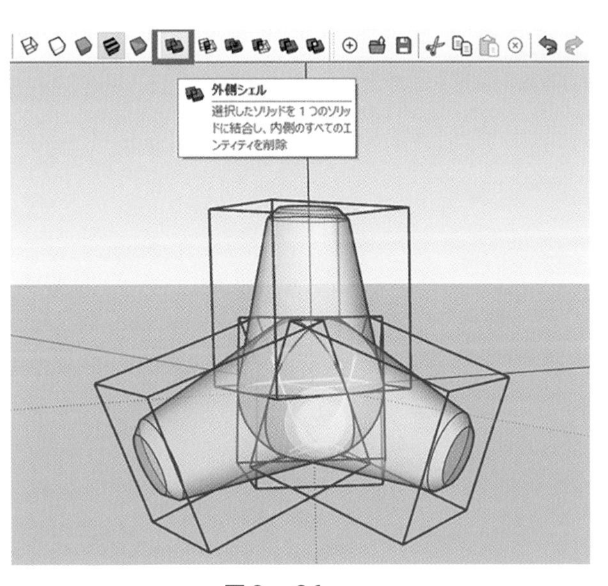

図３－26

すると、中身が空になり外側だけが残ります。

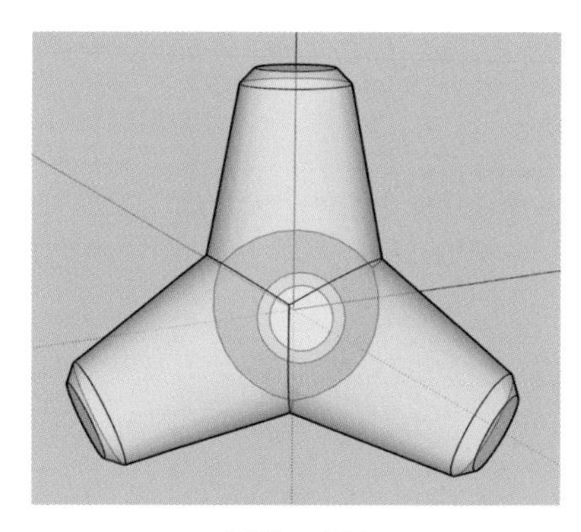

図3－27

モデルを右クリックして、エンティティ情報を確認すると、体積が約 1.25㎥と確認できます。

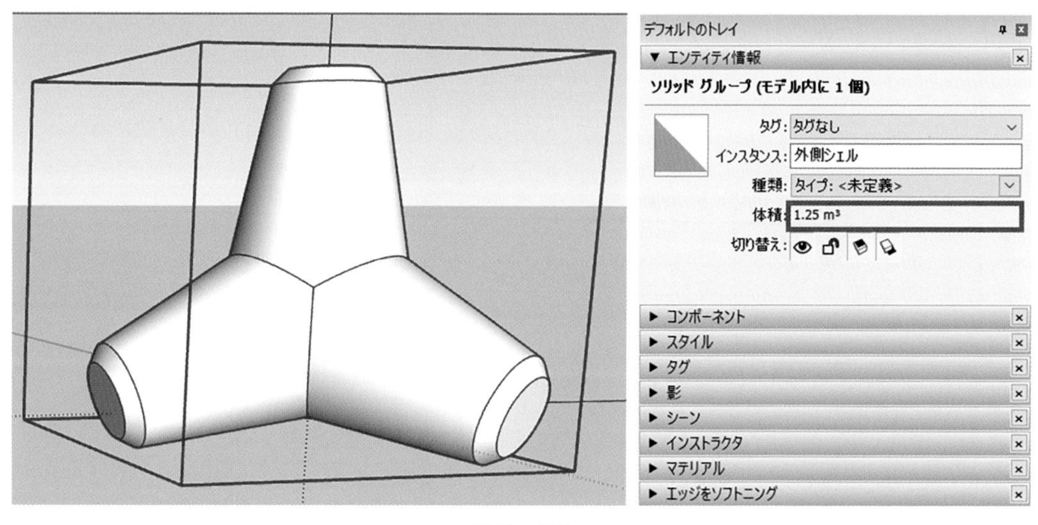

図3－28

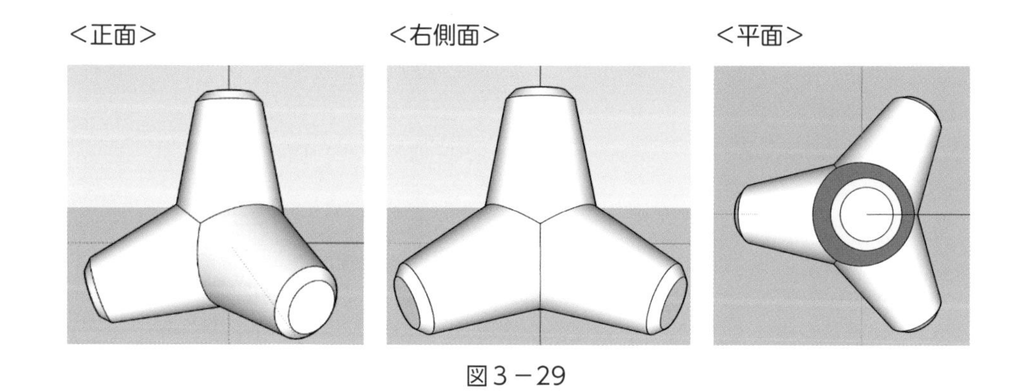

図3－29

3-6　面取り

フォローミーツールは面を取る場合でも使用できます。

図３－30 のようなモデルに面取り（赤丸内の断面で）を行います。

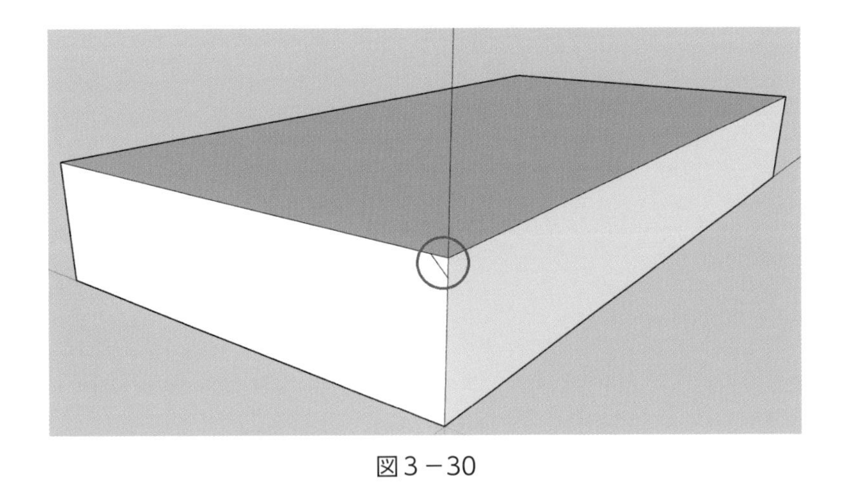

図３－30

最初に選択ツールで上面（①）をパスとして指定します。

フォローミーツールで断面（②）をクリックします。

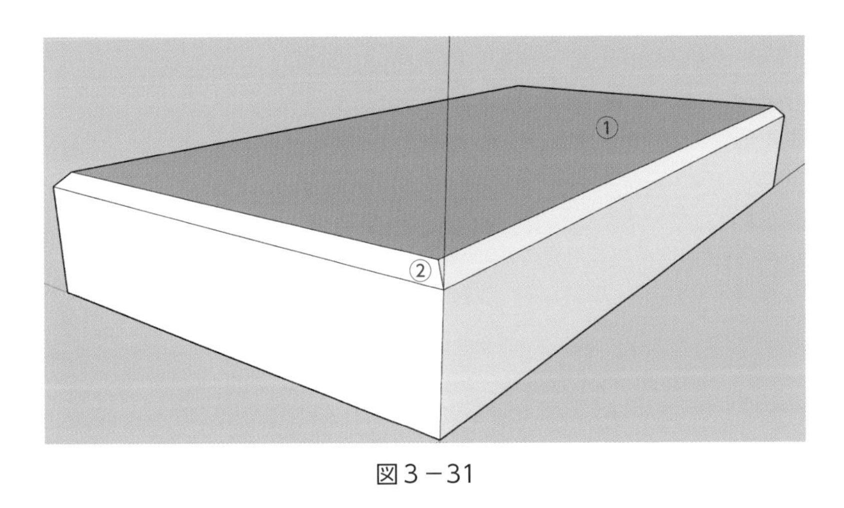

図３－31

このように、簡単に面取りが完了します。

■基本：柱の面取り

電柱状や杭状の部材を作成します。

柱の片方の面をダブルクリックして尺度ツールを選択します。

Ctrl キーを押しながら対角線上のグリッドをつかみ中央に寄せると、電柱状や杭状の部材を作成できます。

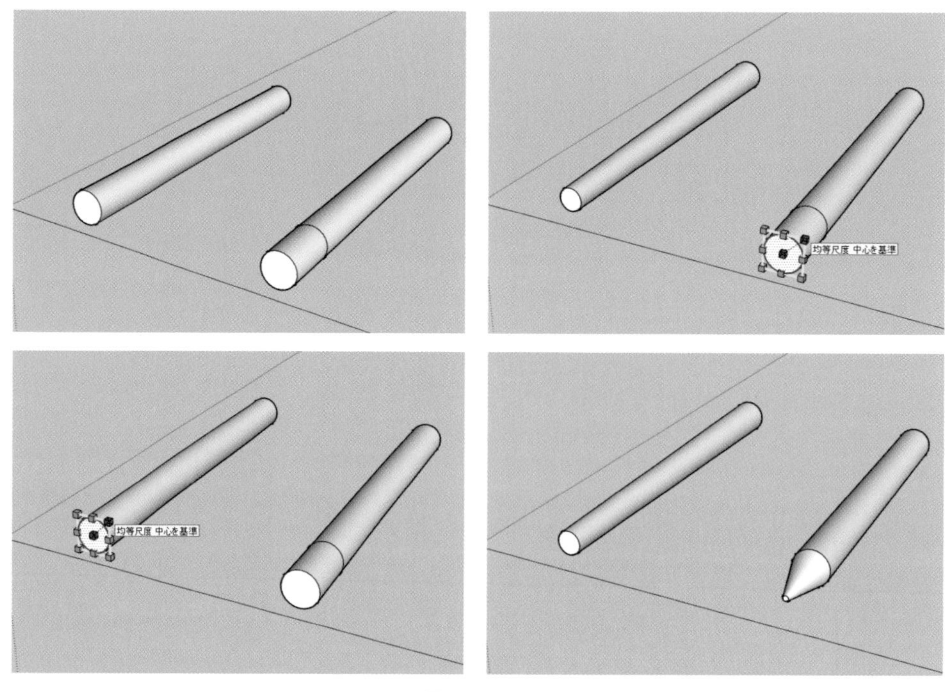

図3－32

プッシュ / プルツールは Ctrl キーを押すとアイコンに＋記号が付き、断面を引き伸ばすときに節目を作ることができます。

また、交差の機能を使用すると様々な形で切り取りができます。

（図３－33 では長方形ツールで描いた後、回転移動または回転長方形ツール で作成して、グループにします）

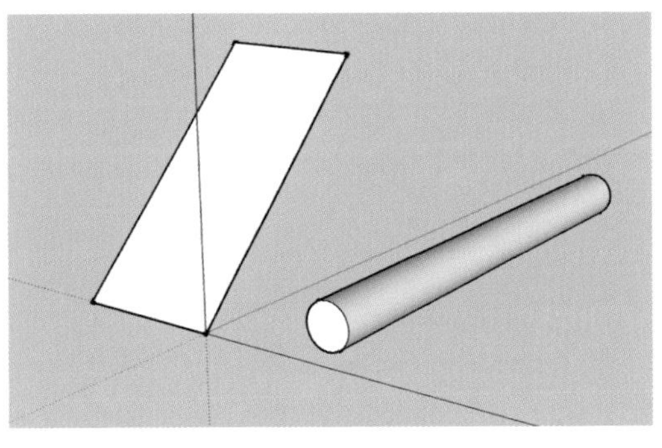

図３－33

図３－34 のように組み合わせます。

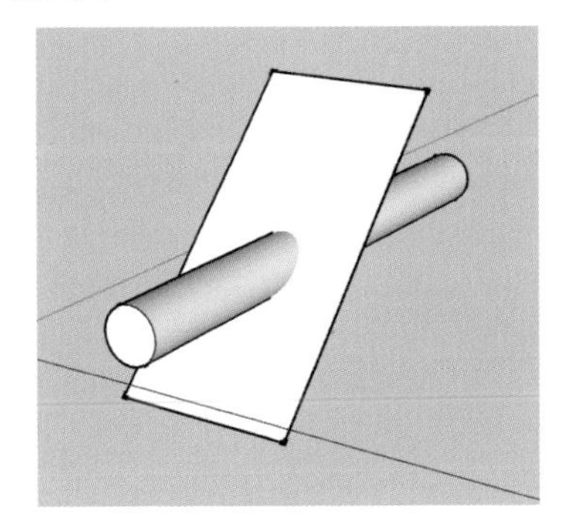

図３－34

組み合わせたら全体を範囲指定して、右クリックし「面を交差」→「モデルと交差」を選択します。

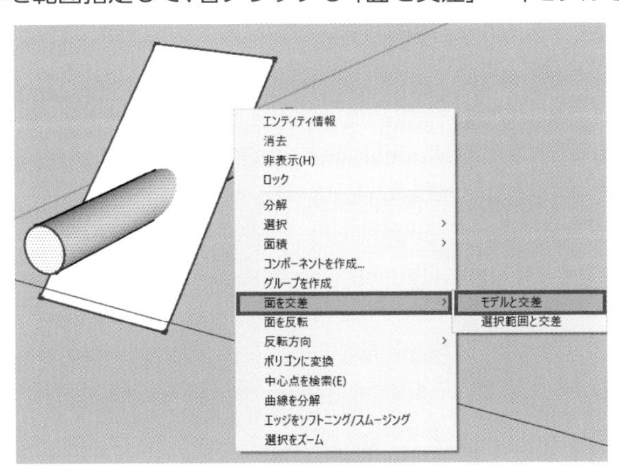

図３－35

交差した部分に区切り線が現れます。

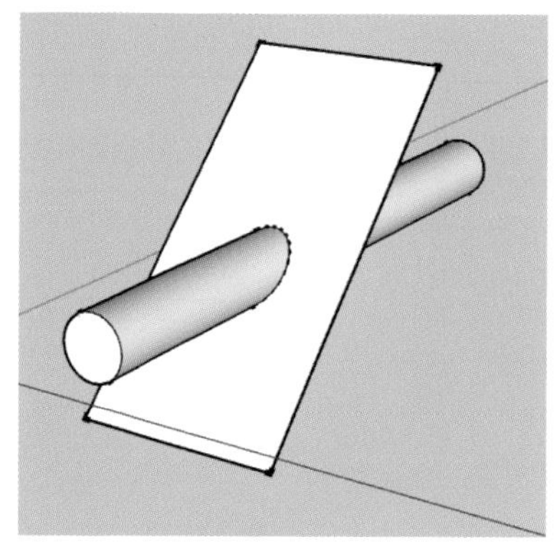

図３－36

長方形を消去すると図３－37 のようになります。

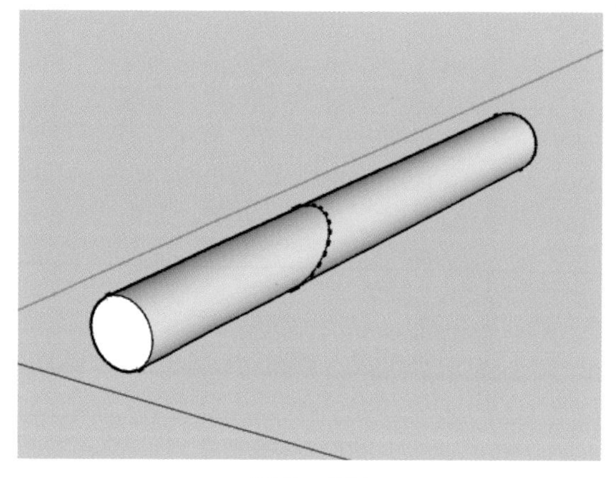

図３－37

左側を消去すると斜めに切り取れます。

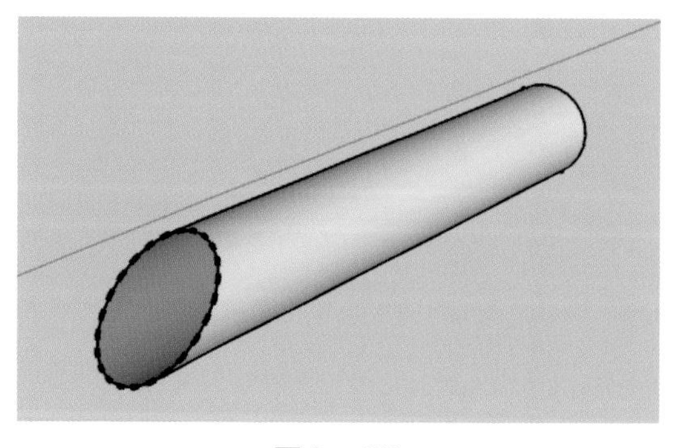

図３－38

この時点では面が貼れていないので周辺を線ツールでなぞると、面が復活します。

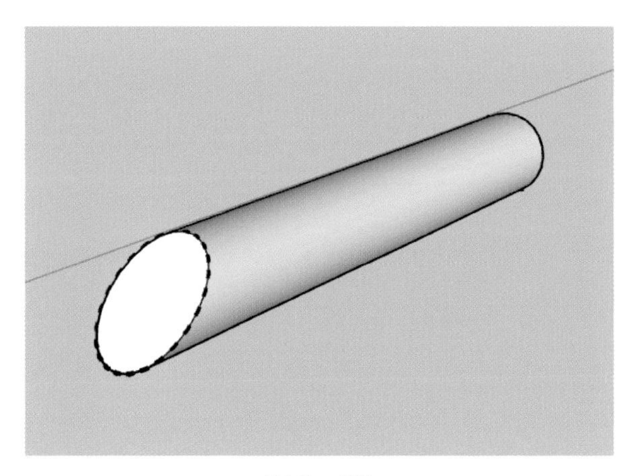

図3－39

■応用：サイコロの作成

特殊な面取りとして、サイコロのようなケースを作成します。

原点から少し離れたところに（4,000 ～ 5,000㎜程度）長方形ツールで『1000,1000』の正方形を作成し、プッシュ / プルツールで『1000』引き伸ばします。作成した立方体全体を指定し、右クリックして「グループを作成」をクリックします。

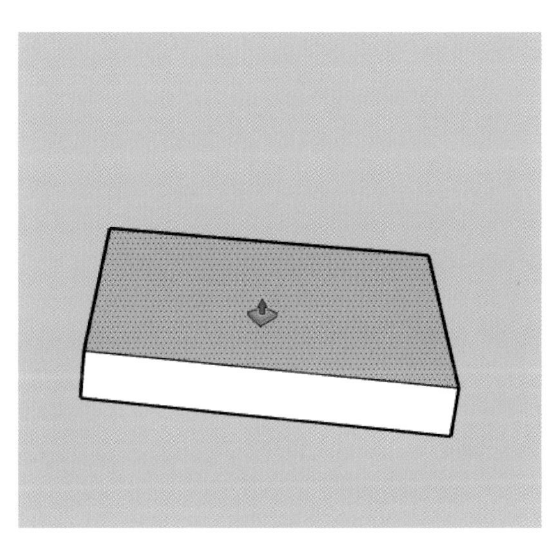

図3－40

原点を中心に緑軸に直交した半径 760 の円（緑色の円）を描きます。
さらに原点から青軸に沿った下方に、任意の大きさの青軸に直交する円（青色の円）を描きます。

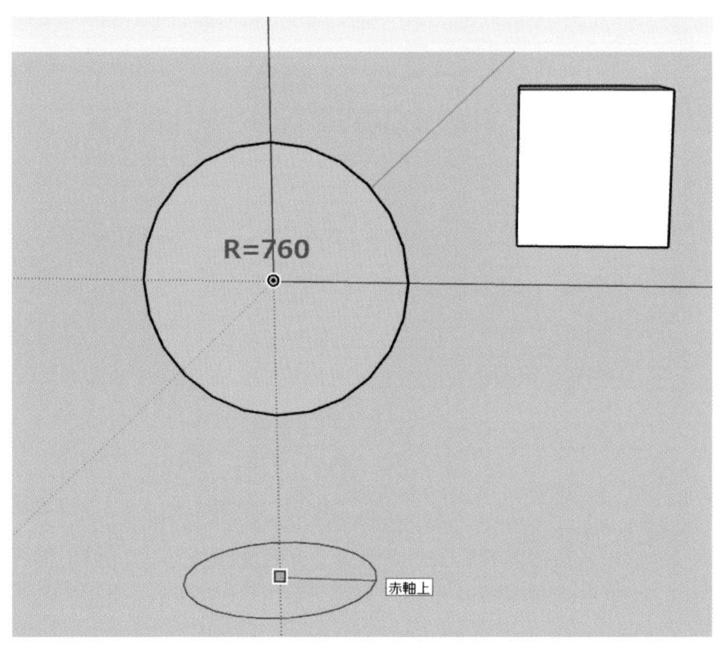

図3－41

選択ツールで下の円を指定し、フォローミーツールで上の円をクリックすると、図3－42のように球ができるので、球全体を指定して右クリックし、「グループを作成」を選択します。下のパスに使用した円は不要になったので消去します。

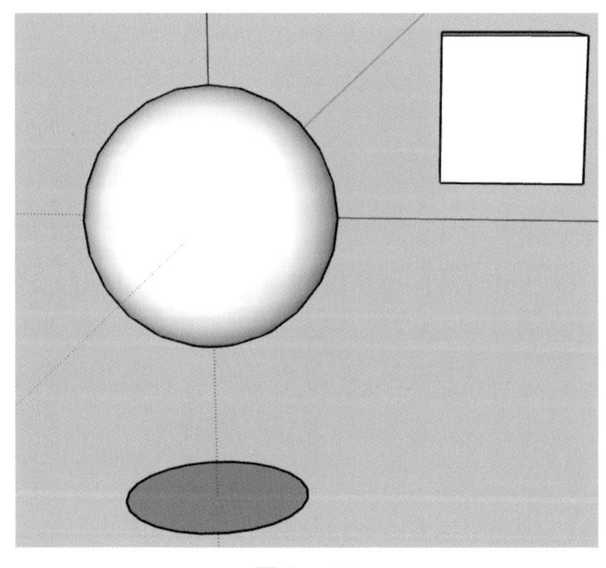

図3－42

立方体の中心を原点に移動するには、左下端点が－500、－500、－500 の位置に移動する必要があります。移動ツールで立方体左下端点をクリックし、少し移動します。測定ツールバーに『[』を入力し、さらに『－500，－500，－500』を入力して Enter キーを押します。

このように座標値を使った移動もできます。

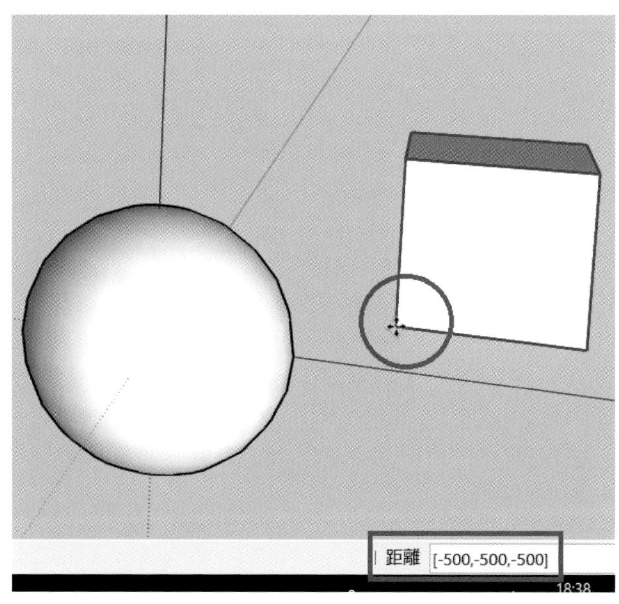

図３－43

立方体が原点中心に移動し球と中心点が合致しました。

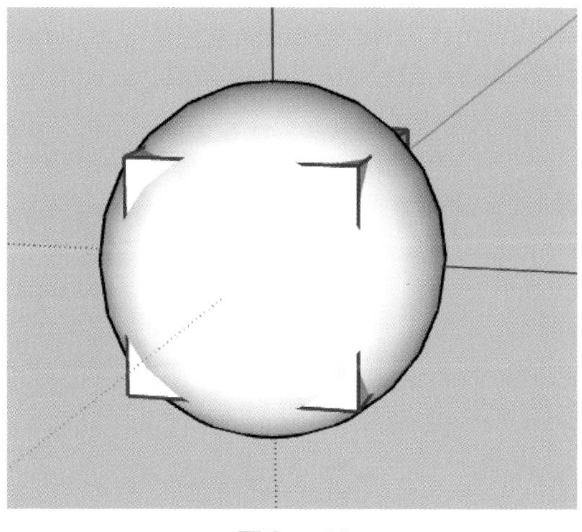

図３－44

全体を範囲指定し、ソリッドツールのアイコン群から「交差」をクリックします。

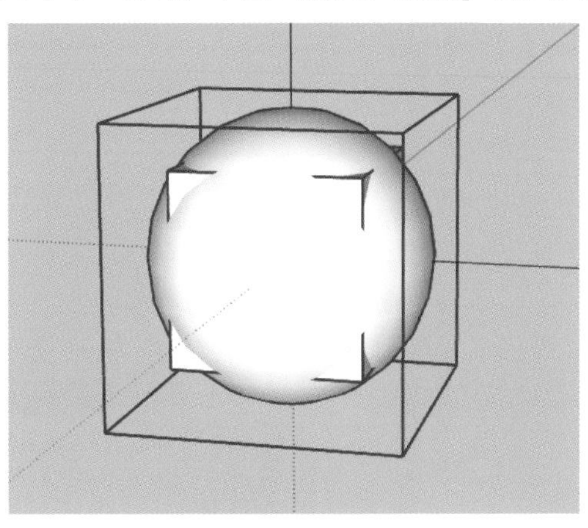

図３－45

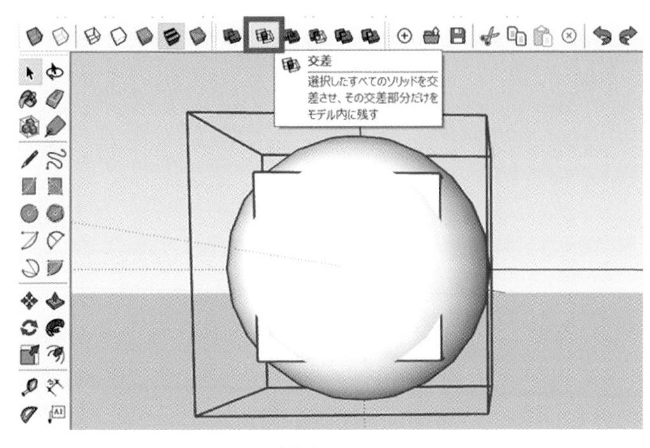

図３－46

サイコロ状の面取りが完成します。

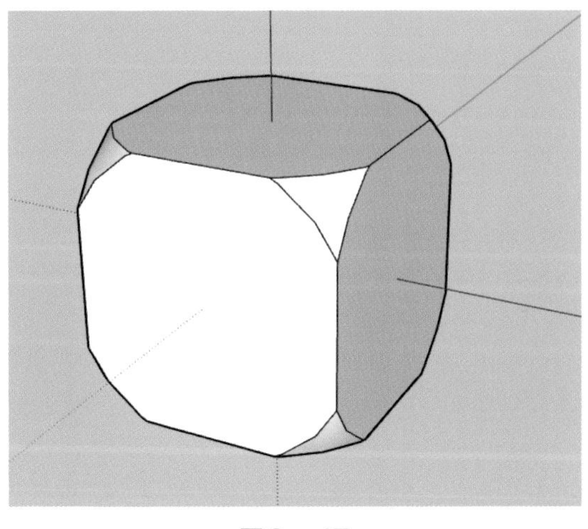

図３－47

ソリッドツールで処理したモデルはグループになっています。モデルの上で右クリックしてエンティティ情報を選択すると、交差ツールで面取りを行った後の新しい体積も確認できます。

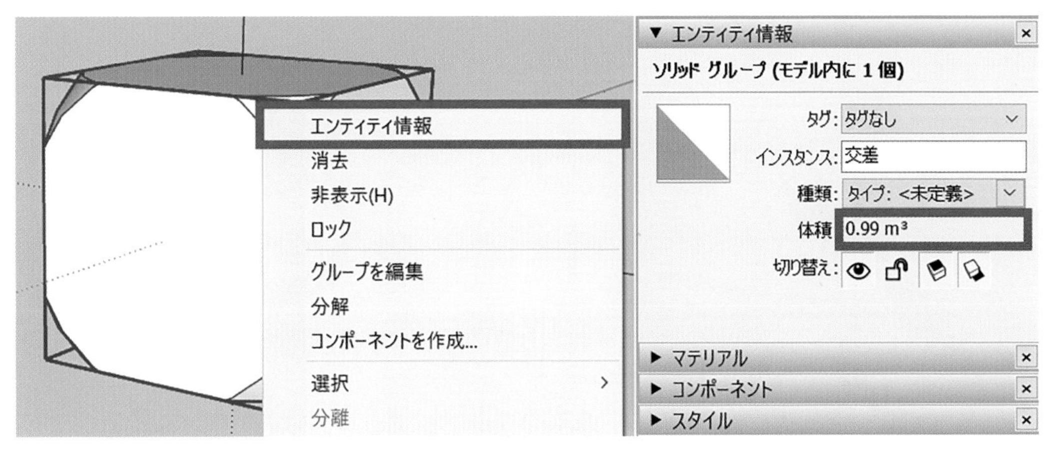

図3－48

イメージと数量把握

大口径シールドの地中接合において、大工さんより「インバートのイメージがわかりにくい（赤、緑、黄色の部分）」「コンクリート体積を確認したい」との要望があり、右図のモデルを製作しました。各断面図を少しずつ移動させて見せることで、大工さんにも理解をしていただきました。

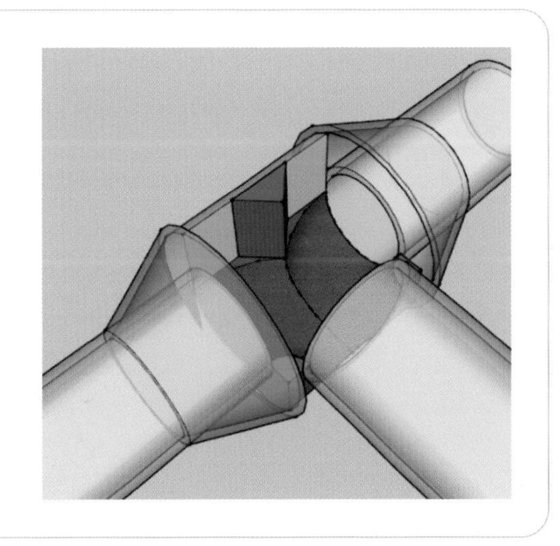

CHALLENGE

ここまで習得した機能を使って茶碗、箸、箸置きを作ってみましょう。
下図はシニア社員研修後の宿題の作品です。

第4章
作成例 II

作成例Ⅱ

ボックスカルバートをつくる

図４－１のような２車線×２の車道と、その左右に上段が歩道、下段に共同溝を有するボックスカルバートを作成します。全長は 100m（100,000㎜）とします。

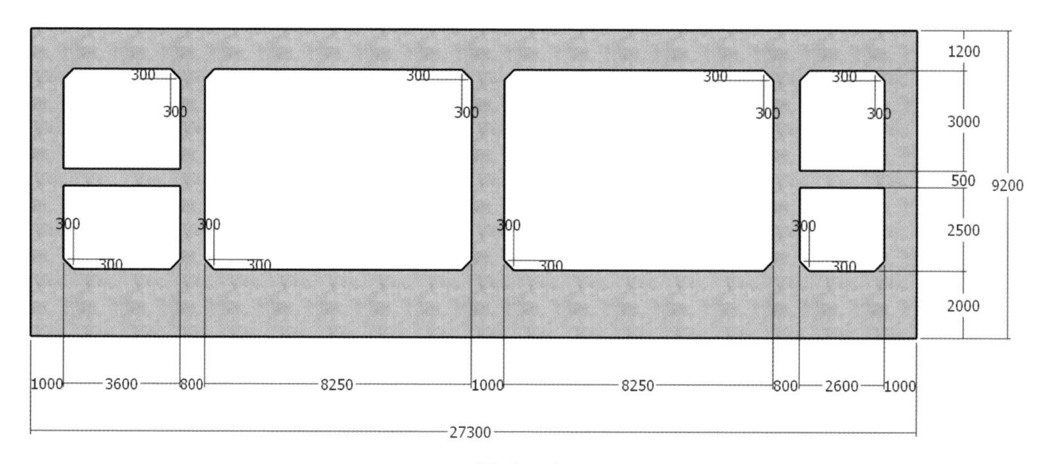

図４－１

CAD 図がある場合はインポートで取り込めますが、ここでは最初から作図します。
青軸と赤軸からそれぞれのガイドラインを引きます。

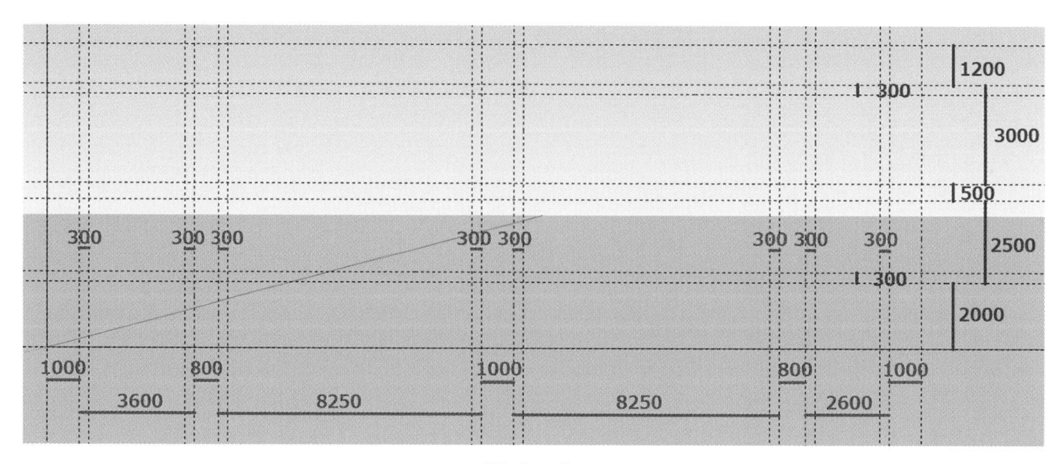

図４－２

ガイドラインの交差部分を確認しながら線ツールでつなぐと、図４－３のようになります。

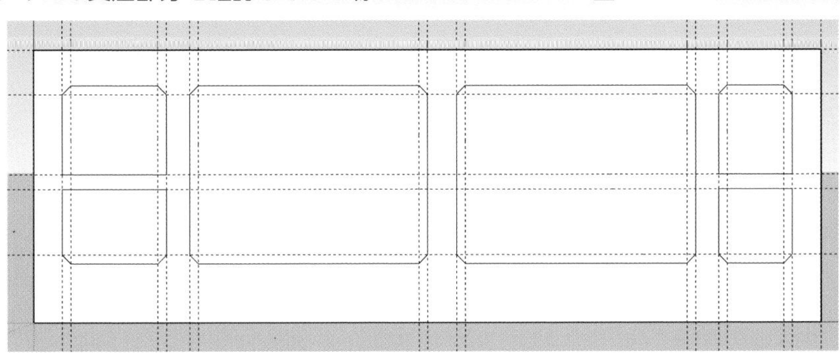

図４－３

空間部分を複数選択して、右クリックして「消去」（もしくは Delete キー）を押します。

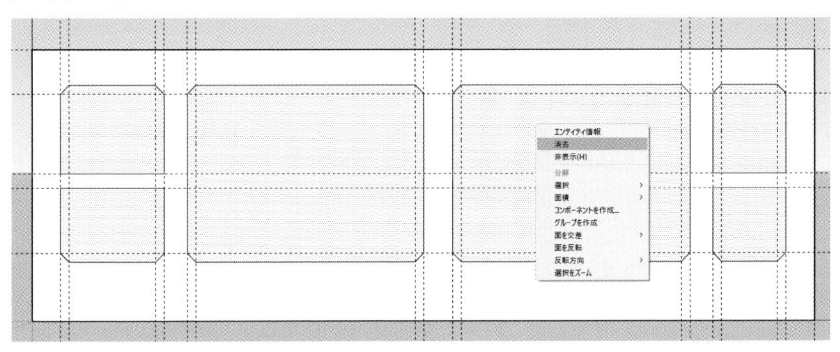

図４－４

メニューバーの「編集 (E)」から「ガイドを削除 (G)」を選択します。

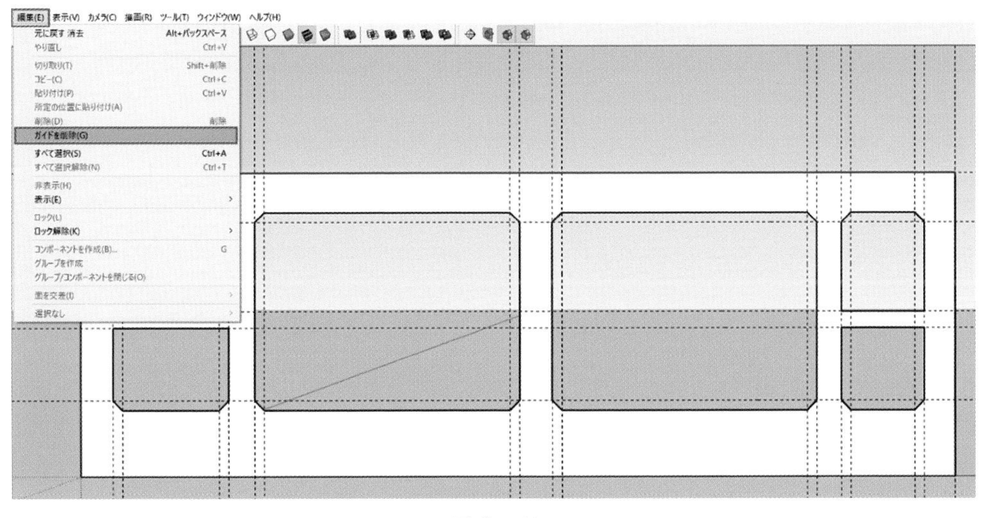

図４－５

裏側に移動し、プッシュ / プルツールで『100000』引き伸ばします。

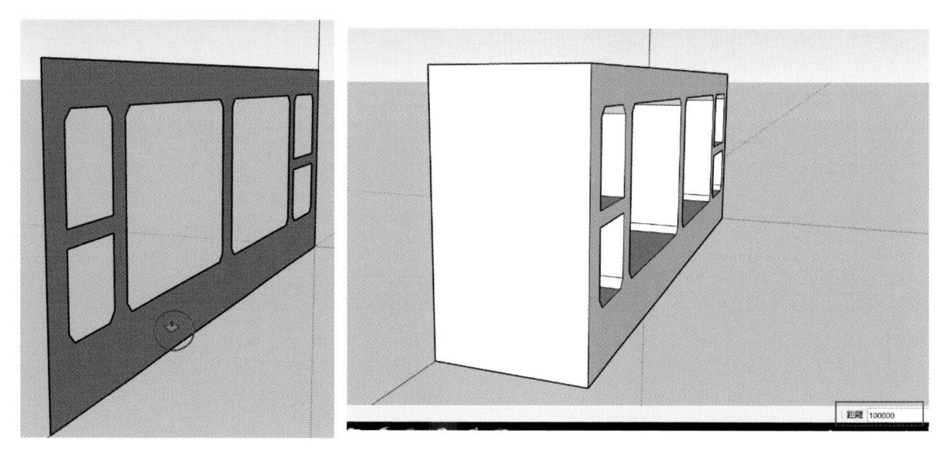

図4－6

図4－7のように、ボックスカルバートの外観が完成しました。

図4－7

○　縦断勾配や平面曲線がある場合は、位置を合わせて線形を描き、その線形をパスに指定し、フォローミーツールでボックスカルバートをクリックします。

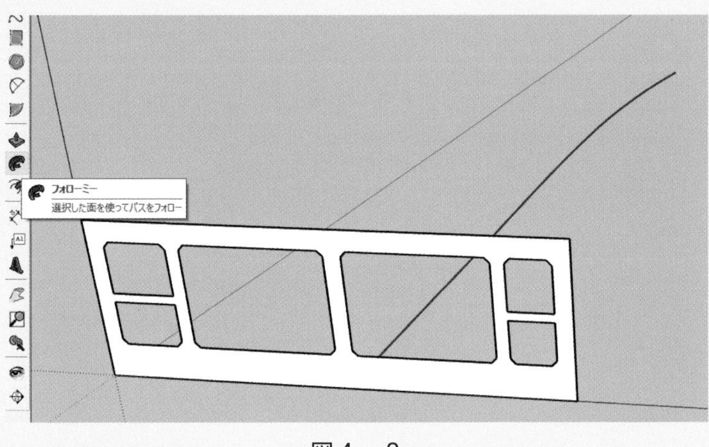

図４－８

すると図４－９のようになります。

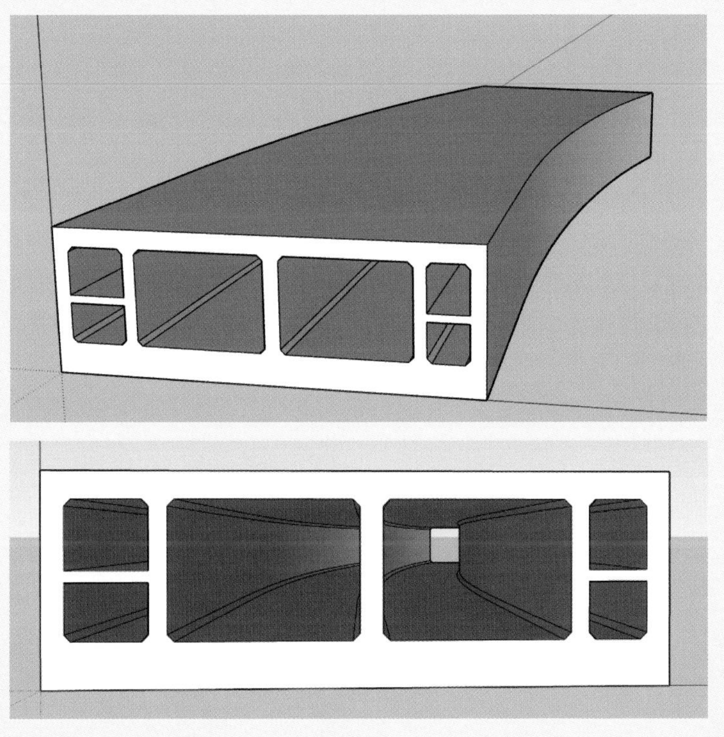

図４－９

　できあがったボックスカルバート全体を指定し、右クリックして「コンポーネントを作成」を選択します。

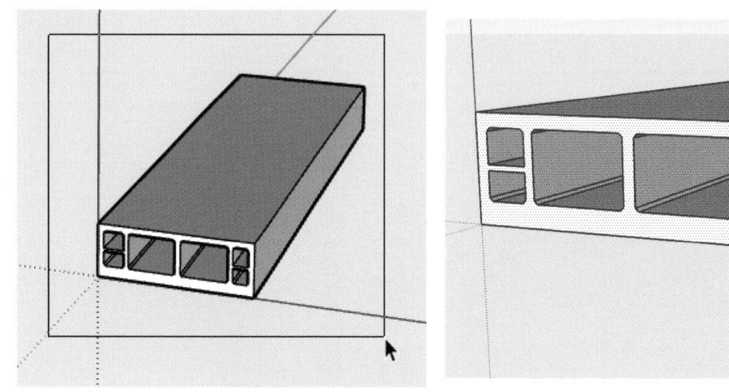

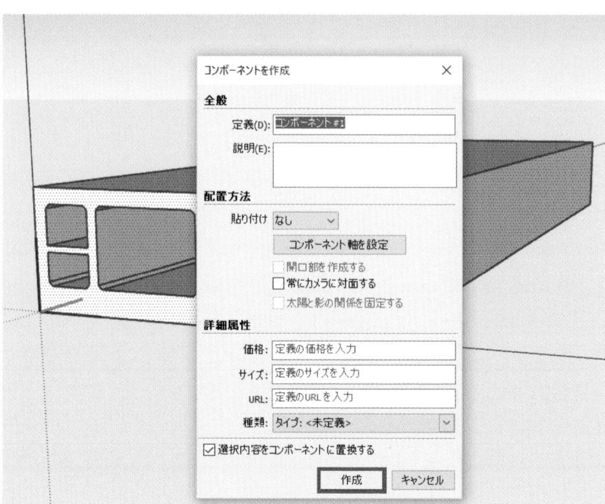

図4－10

　グループやコンポーネントにすると、その上に描画しても影響を受けなくなります。
　そこで車道ハンチ部を利用して、照明灯を作成します。左上ハンチ（図4－11 赤丸部分）より緑軸方向に『1000』離れたところにガイドラインを引きます。

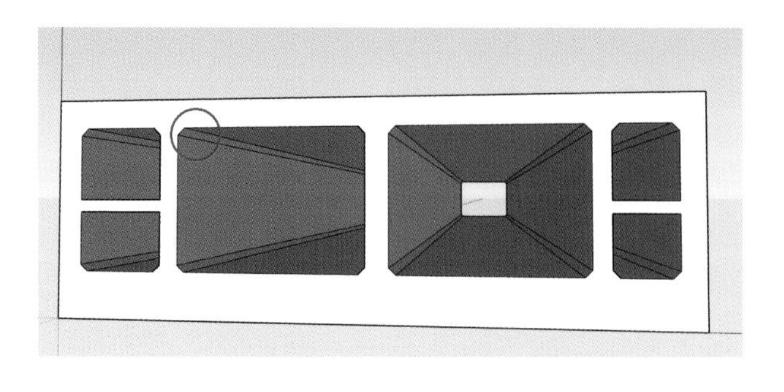

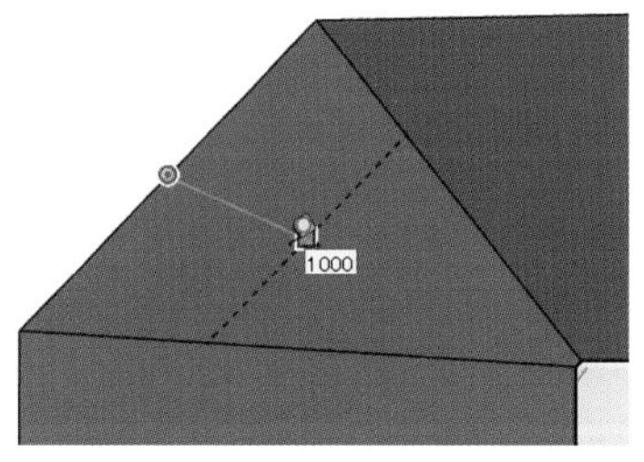

図4－11

長方形ツールでハンチの端点からガイドラインとの交差部分を結びます。

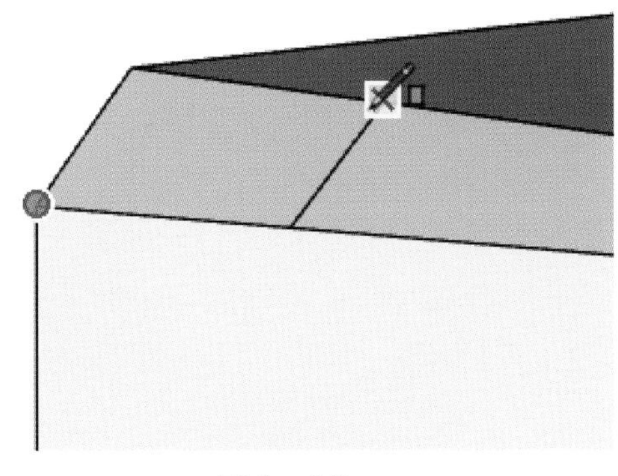

図４－12

できた平面を、プッシュ / プルツールで『30』引き伸ばします。

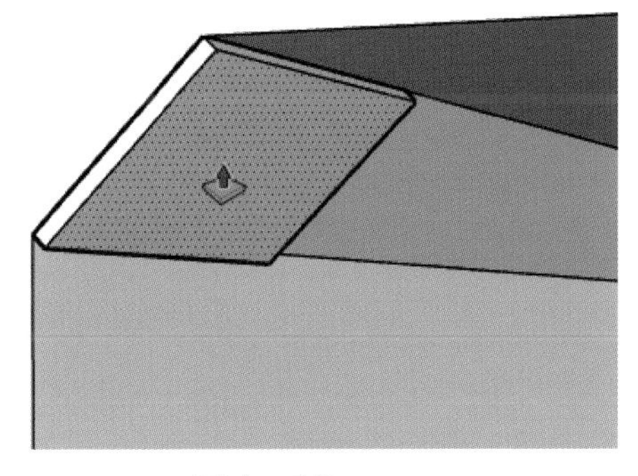

図４－13

引き伸ばした面の側面中点より、半径『150』の円を描きます。

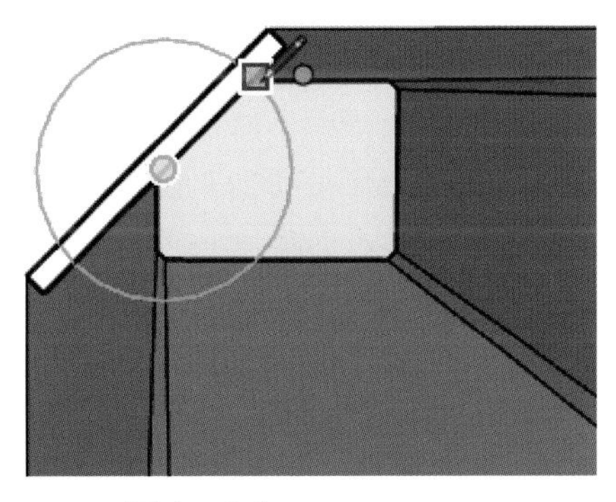

図４－14

余分な線を、消しゴムツールで消去します。

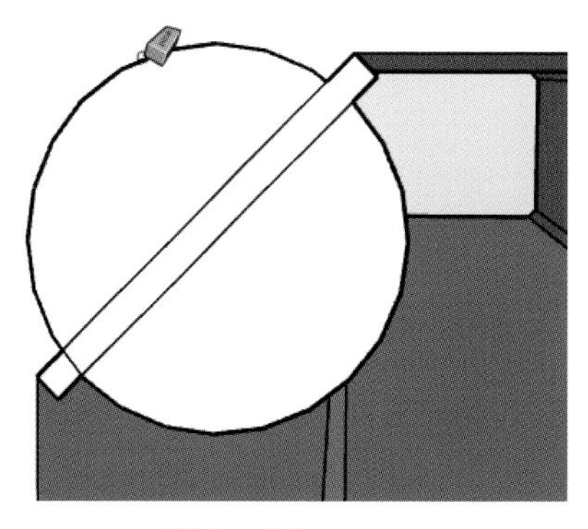

図4－15

プッシュ / プルツールで『1000』引き伸ばし、さらに側面をプッシュ / プルで指定し、ライト本体を前後それぞれ『50』ずつ縮めます。後にできた余分な線（赤丸部分）を消去します。

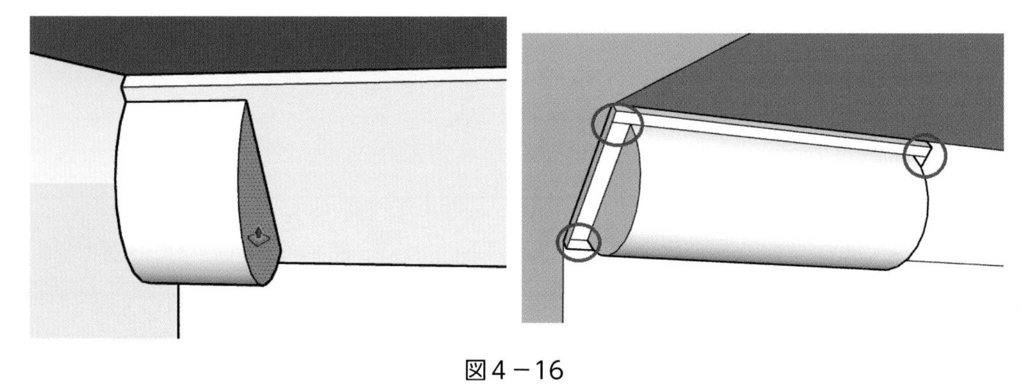

図4－16

照明灯全体を選択して右クリックし「コンポーネントを作成...」を選びます。

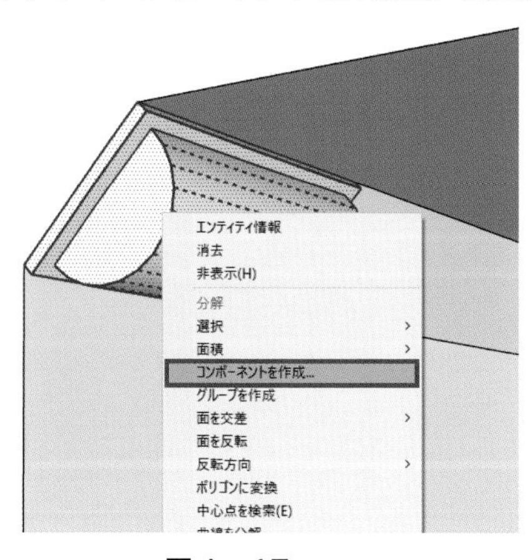

図4－17

移動ツールで、コンポーネントにした照明灯をクリックして緑軸上に『4500』、ボックスカルバート内側に移動します。

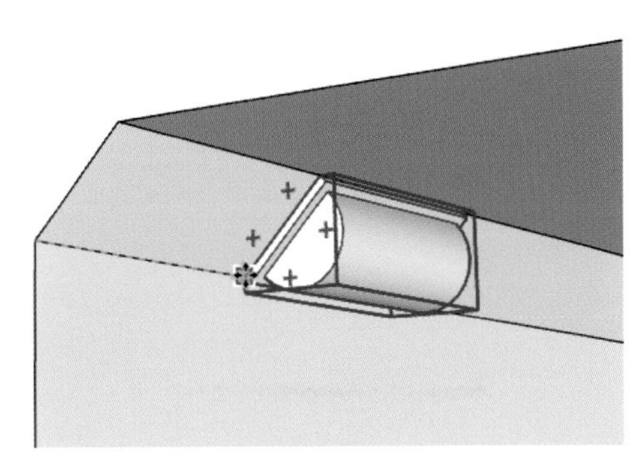

図４－18

次にこれを、移動ツール＋Ctrl キーでコピーモード（＋マークが現れたこと確認します）にして、ボックスカルバート内を緑軸上に移動し『10000』を入力後、Enter キーを押して、さらに『x9』と入力し Enter キーを押します。

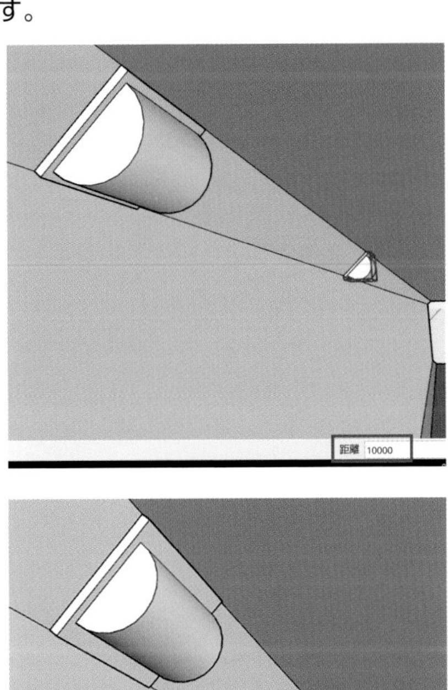

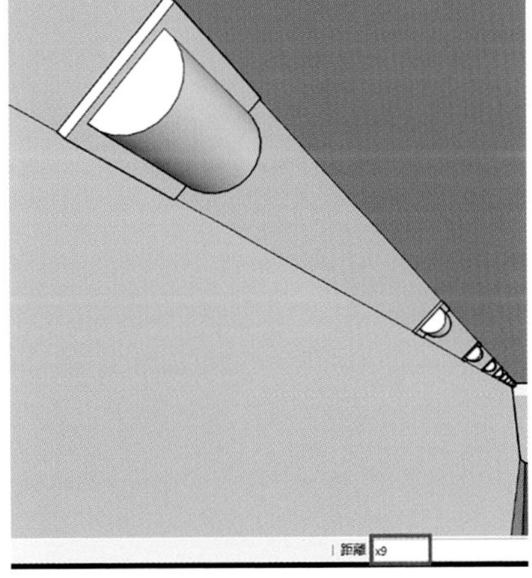

図４－19

作成した 10 個の照明灯全体を指定します。

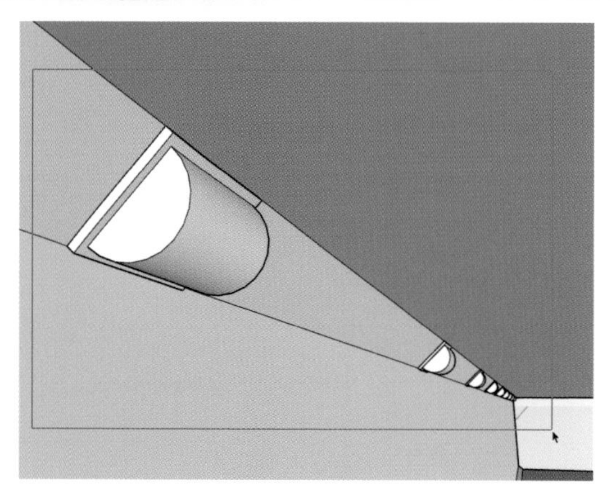

図4 －20

移動ツールでコピーモードにしてクリックし、赤軸上を移動します。

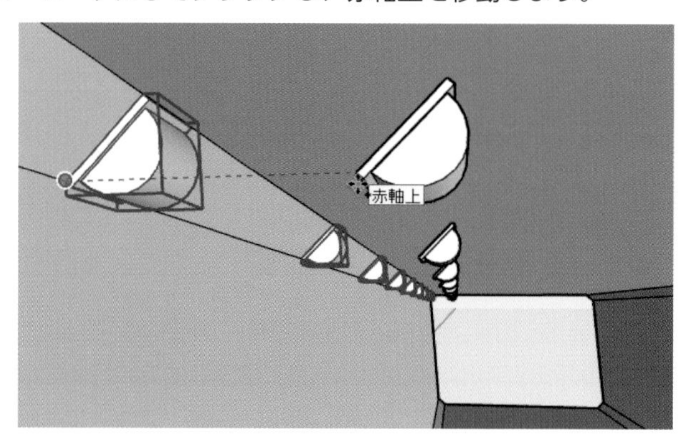

図4 －21

『7950』と入力して、Enter キーを押します。

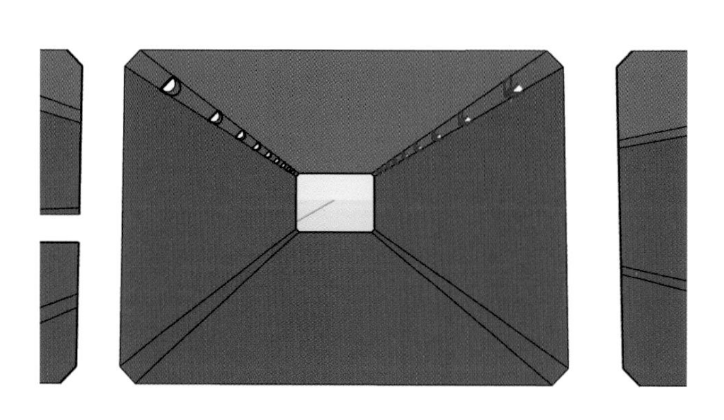

図4 －22

照明灯が同じ角度のままコピーされたので、コピーした側（右側）の照明灯を、回転ツールを選択して、緑色の回転軸状態で、ハンチとの交差部分をクリックし、さらに他の任意点をクリック後、『90°』回転します。

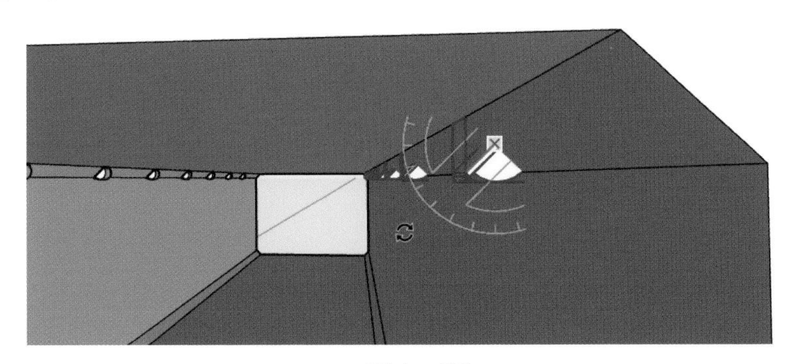

図4－23

反対側の定位置に照明灯がコピーされました。

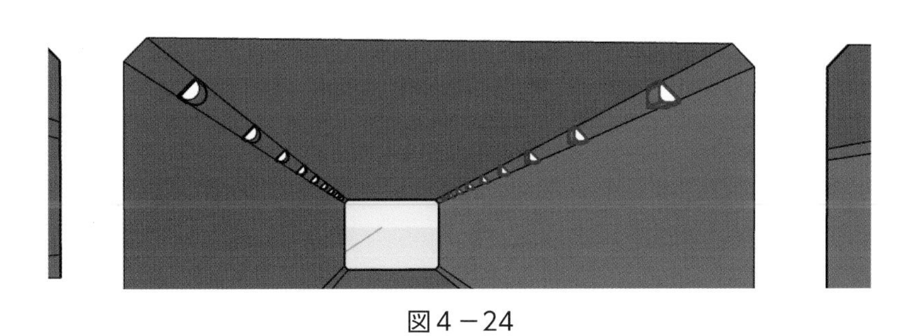

図4－24

右側の車道にもコピーしたいので、できあがった照明灯全体を指定します。

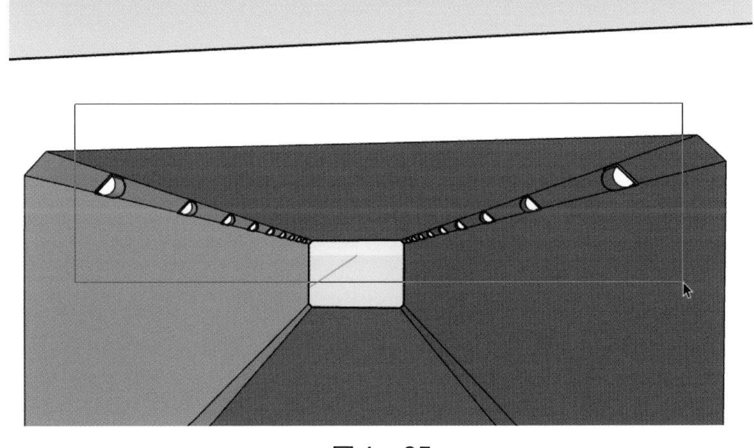

図4－25

移動ツールでコピーモードにして、照明灯をクリックして赤軸上を右に『9250』移動します。

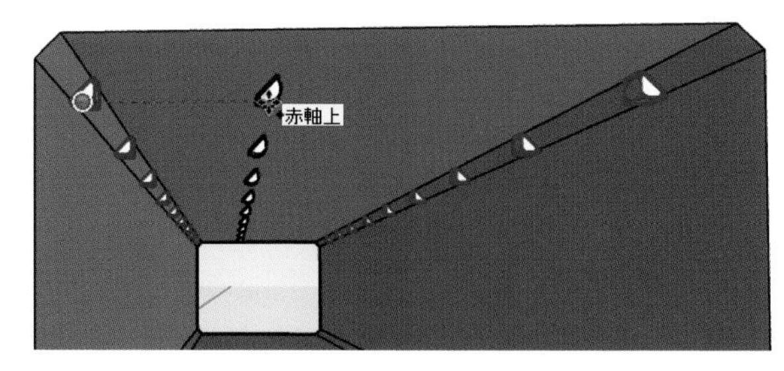

図4－26

右側の車道にもコピーが完了しました。

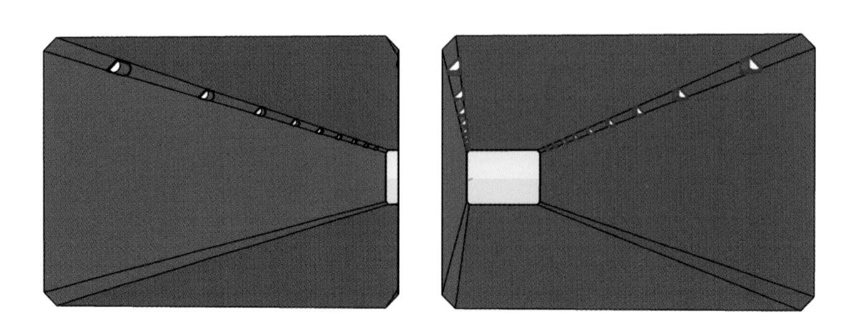

図4－27

1つの照明灯を右クリックし、「コンポーネントを編集」を選択します。

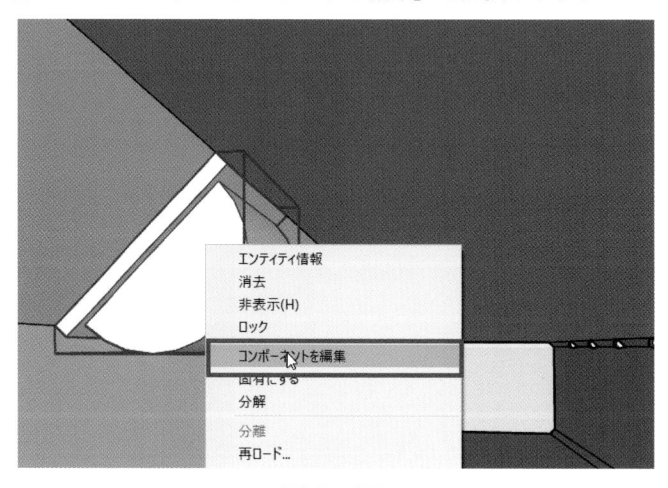

図4－28

編集モード（周囲が破線で囲まれます）に変わったら、ペイントツールを選択し「マテリアル」の「ガラスと鏡」の中から「半透明 _ ガラス _ ゴールド」を選択して、ライト面に着色します。

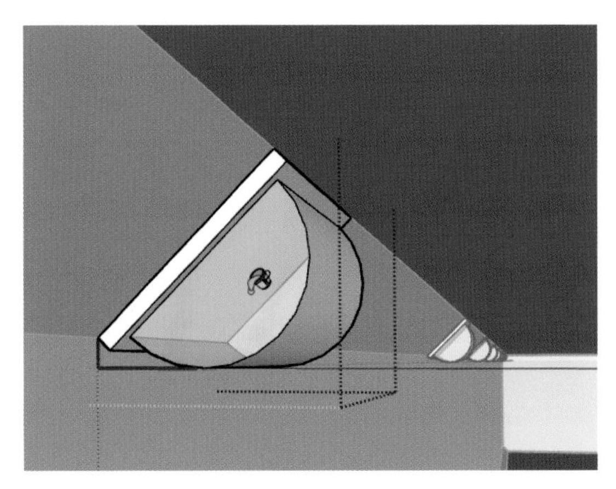

図4－29

※ SketchUp Pro 2022 の不具合でゴールドが青く表示されています。スタイルのアイコン群より「テクスチャ付きシェーディング」を「シェーディング」に変えると正しく表示されます。

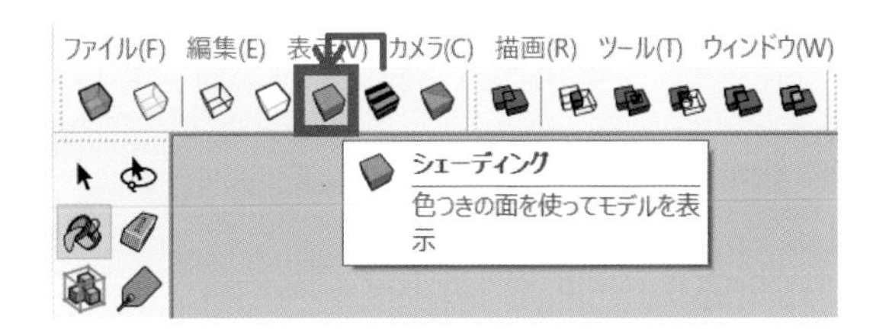

照明灯全体が着色されたことを確認して、選択ツールで編集領域外（破線外）をクリックし、コンポーネントを閉じます。

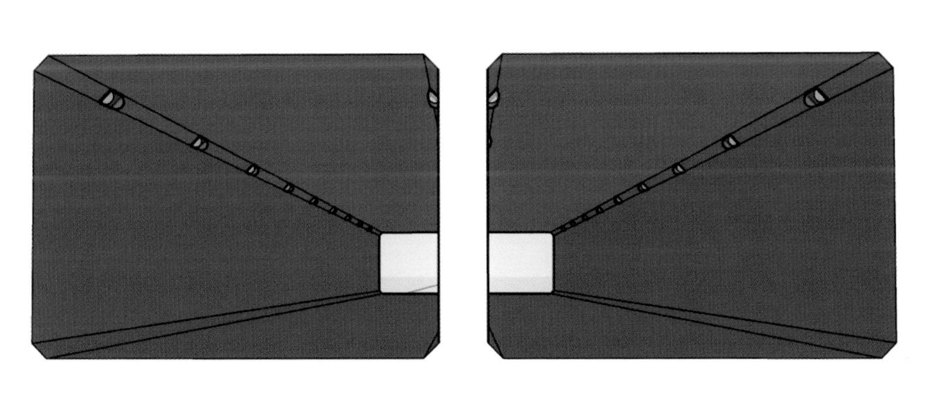

図4－30

作成例Ⅱ

次に歩道部の照明灯を作成します。

左側の歩道中央のスラブ下に、図４－31 のようなガイドラインを引き、実線でつなぎます。

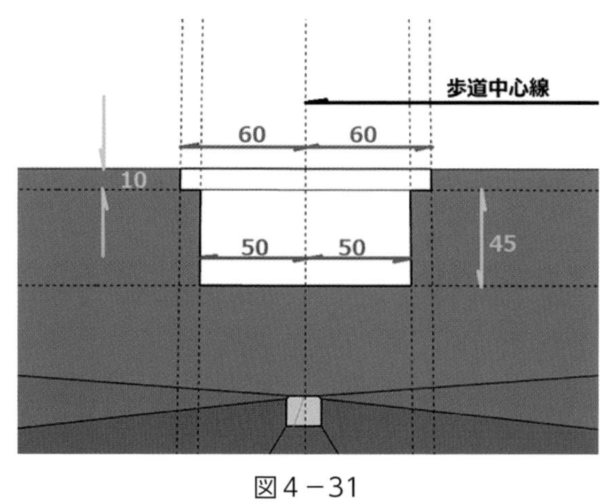

図４－31

全体をプッシュ / プルツールで『1000』引き伸ばし、ライト本体を左右『50』ずつ縮めます。余分な線は消去します。

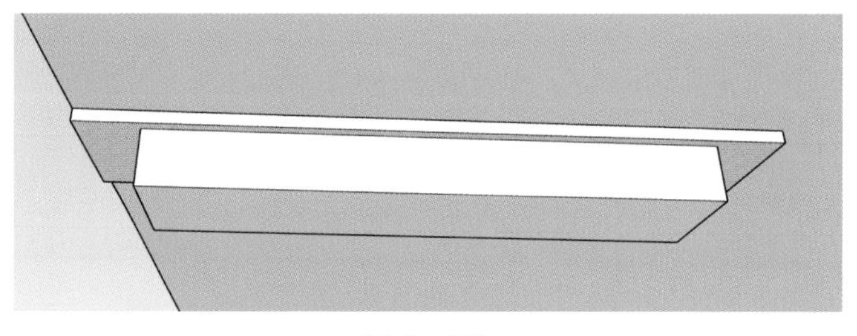

図４－32

照明灯全体を指定して、コンポーネントにし、緑軸に沿って『2000』移動します（照明灯中央でボックス端部より 2,500㎜となります）。

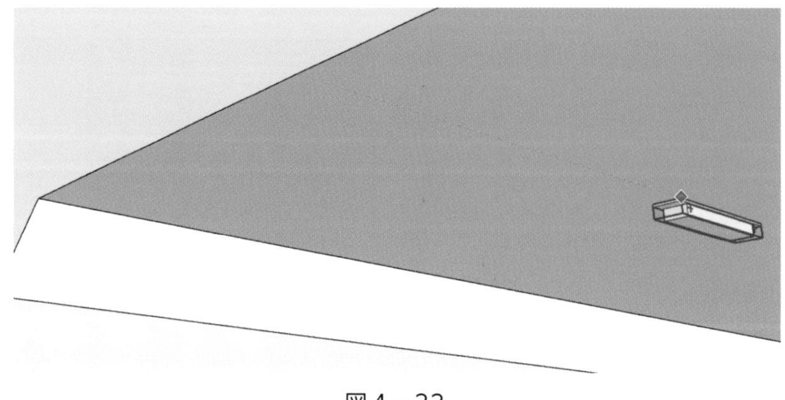

図４－33

ここから5m（5,000㎜）ピッチで配置します。

移動ツールをコピーモードにして、この照明灯をクリックし、ボックス内側の緑軸にそって移動後、『5000』と入力してEnterキーを押します。

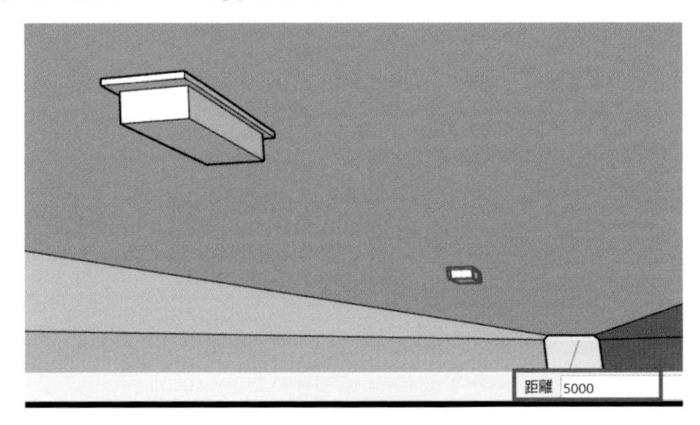

図4－34

さらに『x19』と入力しEnterキーを押します。

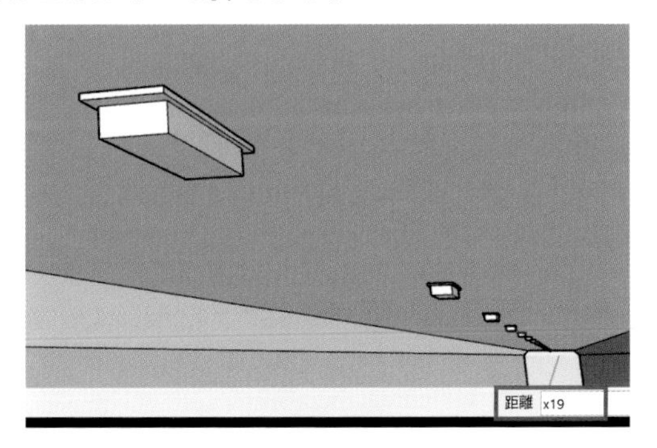

図4－35

次に、右側の歩道にもコピーするので、照明灯全体を選択します（このとき、車道の照明灯が入らないよう注意します。X線モードで確認できます）。

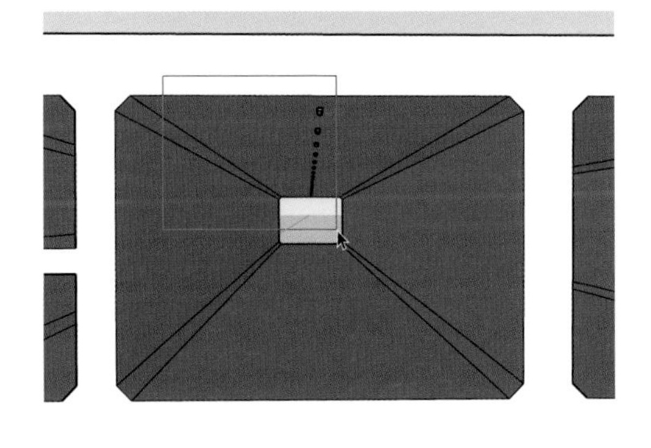

図4－36

移動ツールをコピーモードにして、照明灯をクリックして赤軸上を右に移動します。
『22200』と入力して Enter キーを押します。

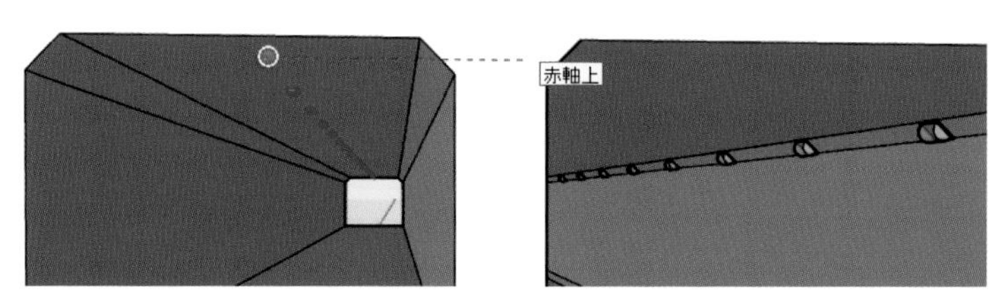

図4－37

右側の歩道センターにコピーされました。

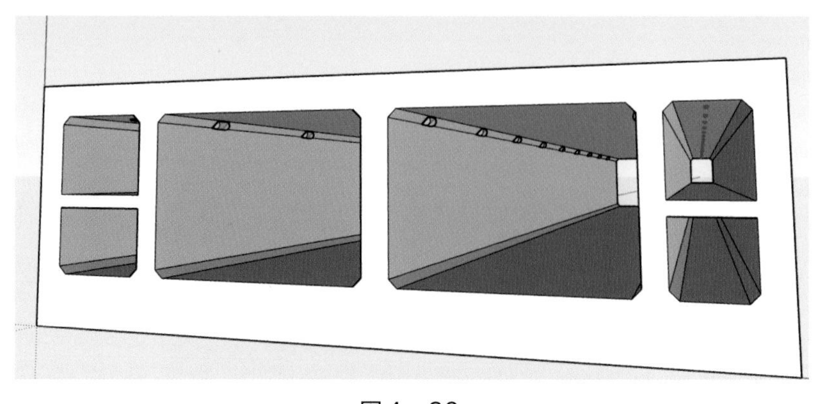

図4－38

歩道の照明灯も、車道と同様に着色します。
任意の照明灯を1個右クリックして「コンポーネントを編集」を選択します。

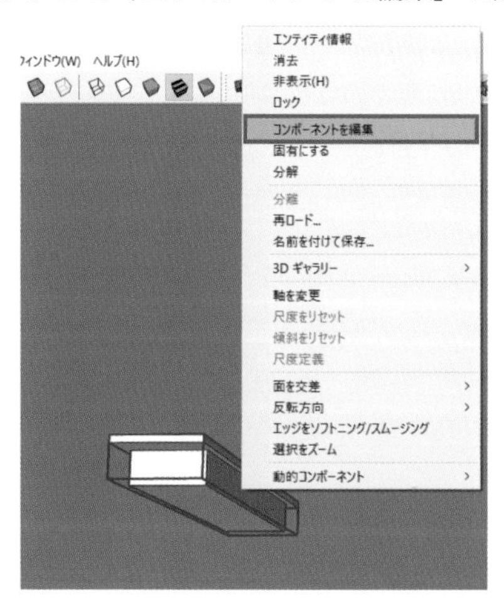

図4－39

今回は「ガラスと鏡」の中から「半透明_ガラス_青」を選択し、ペイントします。

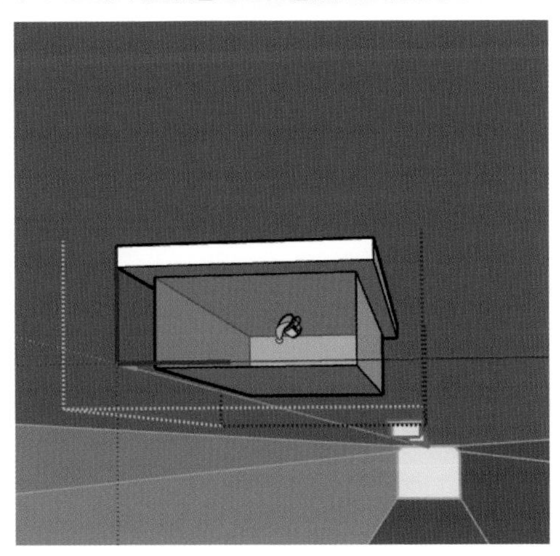

図４－40

歩道照明灯全部に着色されるので、選択ツールでコンポーネント編集領域外（空領域）をクリックして、コンポーネントを閉じます。図４－41 のようになります。

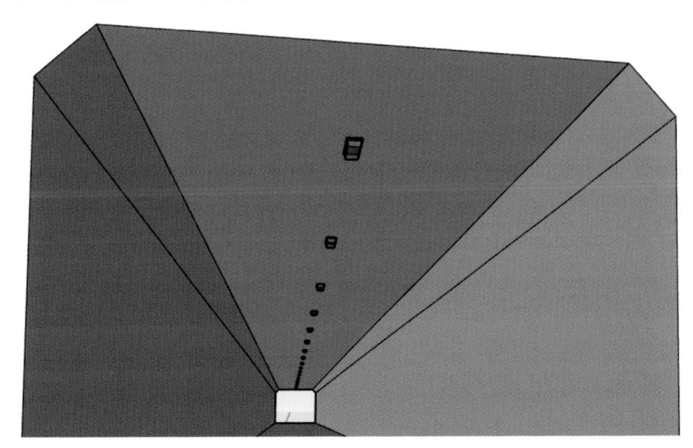

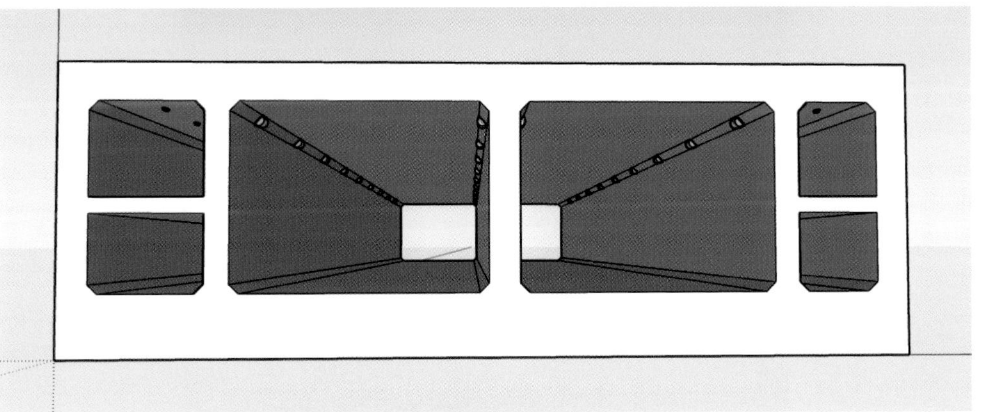

図４－41

車道部に円形側溝を作成します。

左側の車道の左下ハンチ部に、壁端より赤軸方向に『385』、さらにそこから『360』のガイドラインを引きます。次に、底版天端より青軸方向上方に『100』、さらにそこから『350』ガイドラインを引き、長方形ツールで交差部分（赤丸部分）を繋ぎ『360,350』の四角を描きます。

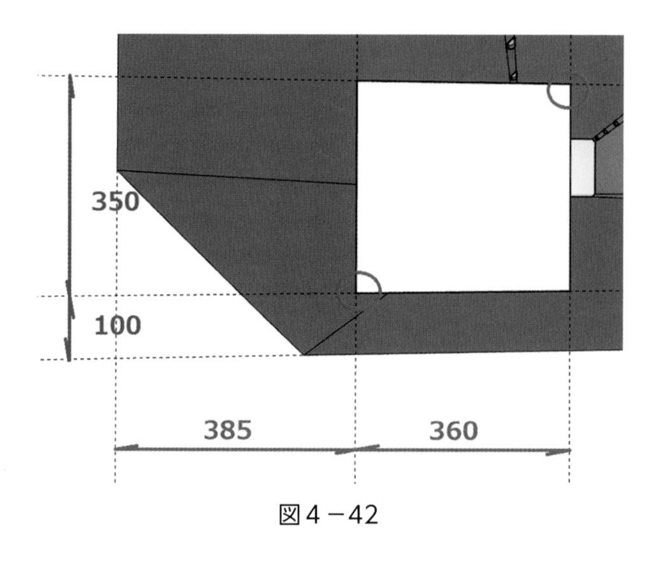

図4－42

作成した四角の下から『180』と左から『180』の位置にガイドラインを引き、この交差部分から半径『100』の円を描きます。さらにセンターラインから左右『25』の位置と、上から『13』の位置にガイドラインを引き、オレンジの円で囲った点を線ツールで繋ぎます。

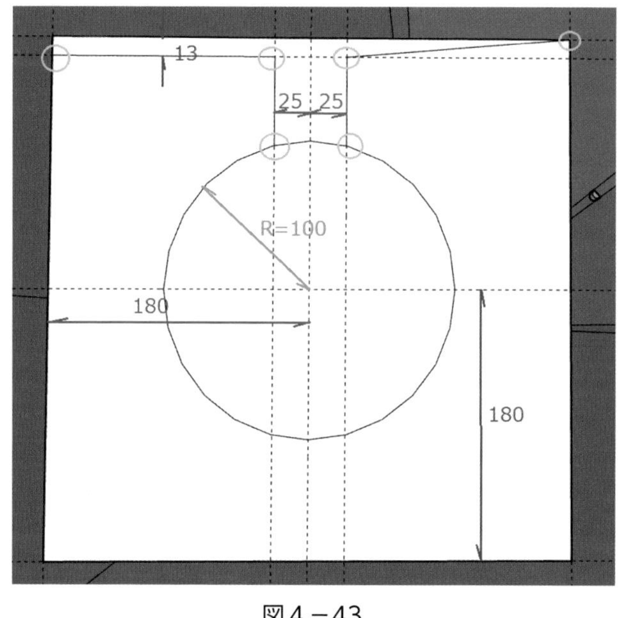

図4－43

余分な部分を消しゴムツールで消去すると、図４－44 のようになります。

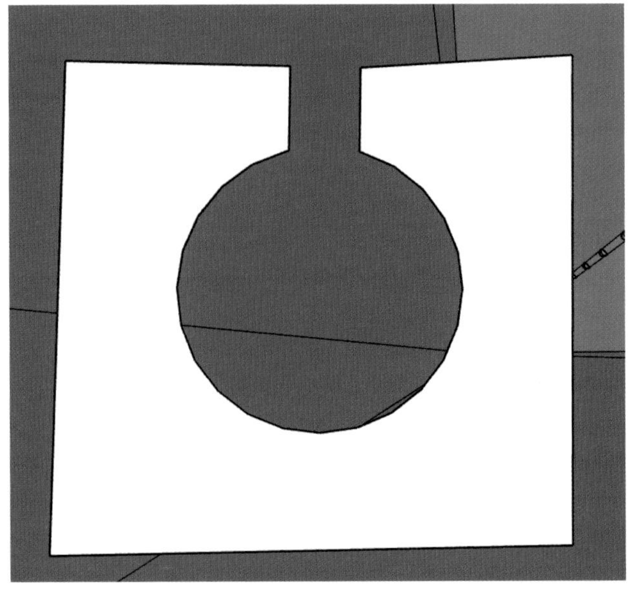

図４－44

これをプッシュ / プルツールで『100000』引き伸ばします（実際には 2m ものが多いようです）。
図４－45 のようなモデルができあがるので、全体を指定し、コンポーネントを作成します。

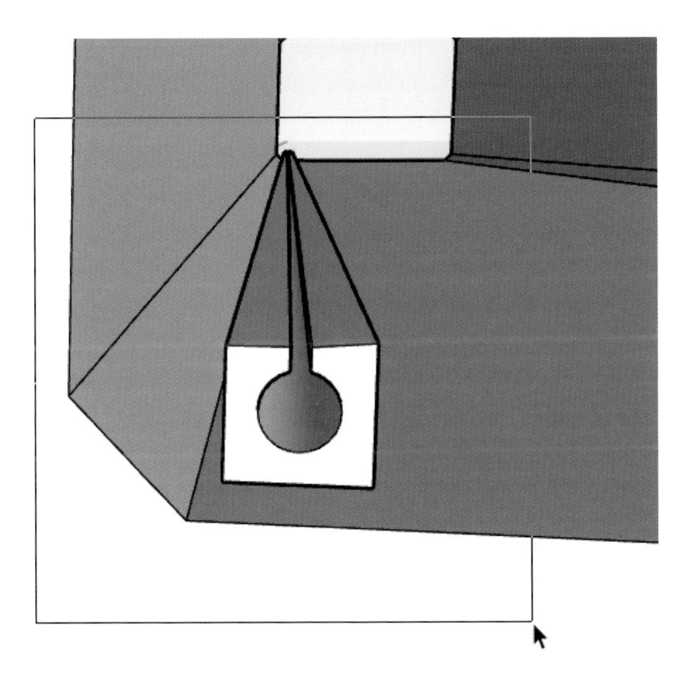

図４－45

次に、歩車道境界ブロックＢを作成します。作図をわかりやすくするため、「ボックス」「道路照明」「歩道照明」を右クリックして非表示にします。

縦のガイドラインは、まず円形側溝の左端より左に『65』のところに歩車道ブロックの左端の位置を描き、ここから『205』（底面幅）と『180』（天端幅）をそれぞれ引きます。横のガイドラインは、円形側溝左側水平面より『10』（モルタル代）上に歩車道ブロック下端のガイドラインを引きます。ここから『250』（ブロック高）上に引き、各交差部分を結んで台形を作成します。

台形の天端より『30』下がりと、台形右側の斜辺と平行に『30』内側のガイドラインを引き、その交差部分を中心として半径『30』の円を描きます。

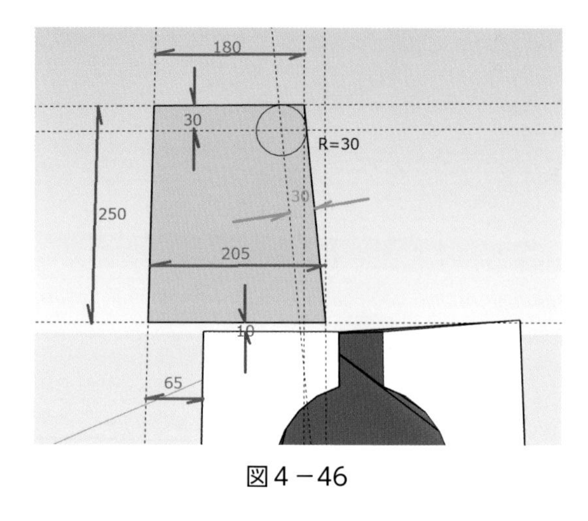

図４－46

余分な部分を消去すると図４－47のようになります。これもプッシュ / プルツールで『100000』引き伸ばします。

図４－47

引き伸ばしが完了したら全体を指定して、「コンポーネントを作成…」を選択します。

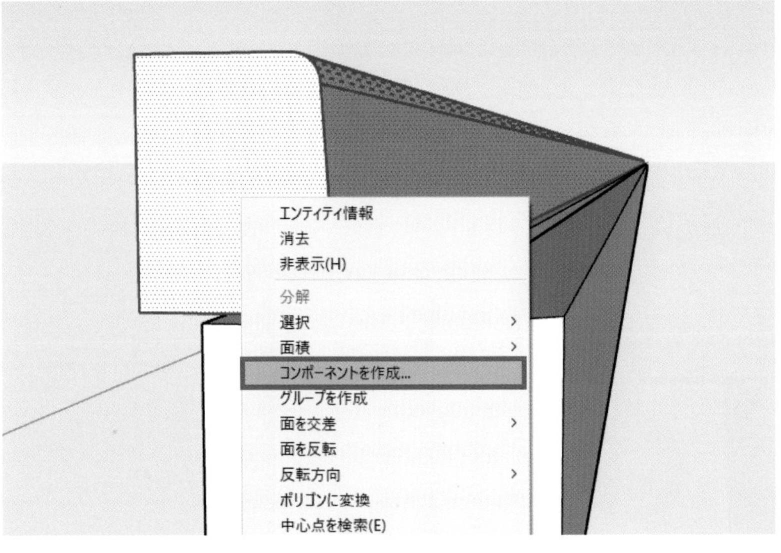

図４－48

メニューバーの「編集 (E)」→「表示 (E)」→「すべて (A)」を選択します。

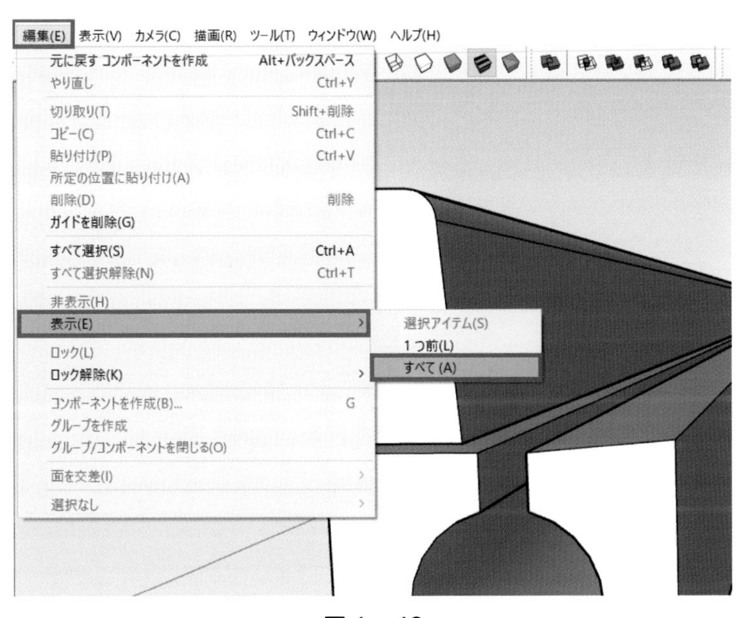

図４－49

次に、左車道の右側に歩車道境界ブロック C を作成します。
円形側溝右上端より 2%上がりのガイドラインを引きます。

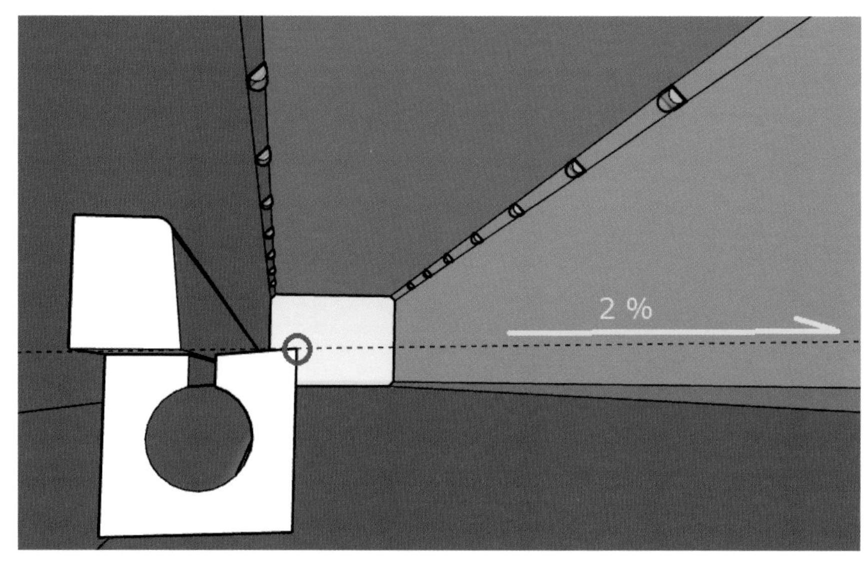

図4 －50

2%勾配のガイドラインを引くには、分度器ツールで①円形側溝の右天端をクリックし②赤軸右方向にカーソルを移動してクリック、さらに③勾配を付ける方向（ここでは上方）に動かして④『2：100』と直接入力し Enter キーを押します。

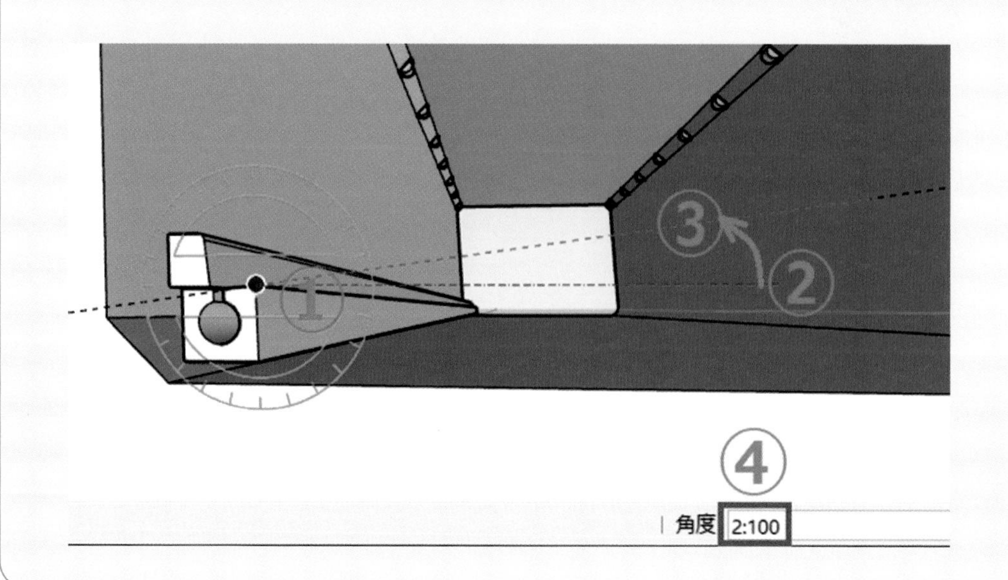

図４－51 のように①左車線右壁より赤軸方向に『500』の位置に縦のガイドラインを引き、②これと２％勾配のガイドラインの交点に赤軸と平行なガイドラインを引きます。③この赤軸と平行なガイドラインより上方に 250、④下方に 50 のガイドラインを引きます。⑤壁から 500 のガイドラインから右側に 180、⑥さらにこれから左側に 210 の位置にそれぞれガイドラインを引き、各交差部分を結び台形を作成します。

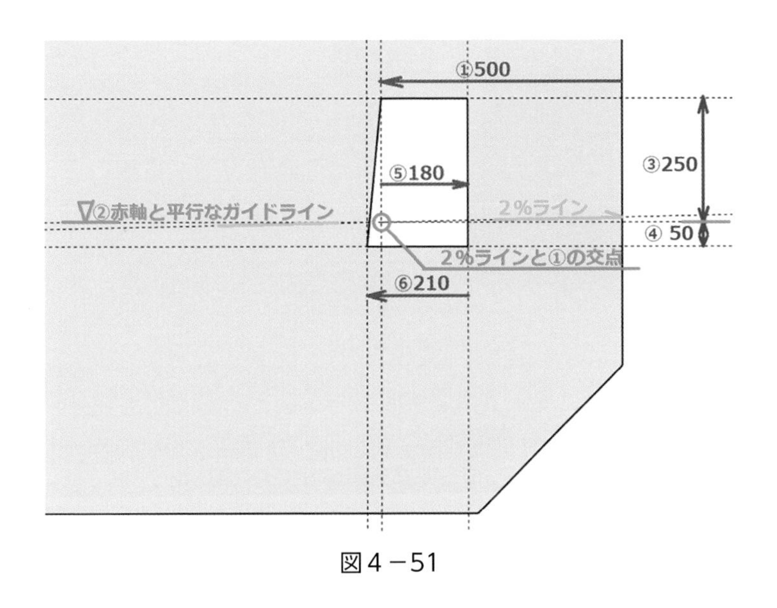

図４－51

できあがった台形の天端から『30』下がり、斜辺と平行に『30』左の位置にそれぞれガイドラインを引き、この交差部分を中心に半径『30』の円を描きます。

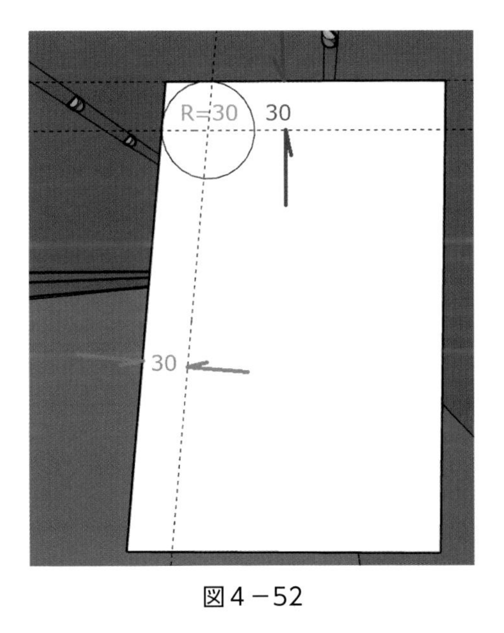

図４－52

余分な部分を消去してプッシュ / プルツールで『100000』引き伸ばし、全体を指定しコンポーネントにします。

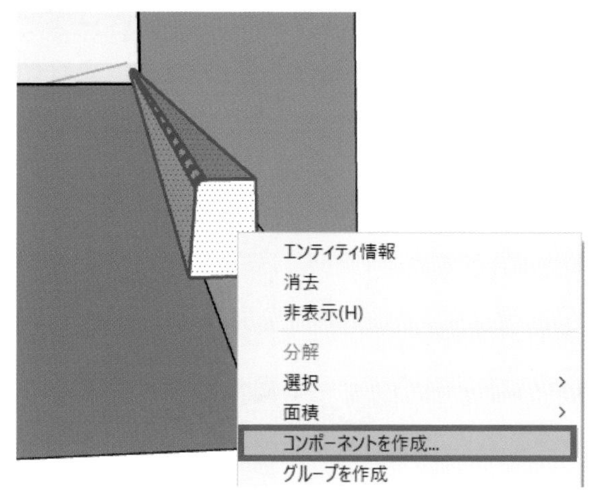

図4－53

次に道路舗装を作成します（基層、表層共）。

ボックスカルバートや照明を右クリックして非表示にしてください。

円形側溝天端より2%勾配のガイドラインを引き、これより『250』下がりの平行線を引きます（歩車道ブロックの基礎部は無視しています）。ブロックC側は、ブロック下端に合わせて垂直のガイドラインを引きます。円形側溝は壁面、ブロックC側は舗装天端からブロック斜面に沿って下ろし、ブロックが無くなったところから垂直のガイドライン上を下ろし、各交差部分を結びます。

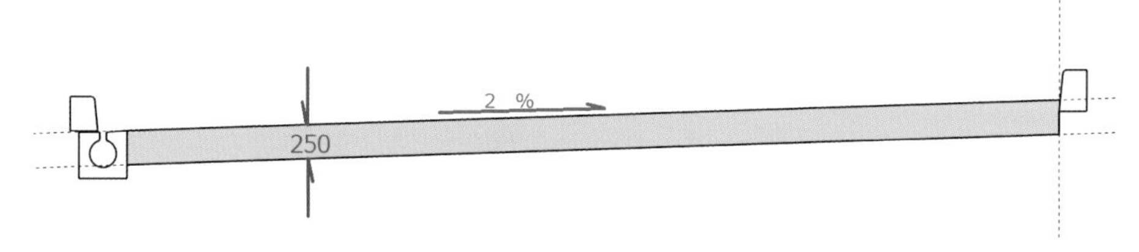

図4－54

プッシュ / プルツールで『100000』引き伸ばします。

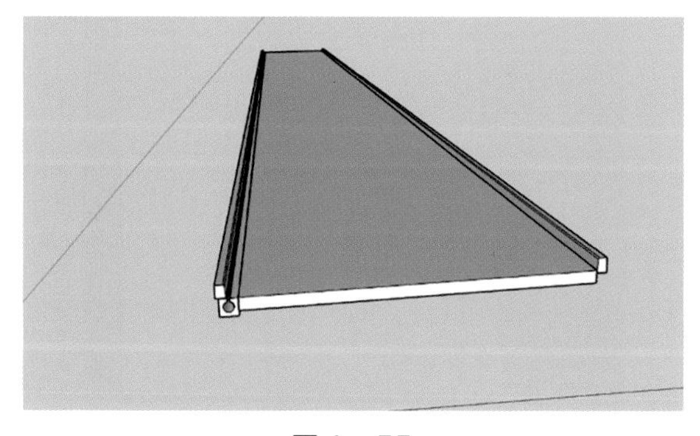

図4－55

隣接する円形側溝、歩車道ブロックなども右クリックして非表示にします。

次に微妙に角度のついたモデルを加工する場合、座標軸を変更することで作業がしやすくなるので軸ツールを選択して左側の舗装面天端をクリックします。

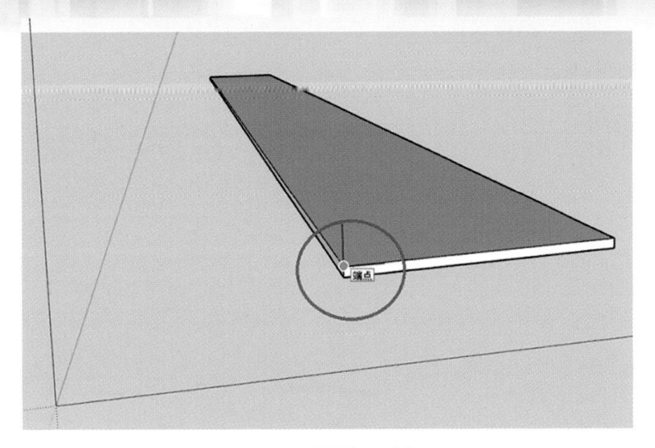

図4－56

原点が決定したので、次に赤軸方向を舗装面（短辺方向上面）のエッジ上をクリックします。

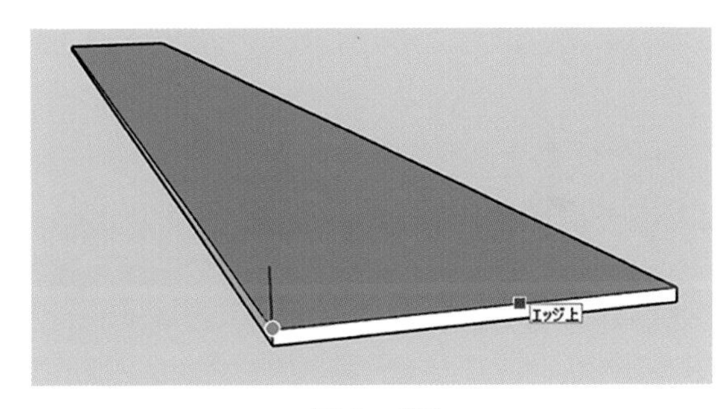

図4－57

緑軸方向は長辺方向上面のエッジ上をクリックします。

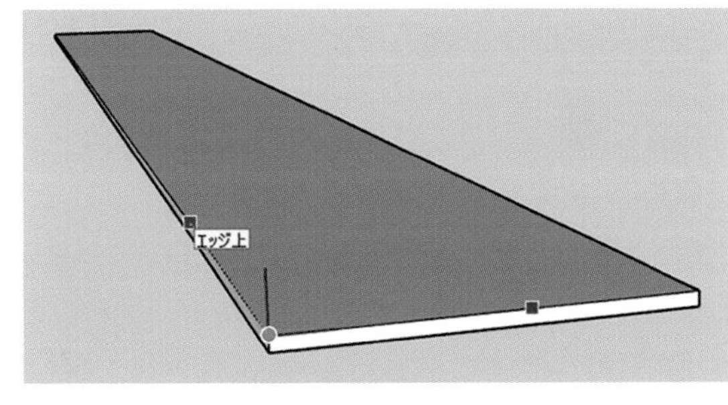

図4－58

これで座標軸が変更されたので、レベル面と同様の作図が可能になりました。

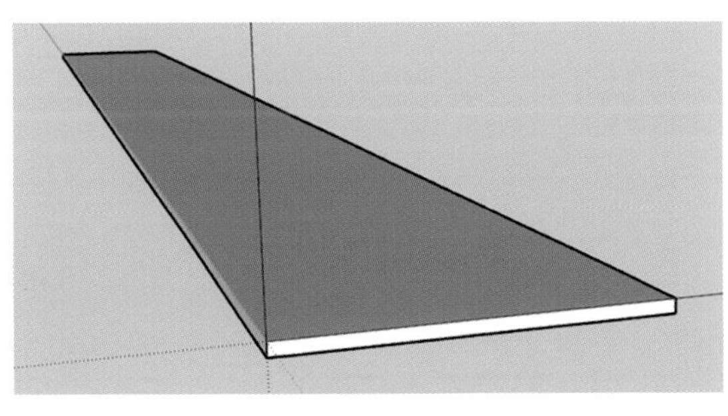

図4－59

次に、白線を作成します。道路端より中点にガイドラインを引き、このラインから左右『75』の位置にガイドラインを引きます。

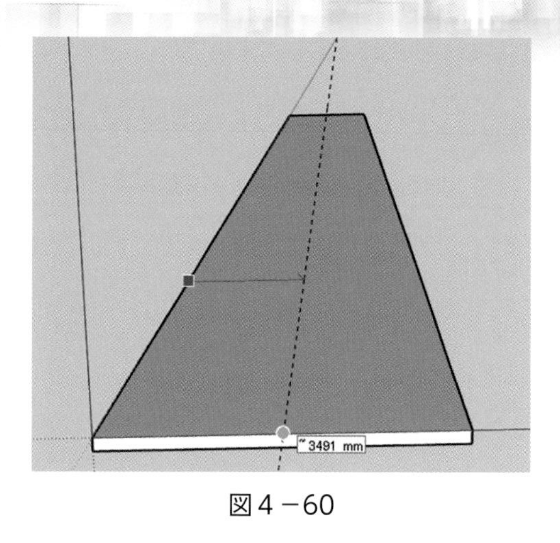

図4－60

長方形ツールで、このガイドラインより『150,5000』の長方形を描きます。

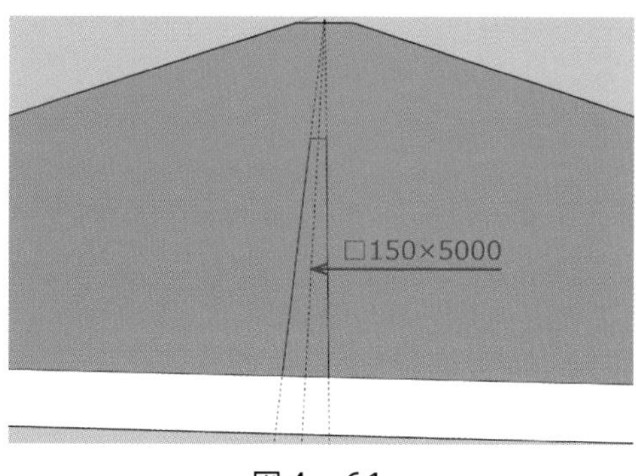

図4－61

作成した面をダブルクリックで選択し移動ツールをコピーモードにして緑軸方向奥側に移動し『10000』と入力後、Enter キーを押します。さらに『x9』と入力し Enter キーを押します。

ペイントツールを選択すると、デフォルトのトレイの「マテリアル」が開くので、「アスファルト / コンクリート」から「アスファルト　新規」を選択し、白線以外の面をクリックします。

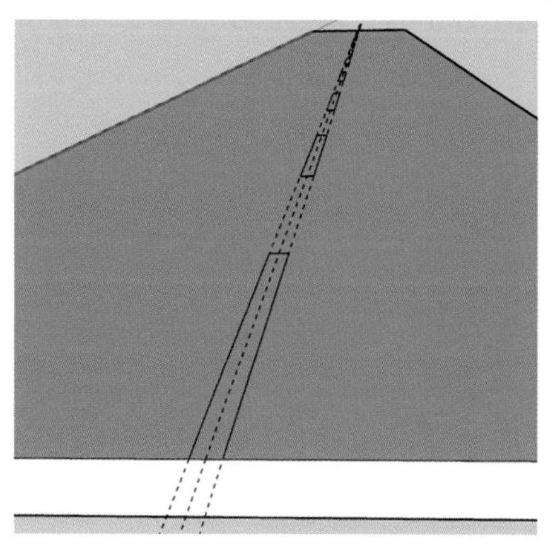

図4－62

全体を選択してコンポーネントにします。

斜面での加工が終了したので、座標軸上を右クリックして「リセット」を選択すると元の座標軸に戻します。

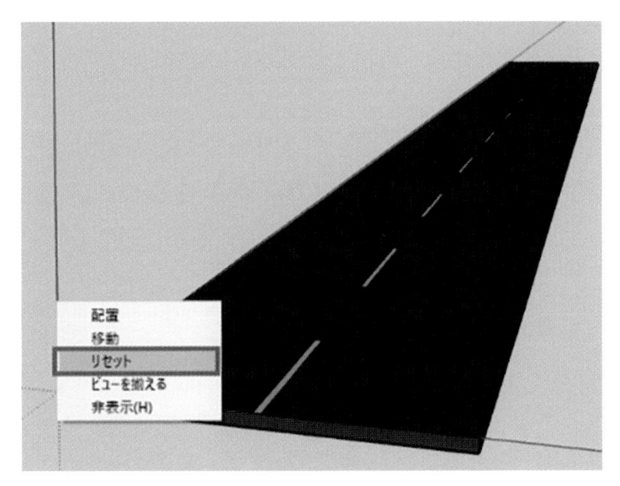

図4－63

メニューバーの「編集 (E)」→「表示 (E)」→「すべて (A)」を選択して、すべて表示させると、図4－64 のようになります。

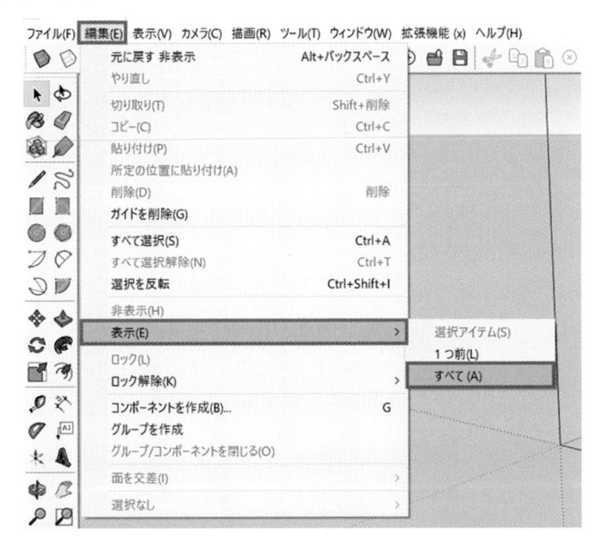

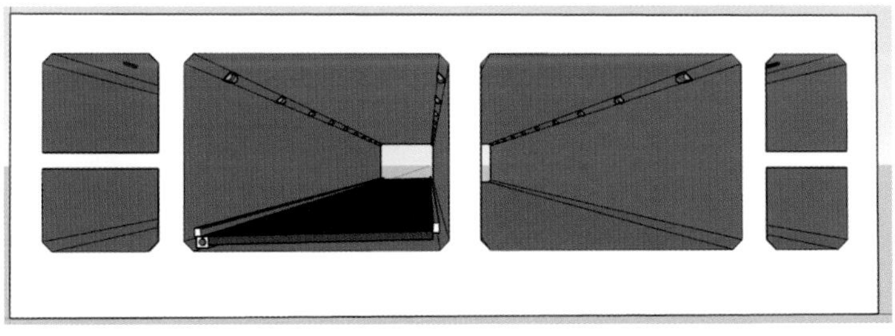

図4－64

境界ブロック背面も2%勾配で舗装します。

P96の方法で背面が2%上がるガイドラインを引き、このラインから『50』下がりにもガイドラインを引いて、接する構造物の内側をつなぎ、面を構成します（反対側も同様です）。

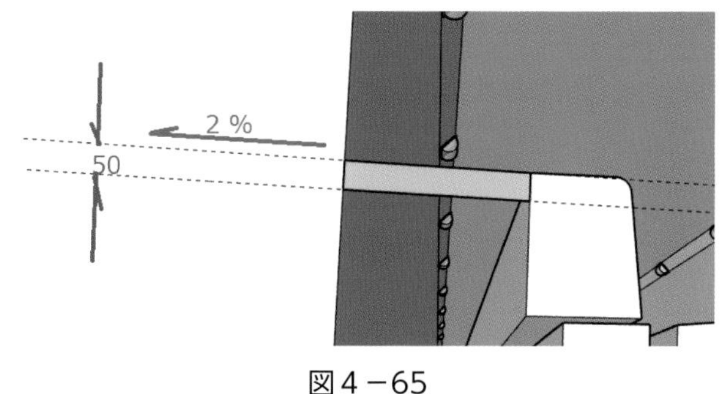

図4－65

作成した面を『100000』引き伸ばし、全体を指定してコンポーネントにしたら、ペイントツールで着色します（反対側も同様です）。

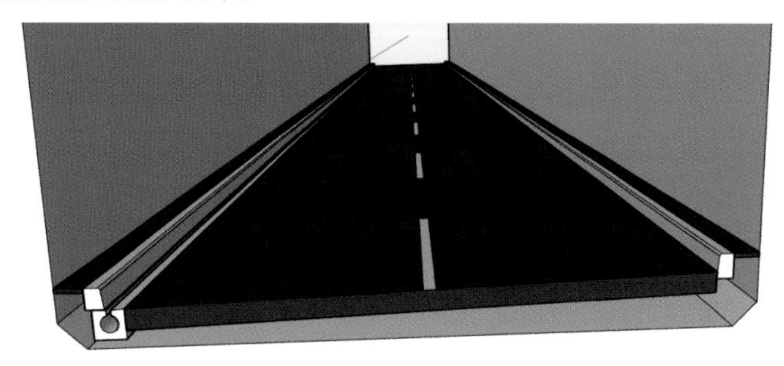

図4－66

道路構造物をすべて選択して右側の車道に反転コピーします。

反転コピーのガイドポイントとして中央の壁に舗装最上部に合わせ赤軸に平行なガイドラインを引きます。

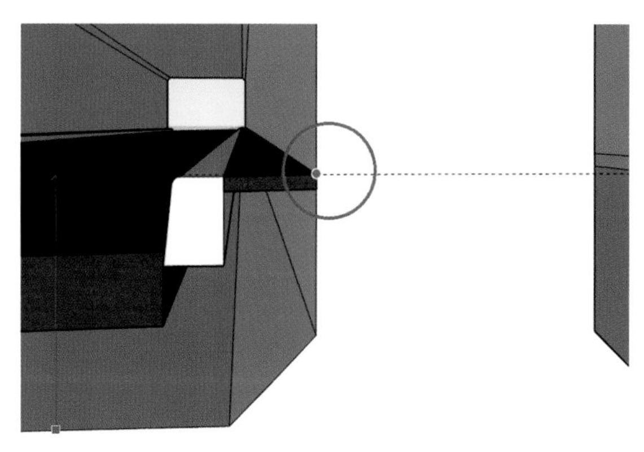

図4－67

道路構造物をすべて選択します。

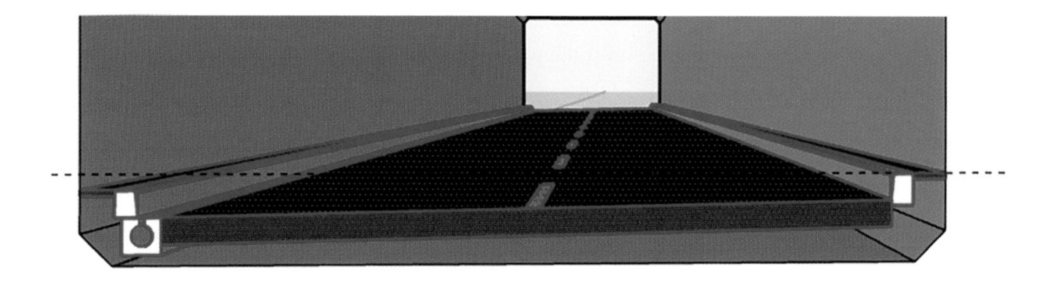

図４－68

移動ツールをコピーモードにして、一旦ボックスカルバートの外側に配置します。

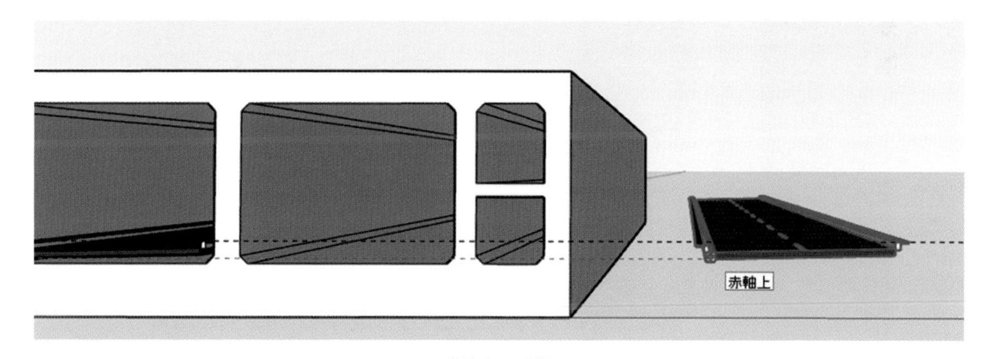

図４－69

モデルの上で右クリックをし、「反転方向」→「赤の方向」を選択します。

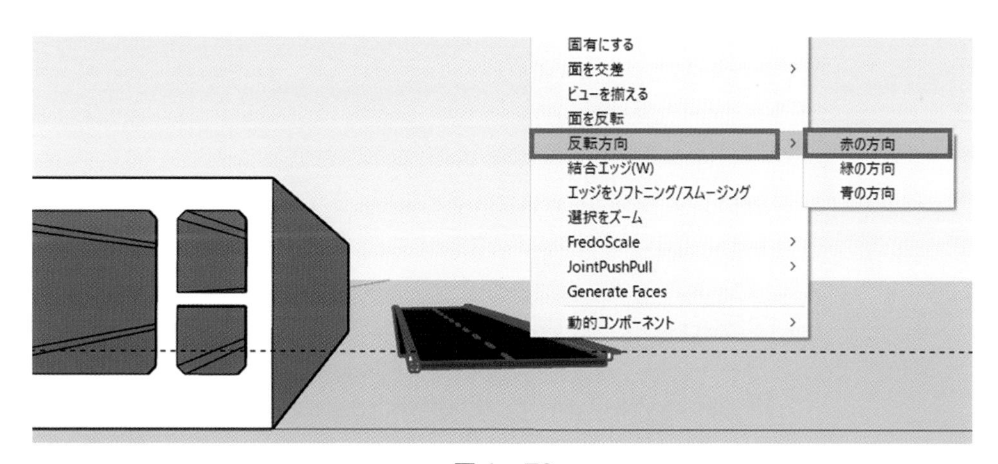

図４－70

道路勾配が反転したことを確認して、移動ツールで左上の舗装最上部をクリックし、ガイドラインと壁の交差部分に合わせてクリックします。

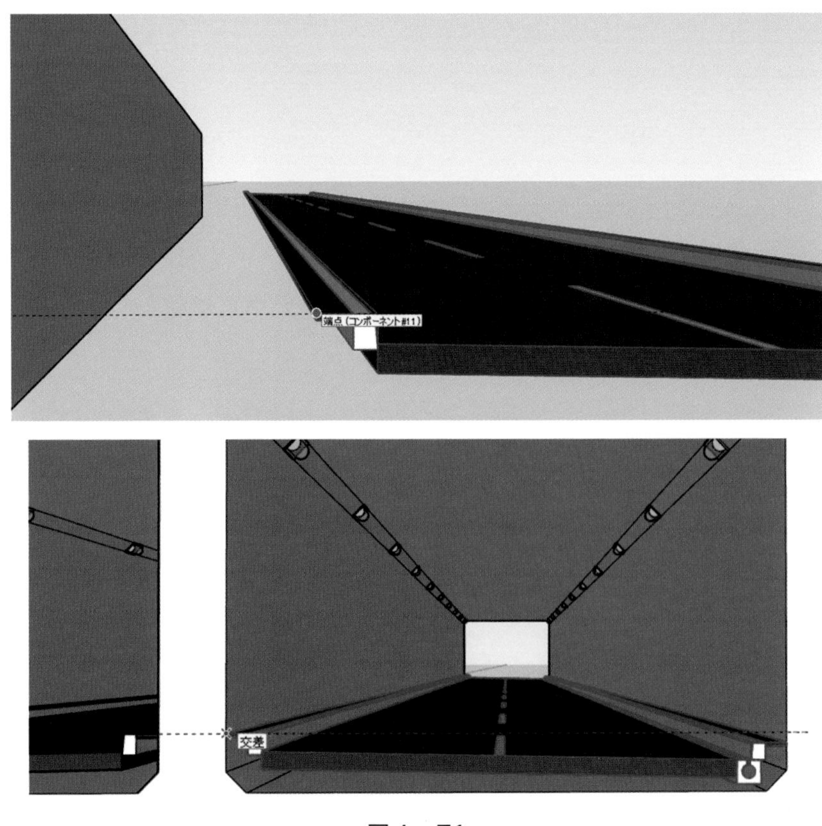

図4－71

次に走行する車両を配置してみます。ラージツールセットの中から「3D Warehouse...」を選択します（メニューバーの「ウィンドウ (W)」→「3D Warehouse」からも開けます）。

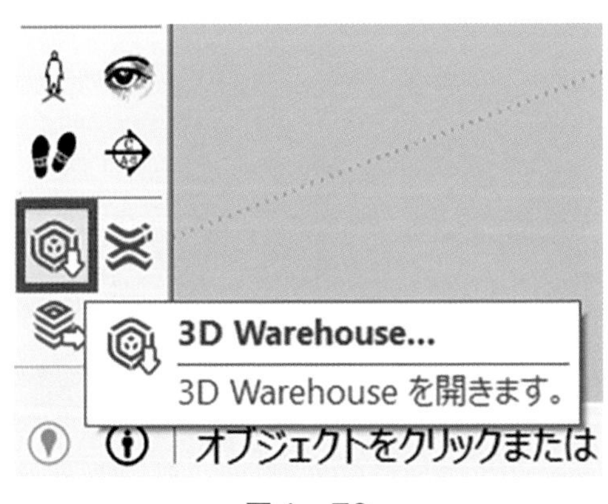

図4－72

検索欄に「car」と入力すると多数のモデルが表示されます。今回は「car NISSAN FUGA」と入力します（「PRODUCTS」ではなく「MODELS」の方を選択してください）。表示されたモデルの中から左の赤い車をダウンロードします。

図４－73

「モデル内にロードしますか？」と聞かれるので「はい (Y)」を選択します。

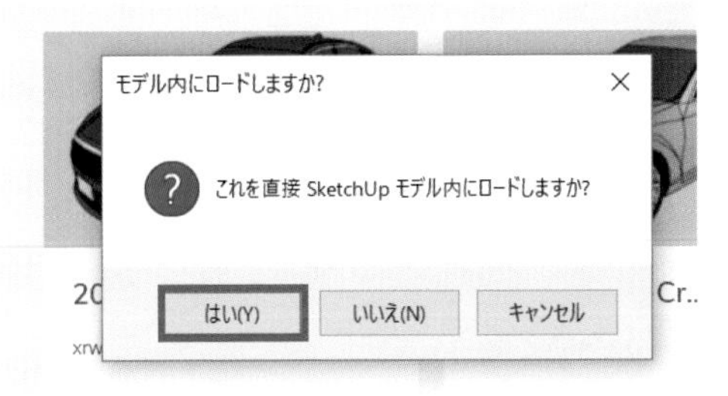

図４－74

一旦任意の場所に仮置きします。

図４－75

この車を実測すると実際より大きく作られているので、正確な大きさに縮尺を変更します。この場合、尺度ツールを選択し、対角方向に8割に縮めます。

対角側のグリップを内側に移動し、『0.8』と入力しEnterキーを押します。

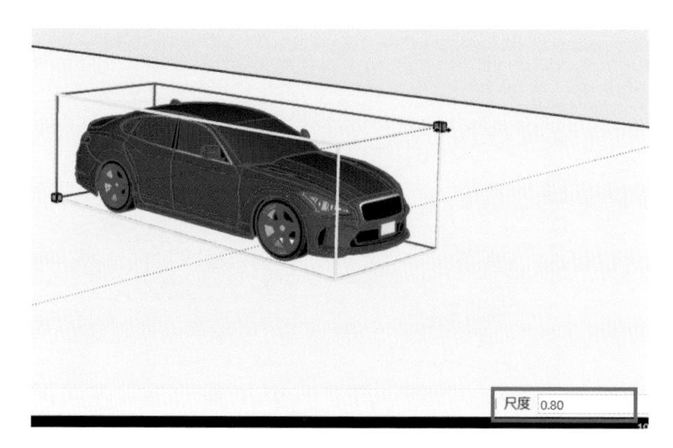

図4－76

移動ツールで、ボックス内の適当な場所に移動します。

図4－77

このように様々な車両や歩道には歩行者などをダウンロードできます。

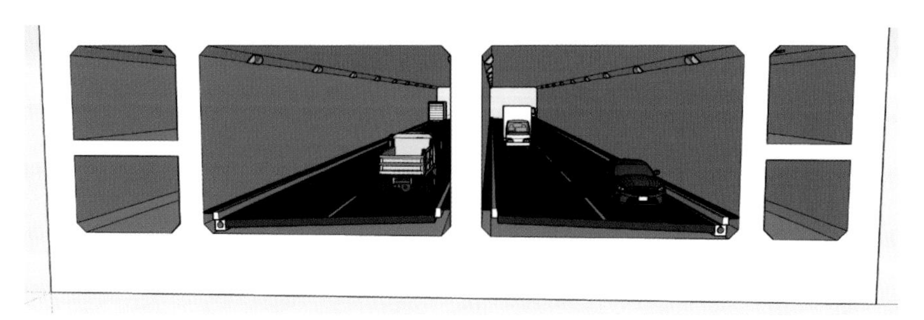

図4－78

3D ギャラリーを DL するためには、Trimble のサインインが必要です。

下記画面の「Trimble ID を作成」をクリックし、画面の指示に従って必要事項を入力して、アカウントを取得してください。

Everything
SketchUp...

Trimble.
サインイン
新規ユーザですか？ Trimble IDを作成
ユーザ名
name@email.com
次へ
または
Googleでサインインする
Appleでサインインする
ヘルプ | プライバシー | 利用規約
個人情報を提供しない
著作権 © 2022, Trimble Inc.

※パスワードは今後も使用するので、メモしておくと便利です

こんなこともできます1

子供向けに作ったゲームです。
“レッドスネークカモン”と呼んでいる一種の神経衰弱ゲームです。
扉をクリックして開きます。同色のヘビがでたらアタリです。

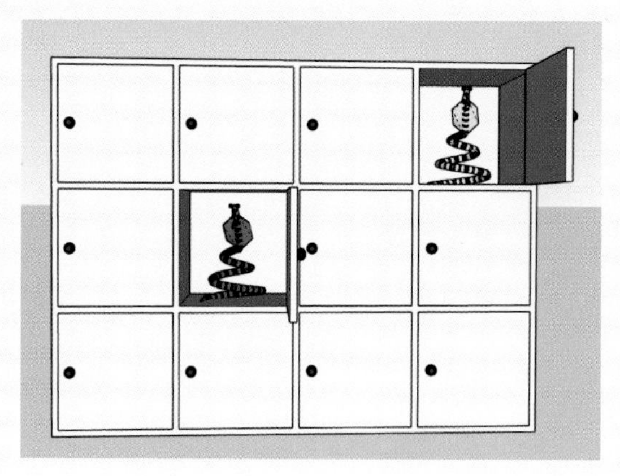

第5章
作成例Ⅲ

作成例Ⅲ

タグを利用したアニメーション

 https://sketchup-book.kensetsunews.com/main/

右上の URL より「ボックスカルバート.zip」をダウンロードし、「ボックスカルバート施工順序.skp」を開きます。

このファイルはすでに複数のタグに分かれています。「ウィンドウ (W)」→「デフォルトのトレイ」を開き「タグ」にチェックが入っていることを確認して、トレイを表示します。タグの中の「地盤」や「掘削１」～「掘削３」の可視マーク 👁 のチェックを外したり入れたりして確認しましょう。

※ SketchUp Pro2019 までは、タグはレイヤと表示されています。

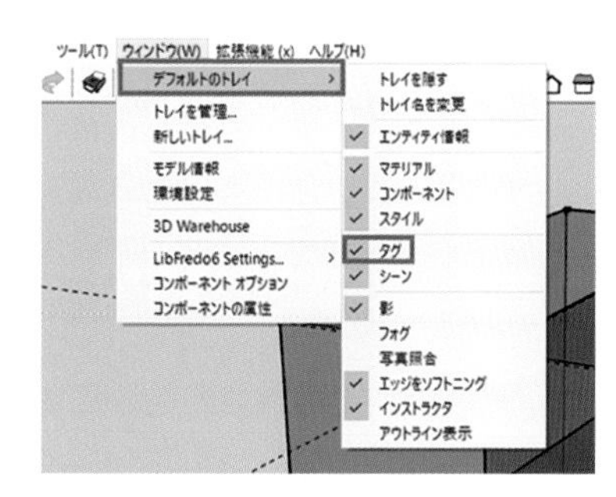

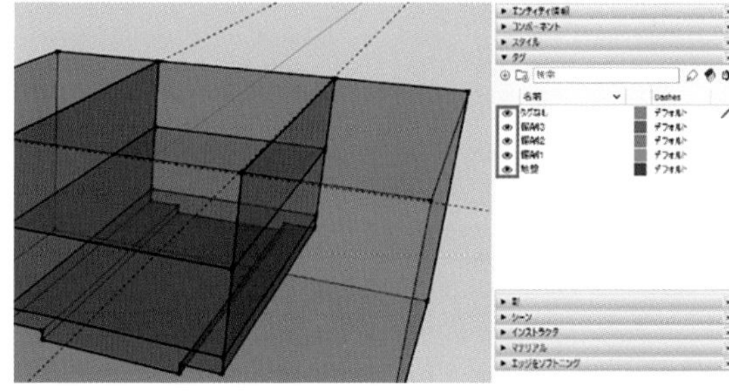

図５－１

次に「ボックスカルバート部材.skp」を開くと、いろいろな部材があり、１つ１つがグループになっています。一番左端の親杭（H 鋼）を選択して、メニューバーの「編集 (E)」をクリックし、コンテキストメニューから「コピー (C)」を選択します。

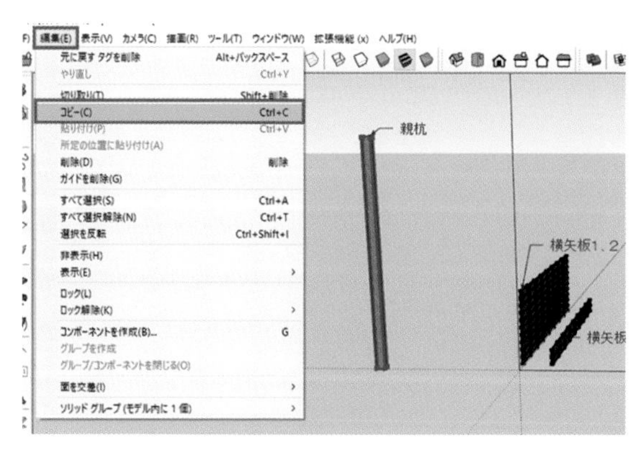

図５－２

今回のように同じファイルから複数コピーする場合は、必要なモデルをすべて選択して、作業を行うファイルの作業スペース外にコピーしておいても便利です。

ボックスカルバート施工順序の画面に戻り、メニューバーの「編集 (E)」→「貼り付け (P)」を選択します。H 鋼が現れるので一旦任意の位置に貼り付けます。

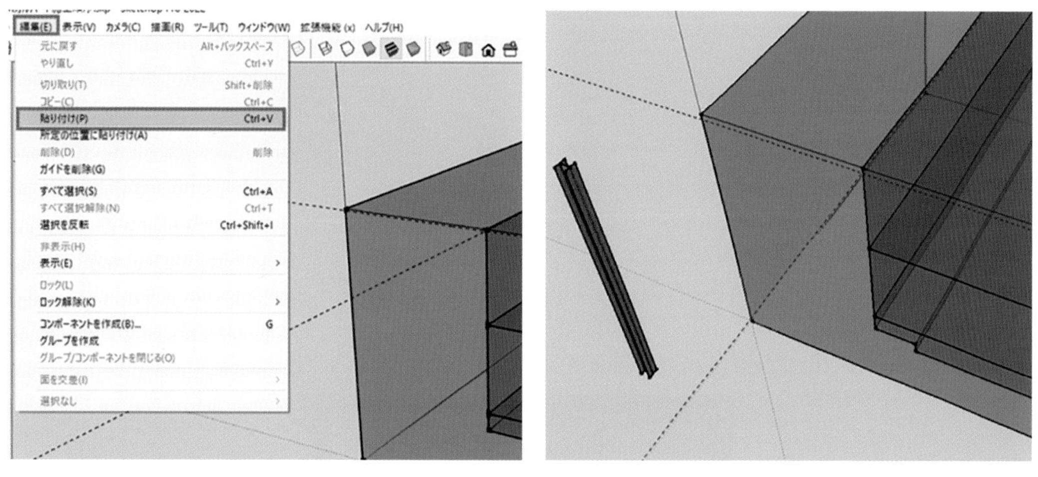

図5－3

移動ツールで H 鋼上部の右下端点をクリックして、ガイドラインの左側交差部分に合わせます。Ctrl キーを押してコピーモードにし、ガイドラインに沿って緑軸方向にカーソルを移動します。コピーする方向を決めたら、測定ツールバーに『1500』と入力し Enter キーを押します。さらに『x8』と入力後、Enter キーを押します。

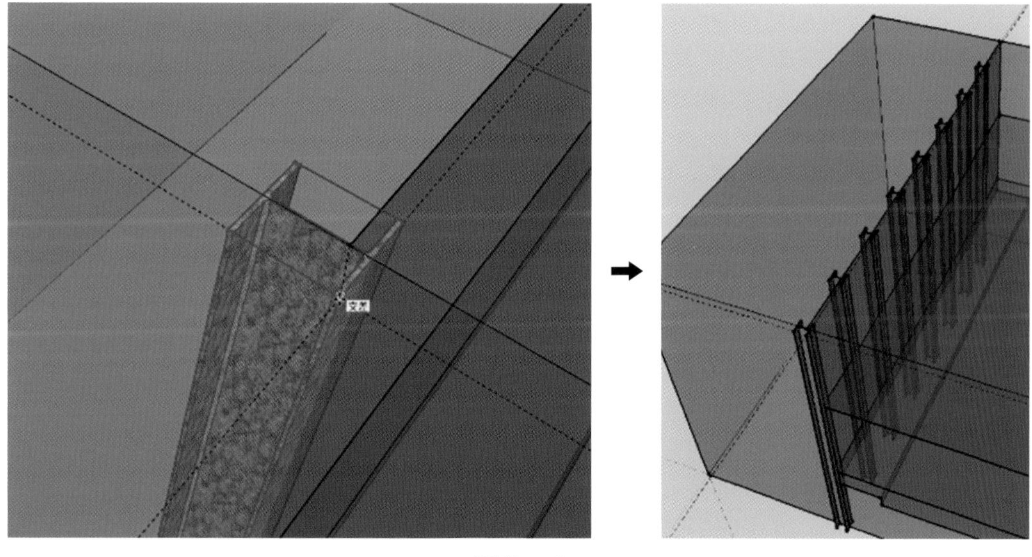

図5－4

できあがったＨ鋼全体を選択し、移動ツールをクリックしコピーモードにして『6700』右側にコピーします。

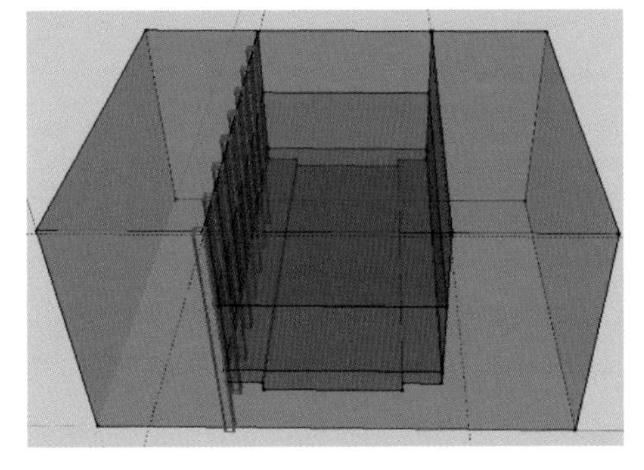

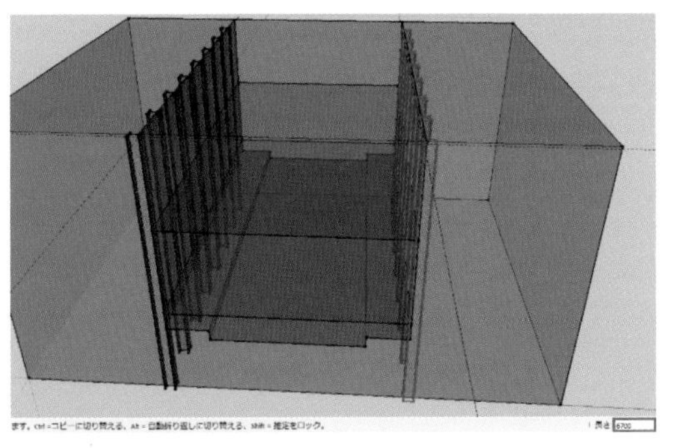

図５－５

移動したＨ鋼のフランジが右側ガイドラインの交差部分にあることを確認します。

図５－６

できあがった両側のＨ鋼群全体を指定してグループにします。

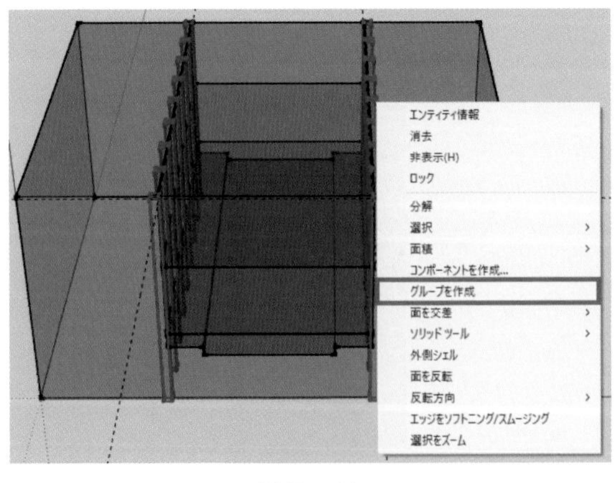

図５－７

タグツールをクリックして「タグ」の中の＋記号をクリックします（メニューバーの「ウィンドウ(W)」→「デフォルトのトレイ」からも開けます)。「タグ」と表示されたタグ名を「親杭」に変更します。

図5－8

作成したタグと親杭のモデルを関連付けます。①タグのアイコンをクリックします。②親杭のタグをクリックし、③最後にモデルの親杭をクリックします。

不可視化、可視化を実行して関連付けられたことを確認しましょう。

地盤が邪魔してうまくいかない場合は一旦地盤を不可視化します。

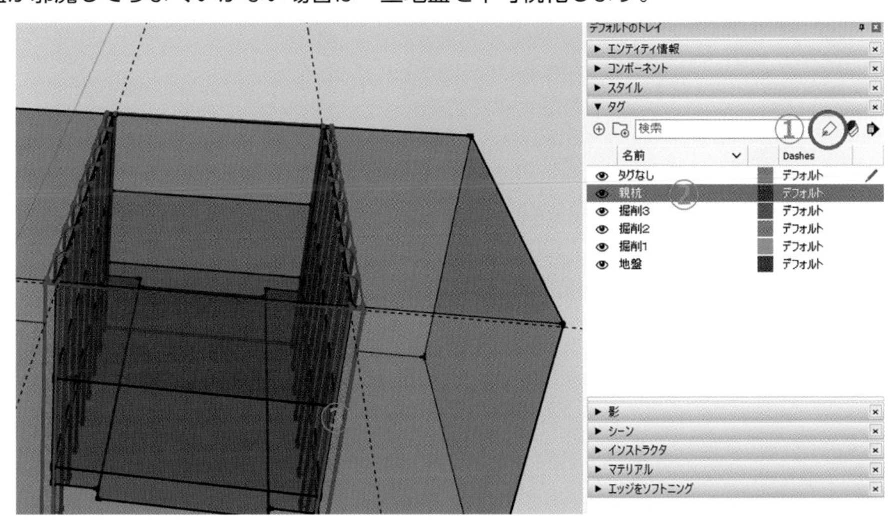

図5－9

同様に、グループまたはコンポーネントにしたものを単独あるいは複数でタグとして登録していきます。

ここでは先に「横矢板 1」、「横矢板 2」、「横矢板 3」、「山留 1」、「山留 2」、「基礎栗石」、「均しコンクリート」、「躯体 1」、「躯体 2」、「埋戻し 1」、「埋戻し 2」、「埋戻し 3」の各タグを作っておきます。前述の作業と同様に、タグの＋記号をクリックしてタグを追加します。ここでは今後の作業をわかりやすくするため「掘削 1」～「掘削 3」のタグを不可視化します。

次にそれぞれのグループをタグと関連付けていきます。

「ボックスカルバート部材.skp」から h＝2,500 の矢板をコピー後、「ボックスカルバート施工順序.skp」に貼り付けます。貼り付けた矢板の端点を左手前の H 鋼の端点に一旦配置します。

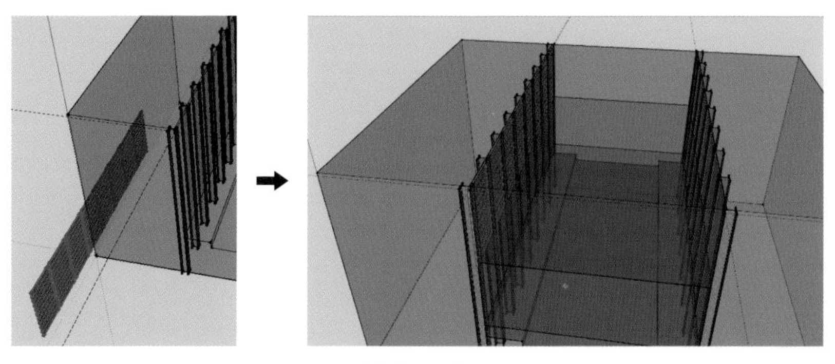

図5－10

配置した矢板を緑軸方向に『225』移動すると、親杭の間に均等に配置されます。

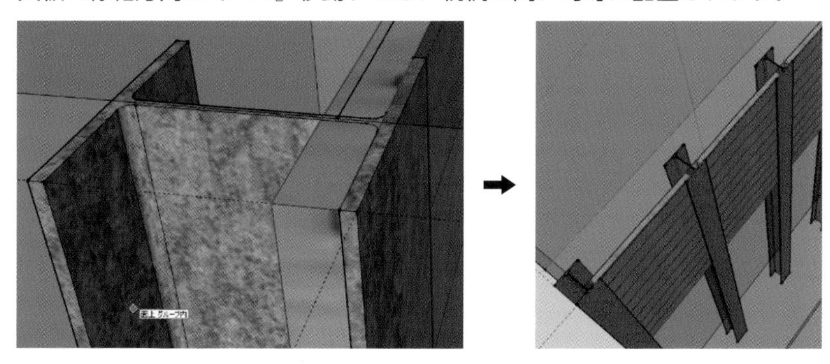

図5－11

均等に配置されたら、矢板を選択し右側へ『6490』コピーし、上段の横矢板全体を指定してグループにします。

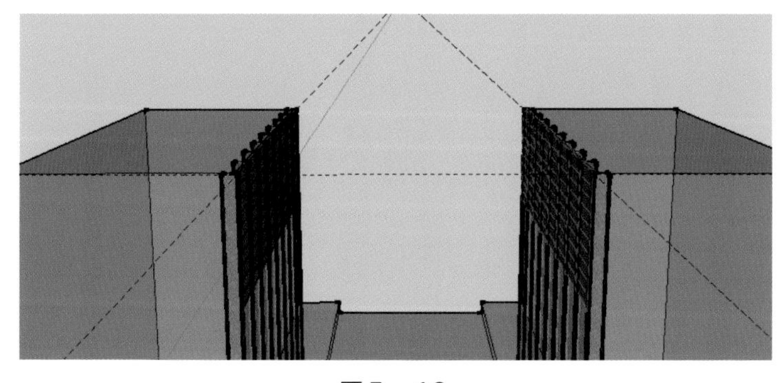

図5－12

タグとの関連付け（タグ付け）をします。①タグツール→②横矢板の帯の部分→③モデルの順でクリックします。

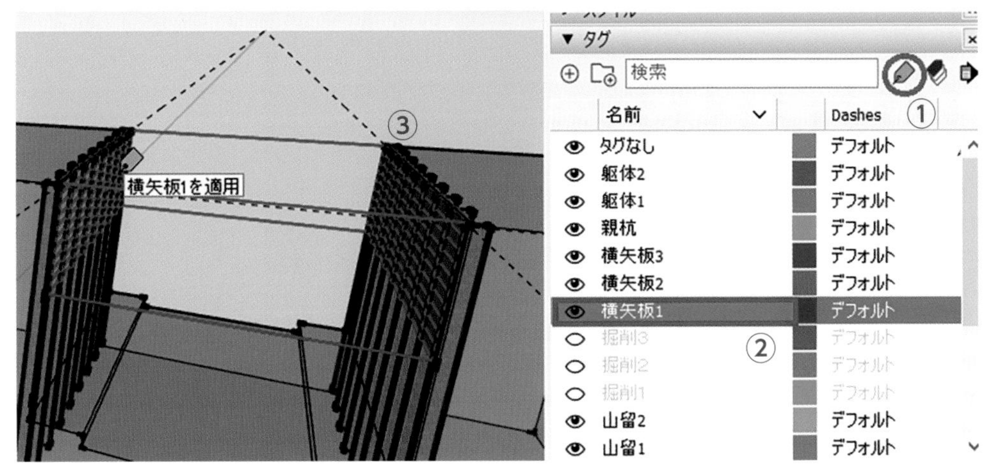

図5－13

これで上段の横矢板のタグ付けができました。

同様に２段目、３段目と定義付けしていきます。作業を容易にするため親杭のタグを不可視化します。

横矢板１を真下に貼り付けて、２段目の横矢板を配置します。

配置したら、タグツールで「横矢板２」に変更します。

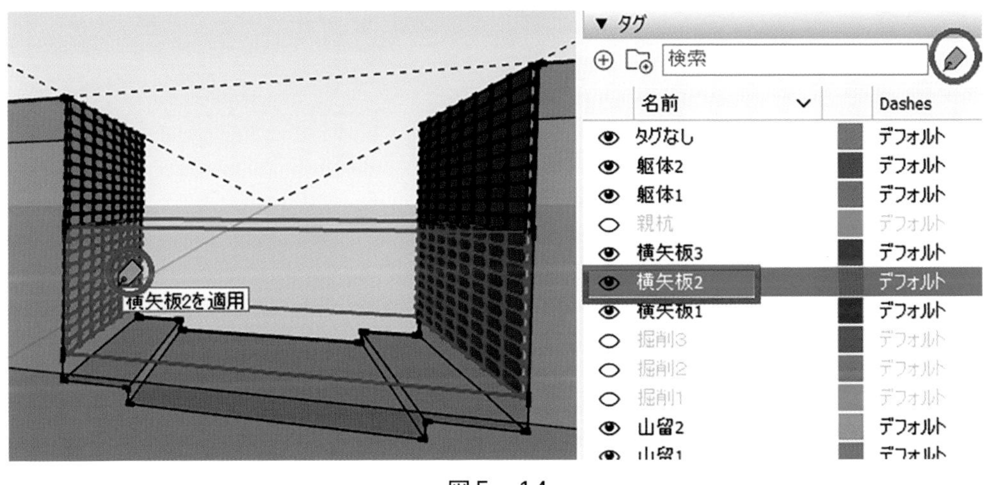

図5－14

作成例Ⅲ

次は横矢板 3 を配置します。h=500 のタイプをコピーして貼り付けます。

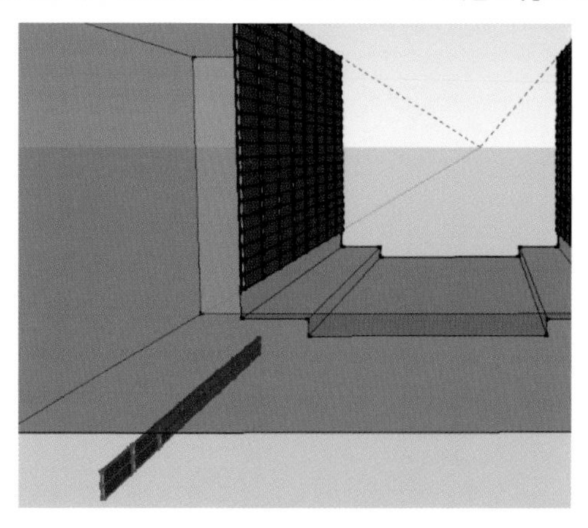

図5－15

これも 2 段目の横矢板の真下に配置し、反対側にもコピーしてタグ付けをします。

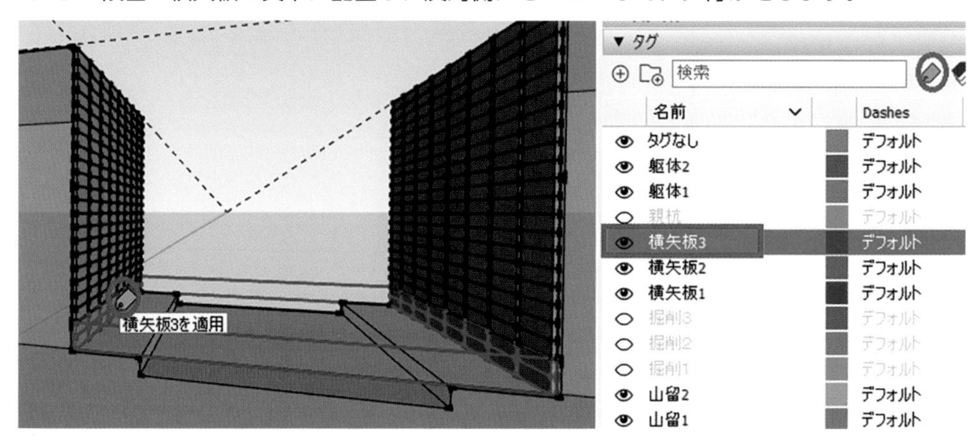

図5－16

次に基礎栗石をコピーし、地盤の最下部の溝にピッタリくるよう配置します。

図5－17

「基礎栗石」にタグ付けをします。

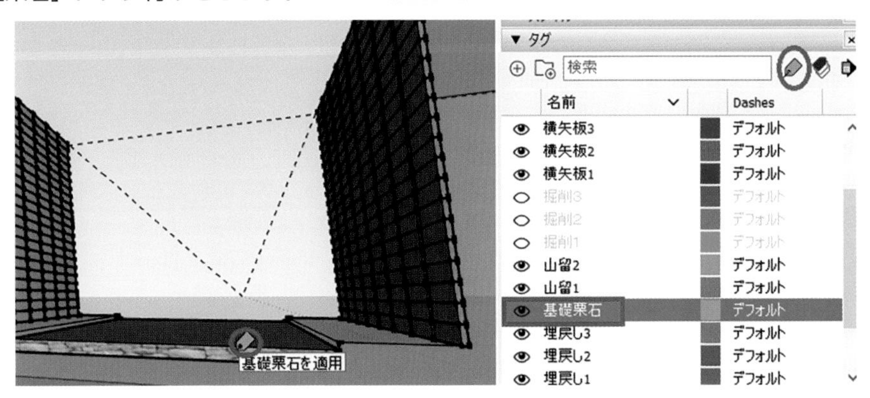

図5－18

次に均しコンクリートをコピーし、基礎栗石の上部に配置します。「均しコンクリート」にタグ付けしてください。

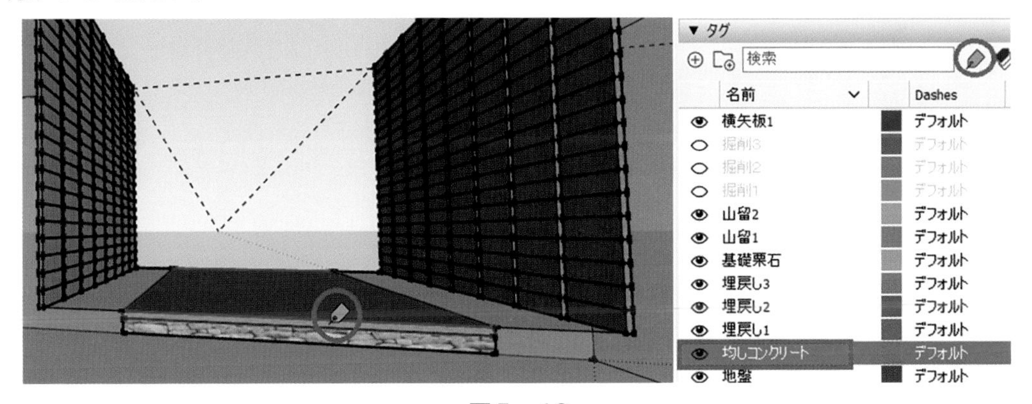

図5－19

次に躯体1をコピーして均しコンクリート上に配置します。この時、均しコンクリートより左右が100㎜内側にくるよう配置して、「躯体1」のタグ付けをします。

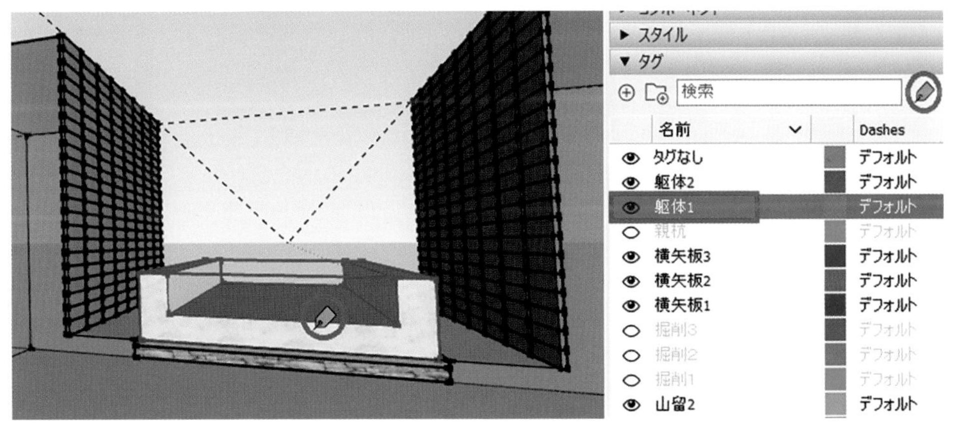

図5－20

作成例Ⅲ

躯体 2 は躯体 1 の上方にコピーし、「躯体 2」にタグ付けをします。

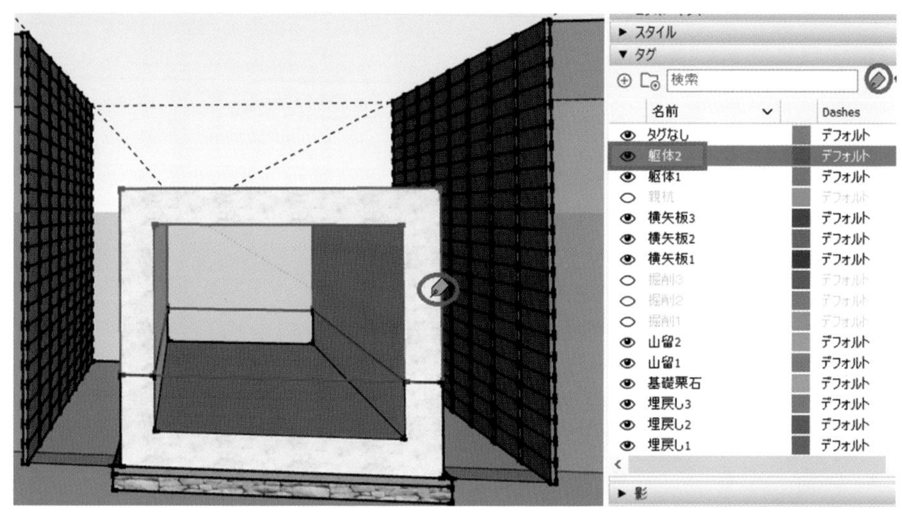

図5－21

次に埋戻し材 A をコピーし、躯体 1 の両側に位置するよう貼り付けます。「埋戻し 1」にタグ付けをします。

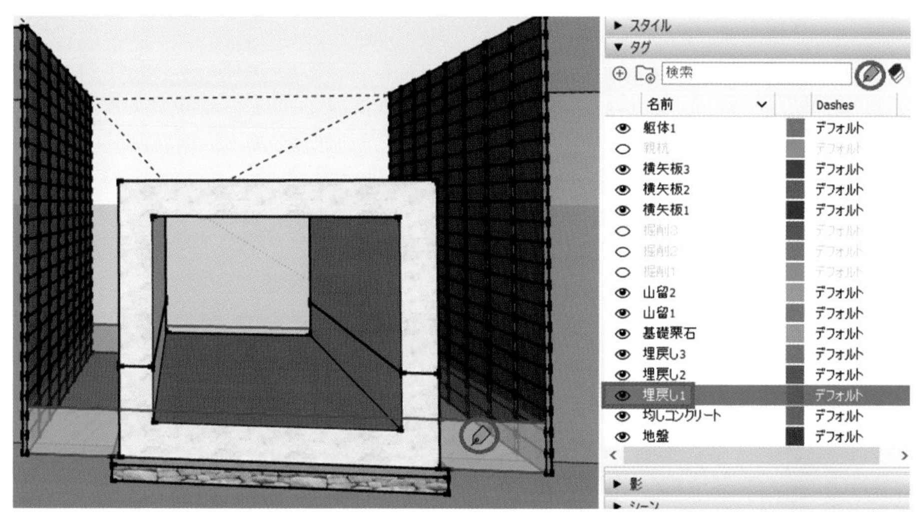

図5－22

同様にして埋戻し材 B、埋戻し材 C をコピー&ペーストし、埋戻し 1 に積み重ねます。埋戻し材 B を「埋戻し 2」、埋戻し材 C を「埋戻し 3」にタグ付けます。

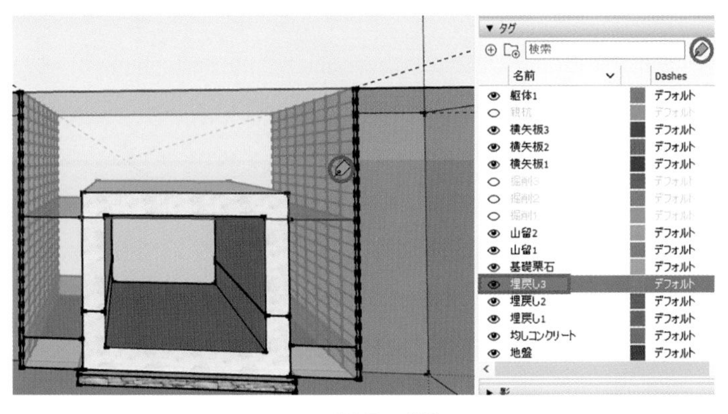

図5－23

次に山留（MS-300）を配置しますが、作業を容易にするため「埋戻し 2」、「埋戻し 3」、「躯体 2」を不可視化し、「親杭」を可視化します。

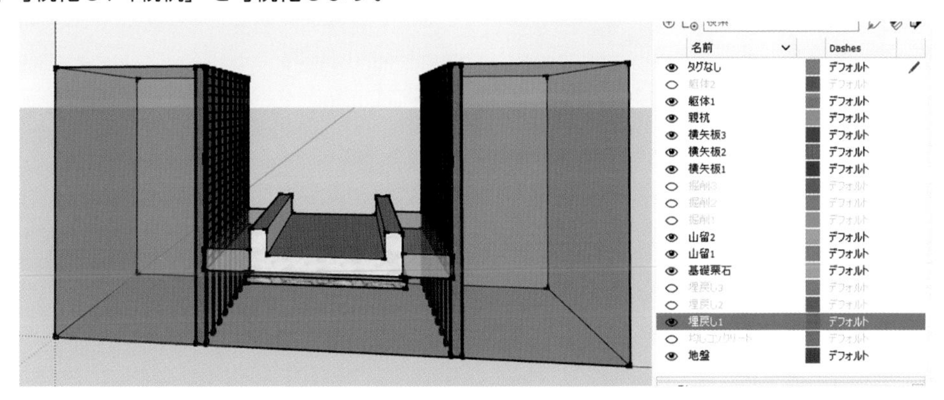

図5－24

H-300 をコピーして一旦任意の位置に貼り付けます。

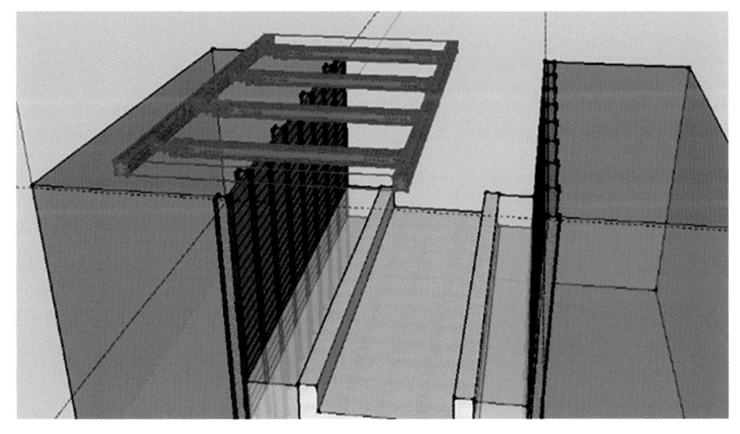

図5－25

作成例Ⅲ

貼り付けられたMS材の手前左上端を移動ツールでクリックし、左手前の親杭上端に移動します。その後奥側（緑軸）に『150』移動し、さらに下方（青軸方向）に『1350』移動します。

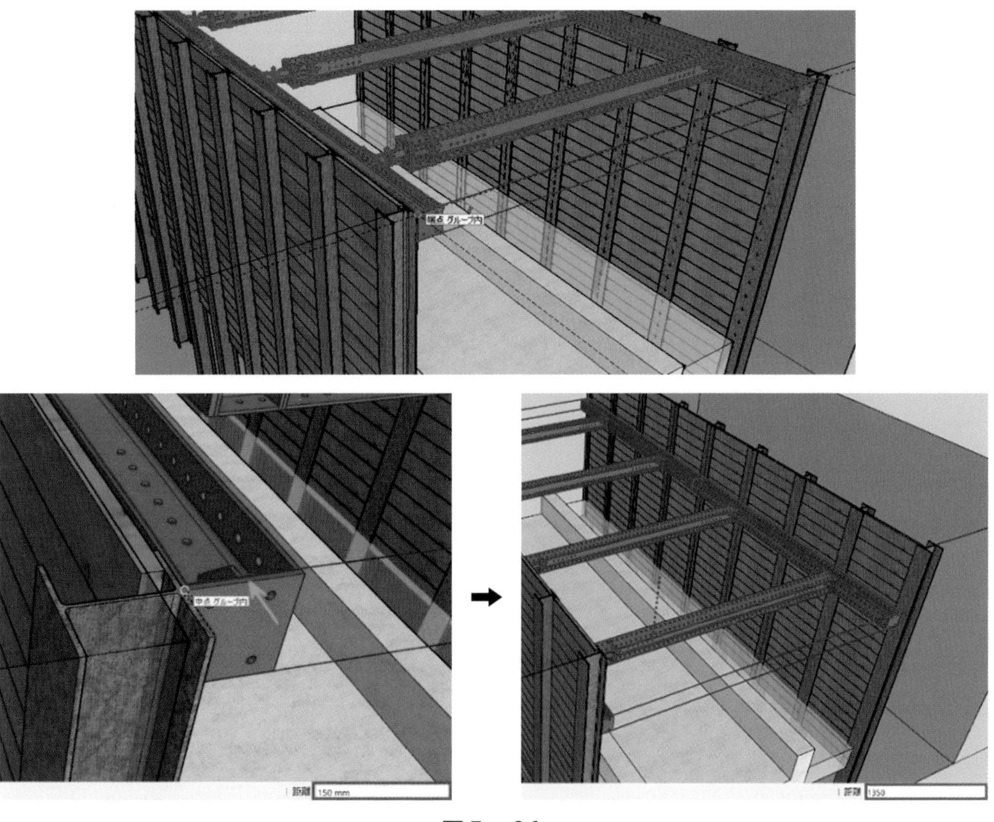

図5－26

配置が完了したら「山留 1」とタグ付けます。

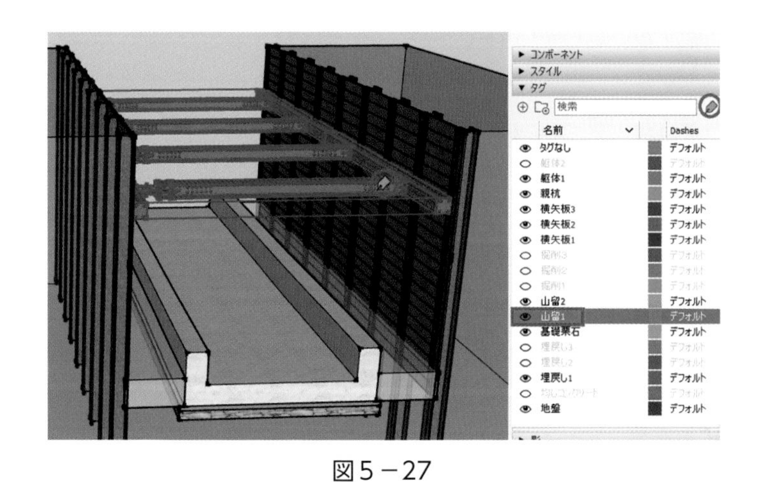

図5－27

この山留 1 に指定した MS 材を選択し、青軸に沿って『2650』下方にコピーします。

図5 －28

配置が完了したら「山留 2」にタグ付けをします。

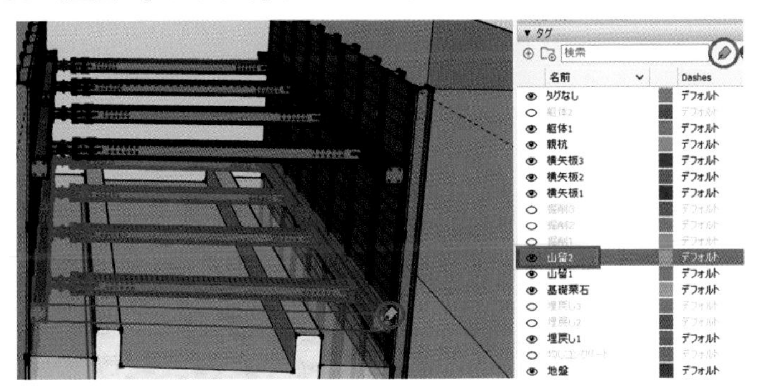

図5 －29

これで準備が整いました。全てのタグを可視化すると図5 －30 のようになります。

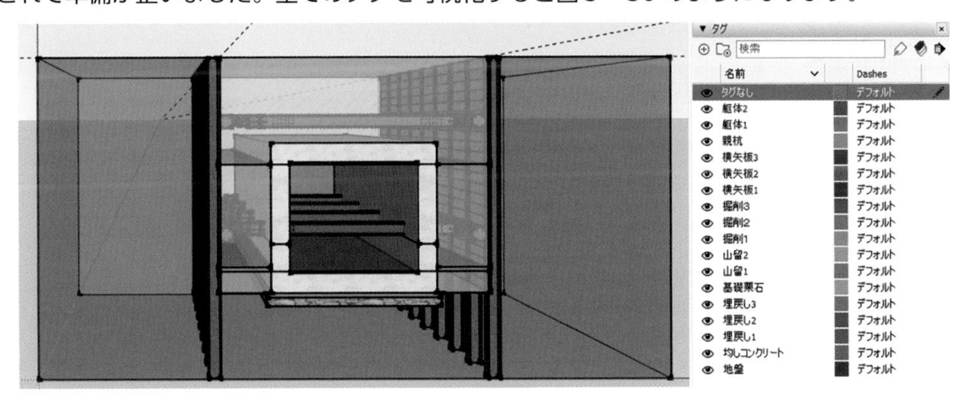

図5 －30

施工前の状況を設定するので、現在描きこんでいる「タグなし」、「地盤」、「掘削 1」、「掘削 2」、「掘削 3」以外のタグを不可視化します。またガイドラインは不要になったので消去します。図5－31 のような位置で動画をスタートします。

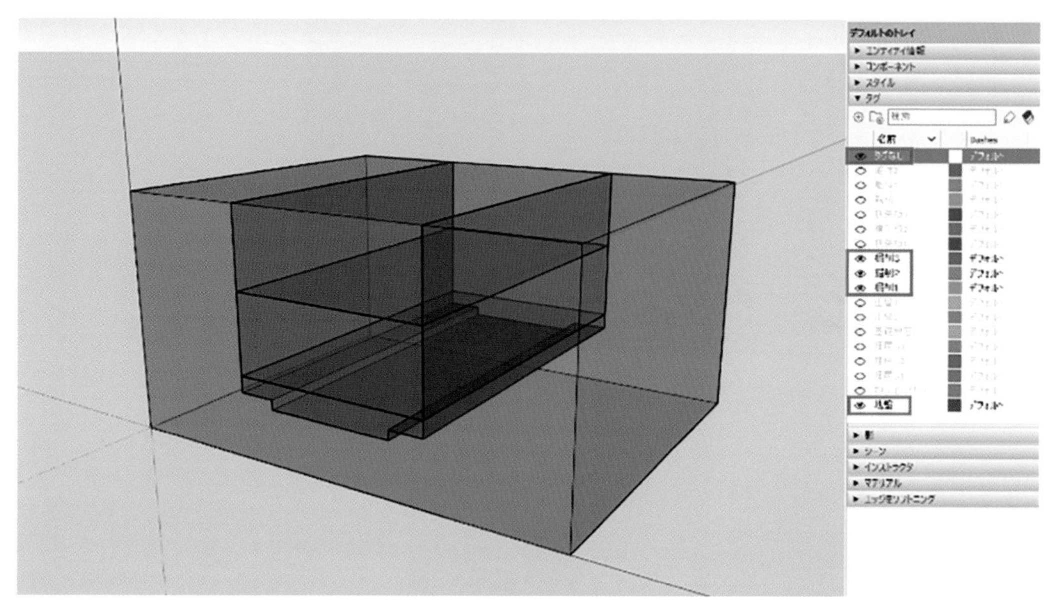

図5－31

図5－32 が初期画面です。トレイのシーンのタブをクリックし＋記号をクリックします。

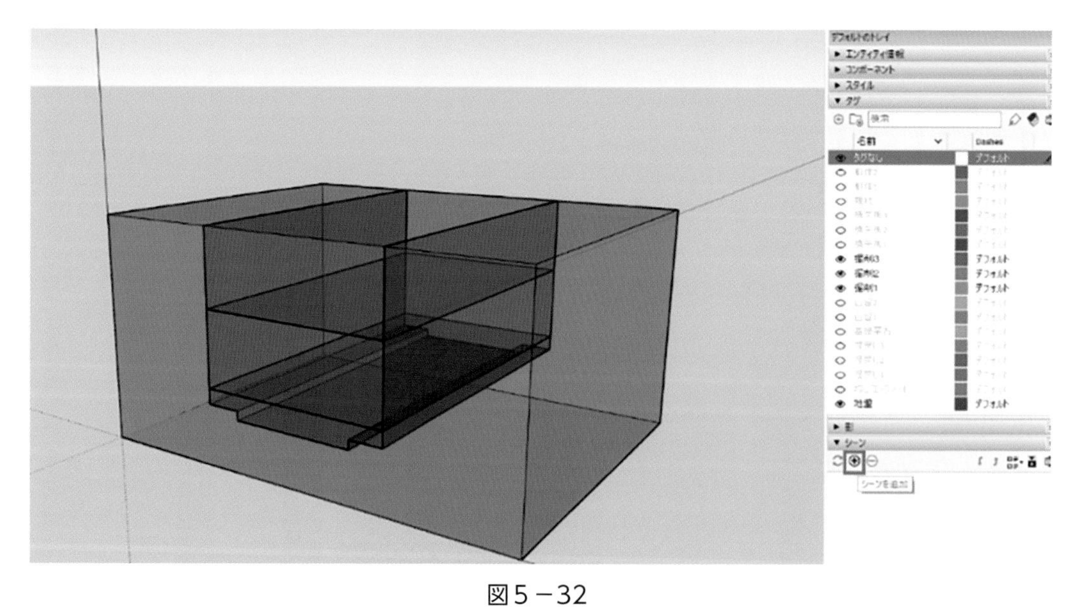

図5－32

するとその段階でシーン１が登録されます。

「詳細を表示」ボタンを押して、名前欄に『施工前』と入力します。

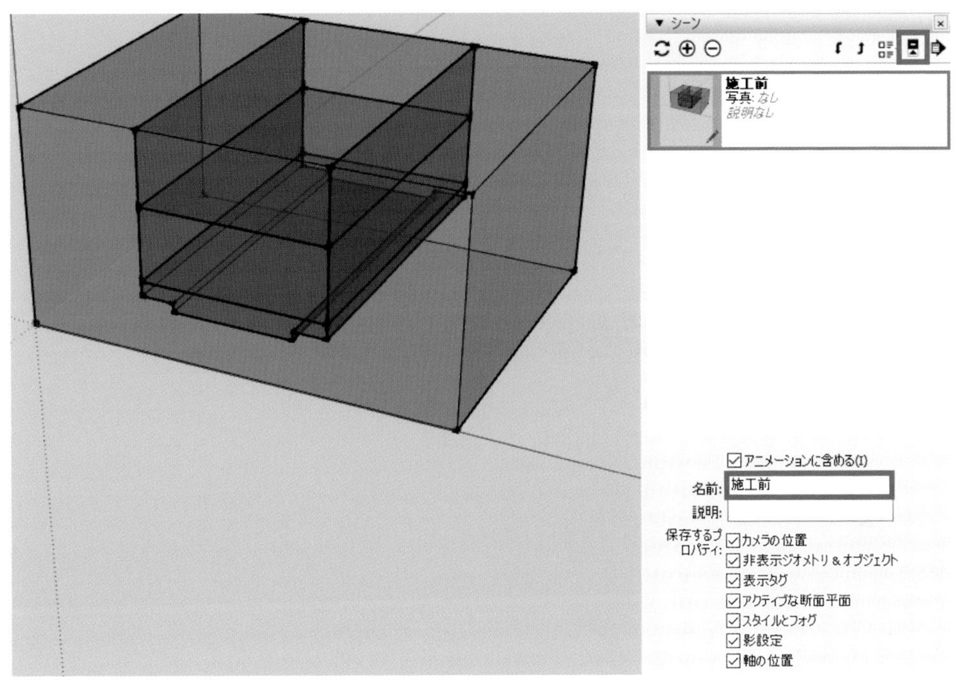

図５－33

次にタグの「親杭」を可視化します。

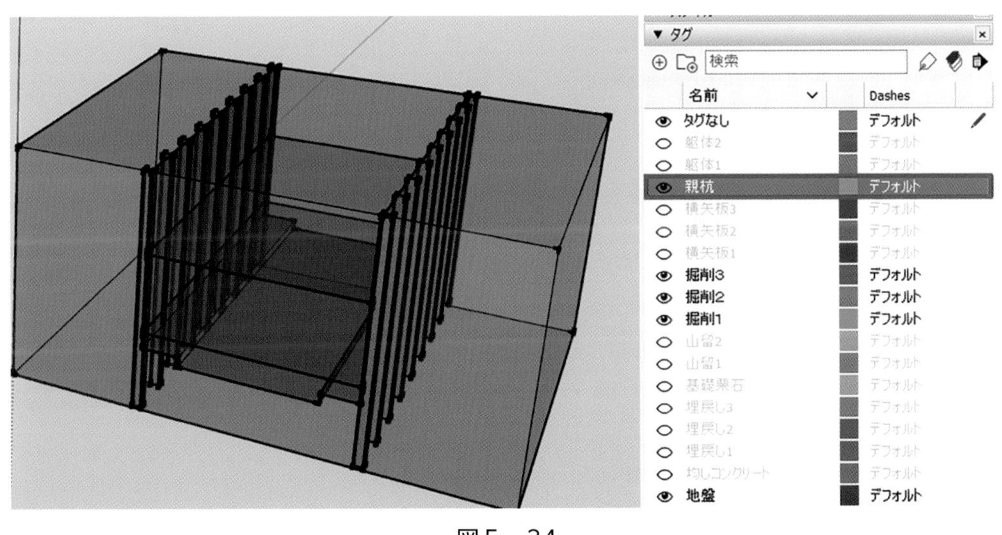

図５－34

作成例Ⅲ

シーンに戻って+記号をクリックし名前を「シーン 2」から「親杭打設」に変更します。

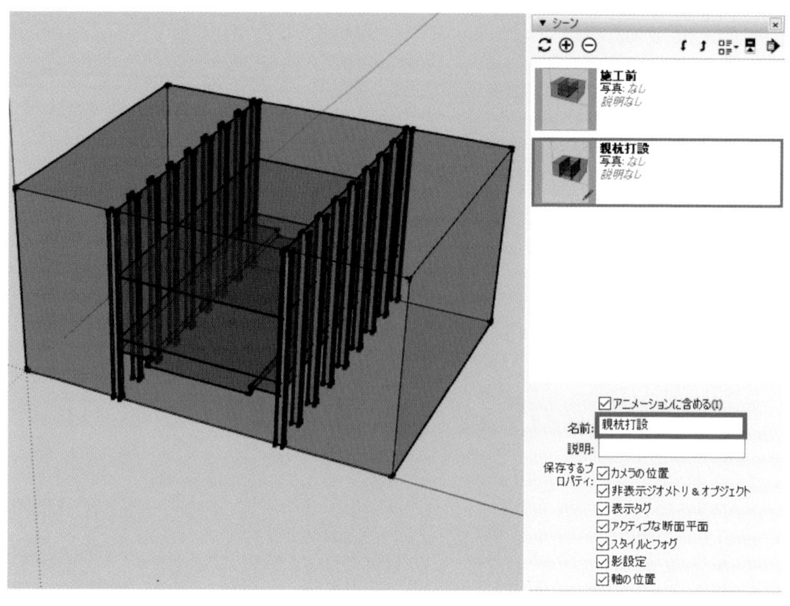

図5－35

次にタグで「掘削 1」を不可視化し、「横矢板 1」を可視化します。
シーンの+記号をクリックし名前を「一次掘削、横矢板設置」とします。

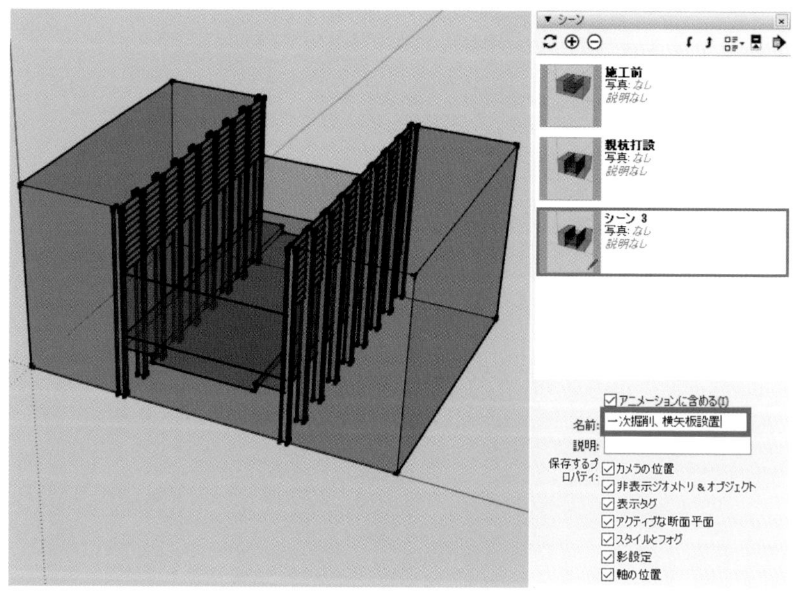

図5－36

次にタグの「山留 1」を可視化し、シーンの+記号をクリックして、名前を「一段梁架設」と入力します。

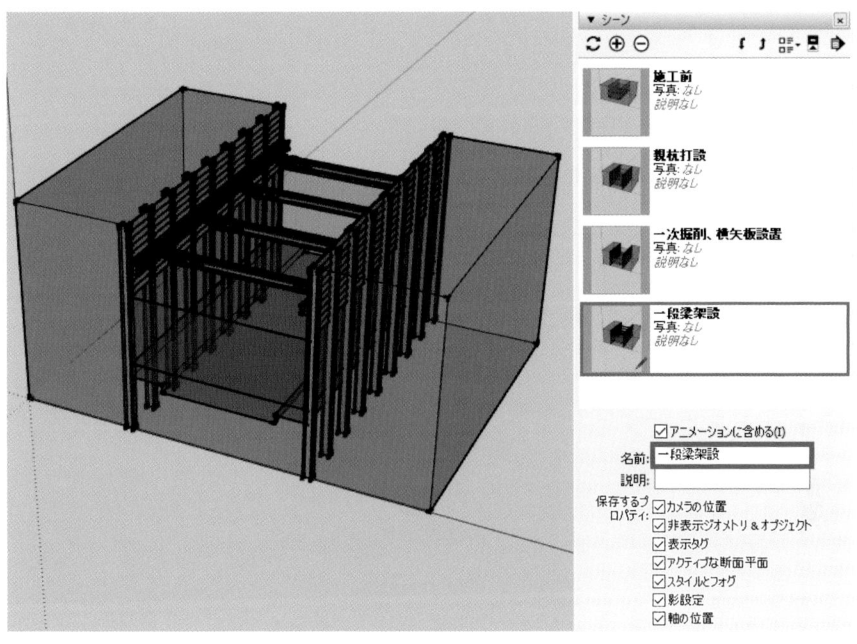

図5－37

次にタグで「掘削 2」を不可視化し、「横矢板 2」を可視化します。

シーンの+記号をクリックして名前を「二次掘削、横矢板設置」と入力します。

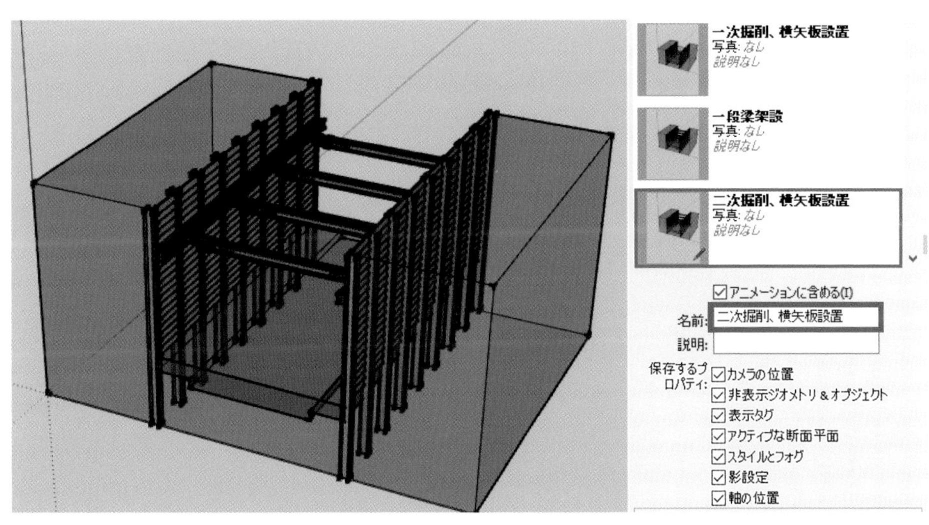

図5－38

次にタグの「山留 2」を可視化し、シーンの＋記号をクリックして名前を「二段梁架設」と入力します。

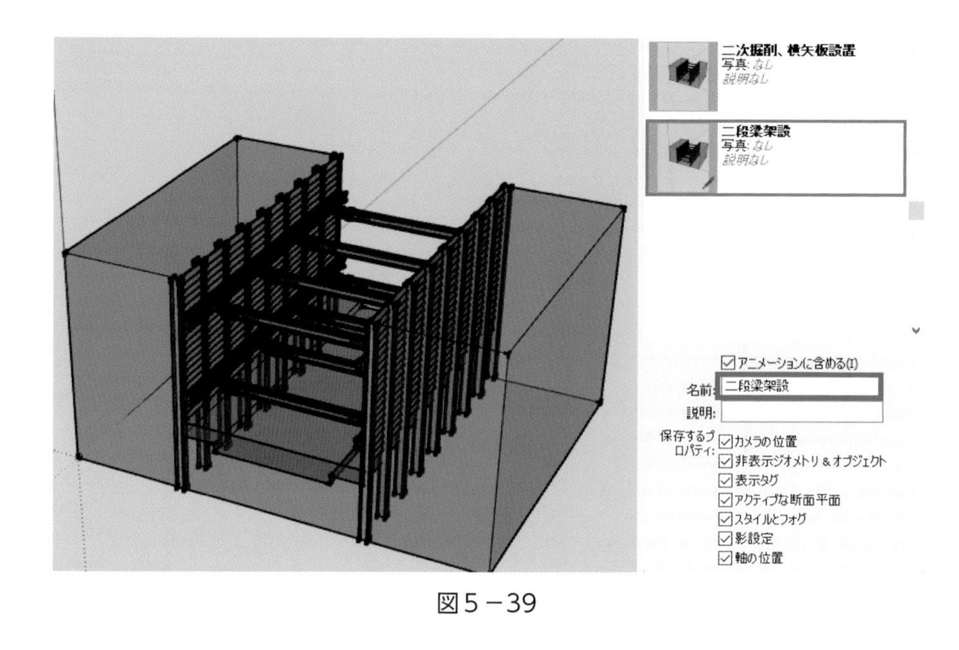

図5－39

次にタグの「掘削 3」を不可視化し、「横矢板 3」を可視化します。続いてシーンの＋記号をクリックし、名前に「三次掘削、横矢板設置」と入力します。

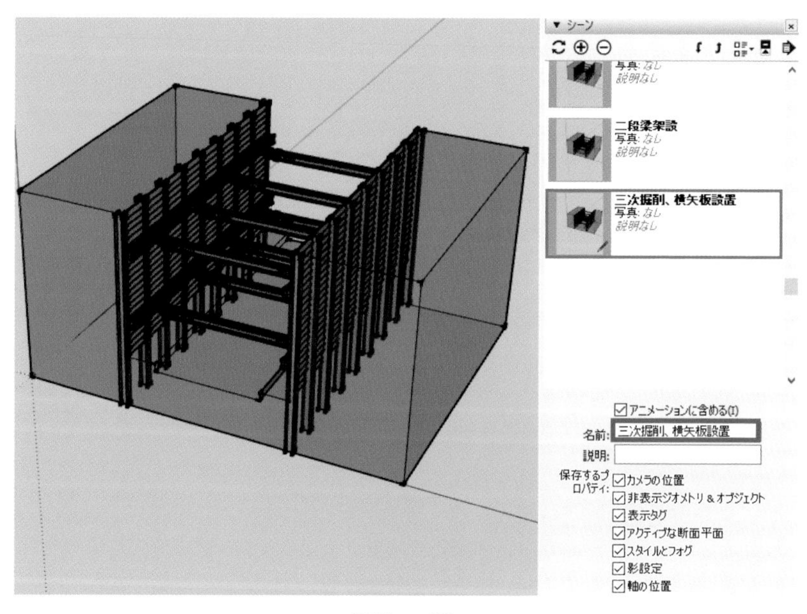

図5－40

作成例Ⅲ

次はタグの「基礎栗石」を可視化し、シーンの+記号をクリック、名前に「基礎栗石工」と入力します。

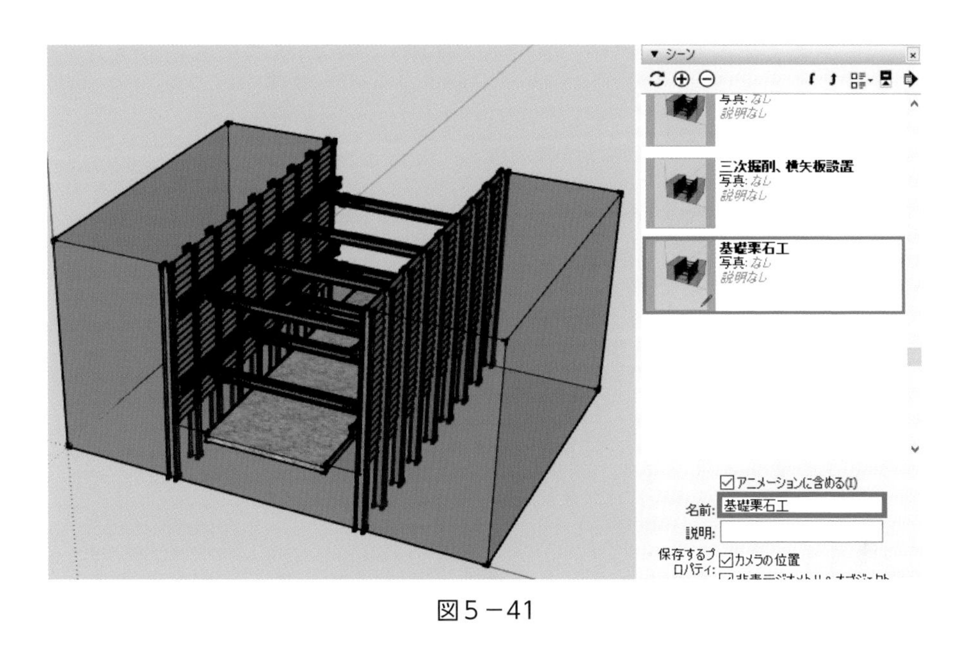

図5－41

引続きタグの「均しコンクリート」を可視化し、シーンの名前を「均しコンクリート工」と入力します。

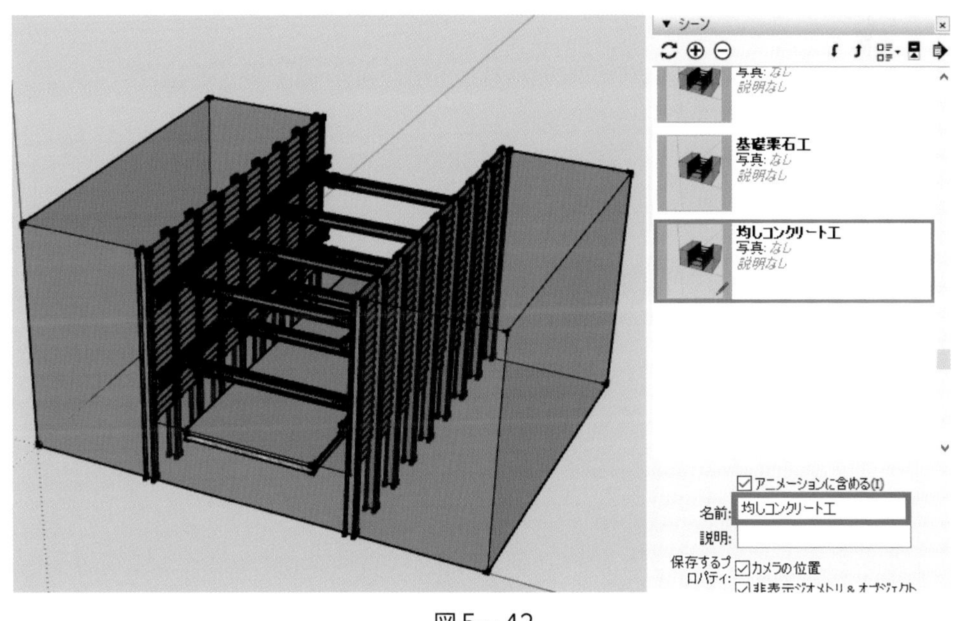

図5－42

作成例Ⅲ

次にタグの「躯体 1」を可視化し、シーンの＋記号をクリックして名前を「躯体下部工」と入力します。

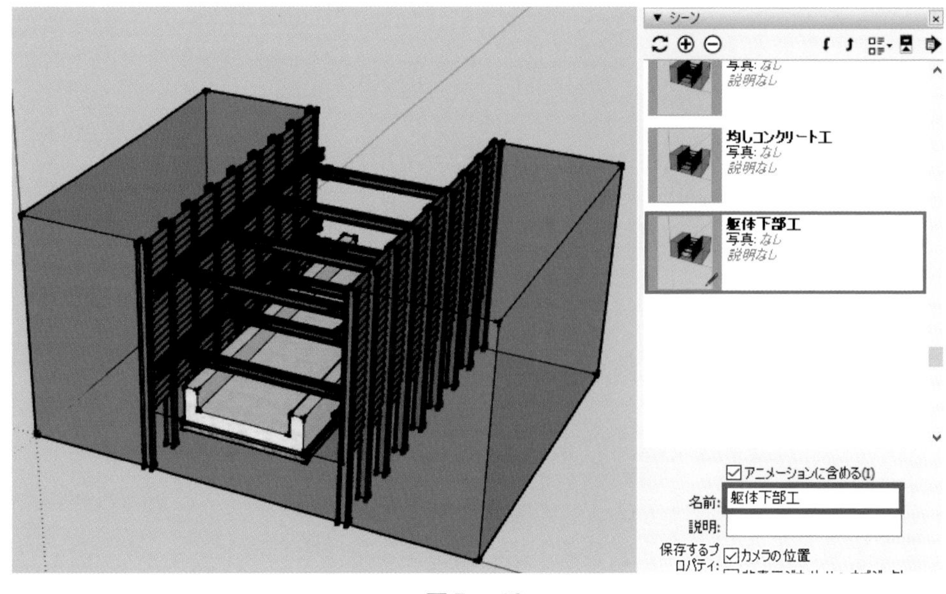

図5－43

次にタグの「横矢板 3」を不可視化し、「埋戻し 1」を可視化します。シーンの＋記号をクリックし名前に「一次埋戻し工、横矢板撤去」と入力します。

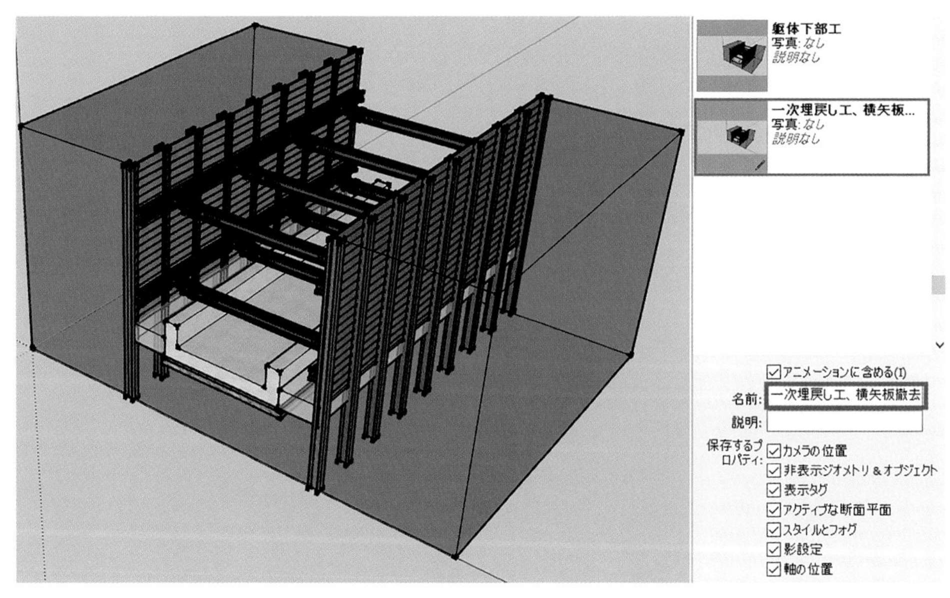

図5－44

次はタグの「山留 2」を不可視化し、シーンを追加して名前に「二段梁撤去工」と入力します。

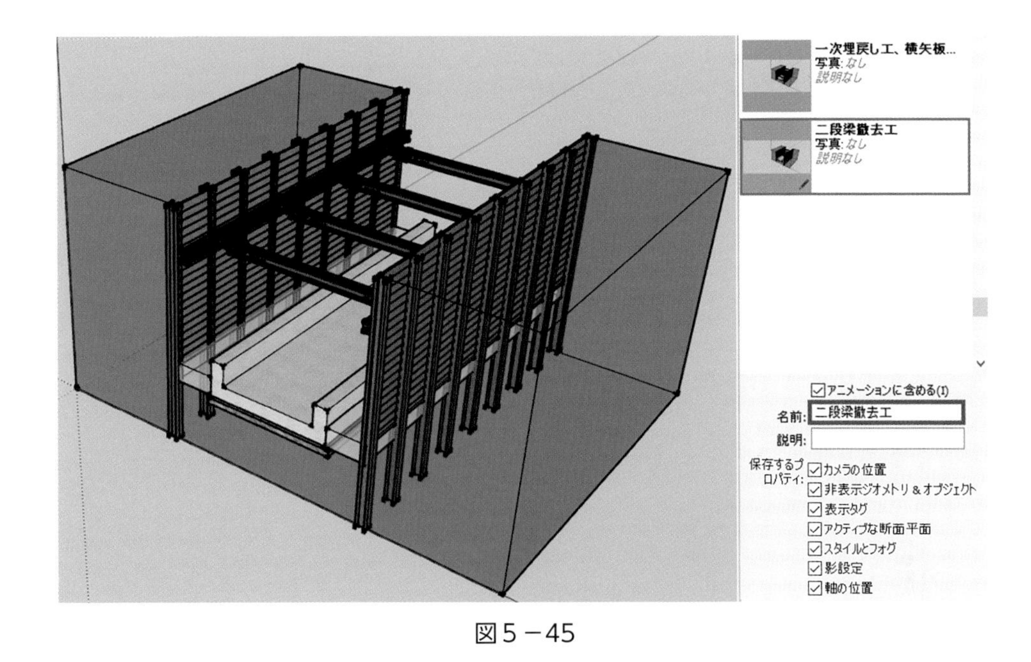

図5 −45

次にタグの「躯体 2」を可視化し、シーンを追加し名前を「躯体上部工」と入力します。

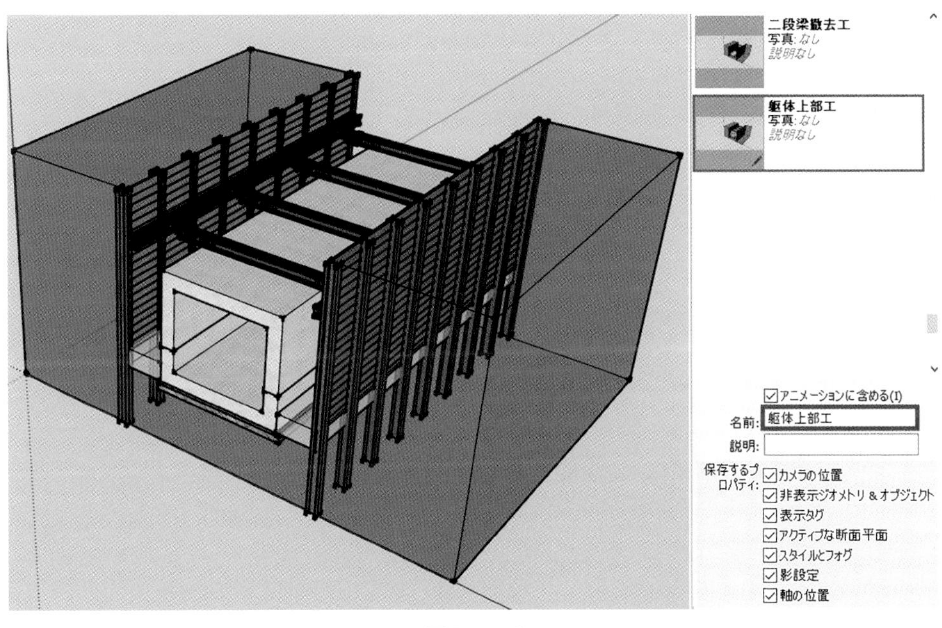

図5 −46

作成例Ⅲ

次にタグの「横矢板 2」を不可視化し、「埋戻し 2」を可視化します。シーンを追加して名前を「二次埋戻し工、横矢板撤去」と入力します。

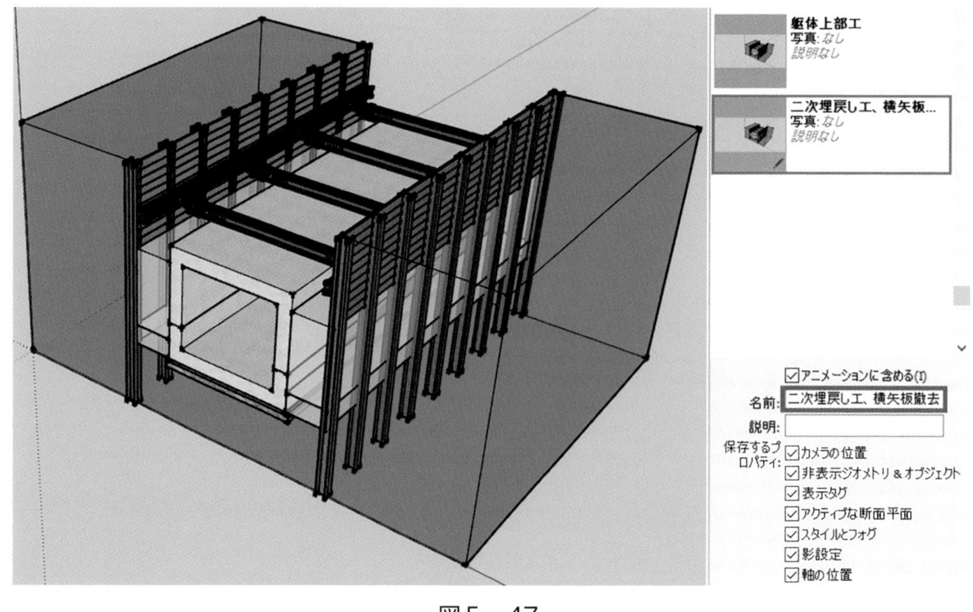

図5－47

次にタグの「山留 1」を不可視化し、シーンを追加して名前を「一段梁撤去工」と入力します。

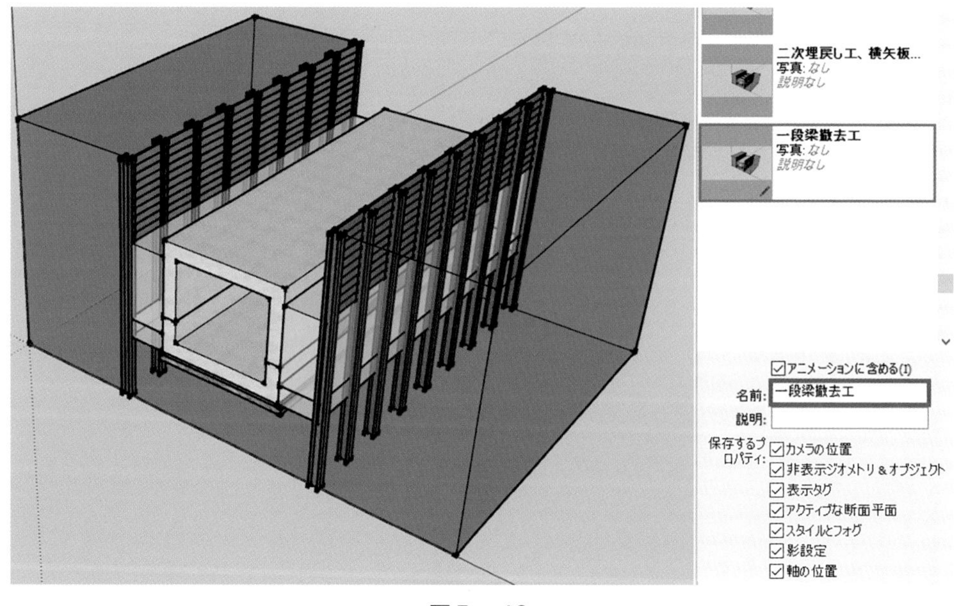

図5－48

作成例Ⅲ

次に「横矢板 1」を不可視化し、「埋戻し 3」を可視化します。シーンを追加して名前を「三次埋戻し工、横矢板撤去」と入力します。

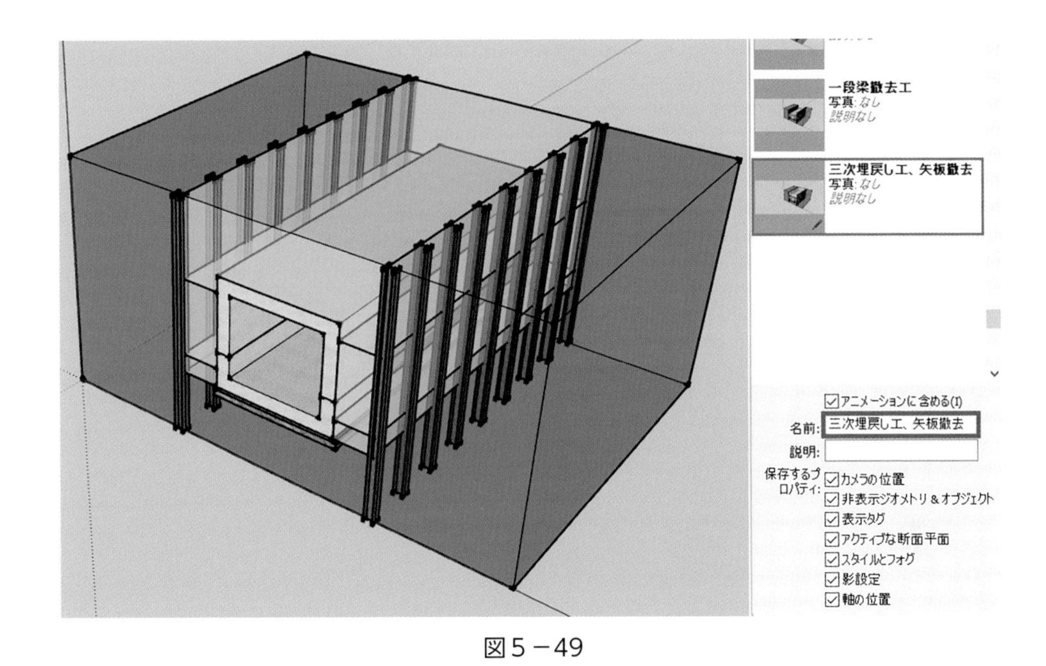

図５－49

次にタグの「親杭」不可視化し、シーンを追加して名前に「親杭引抜工」と入力します。

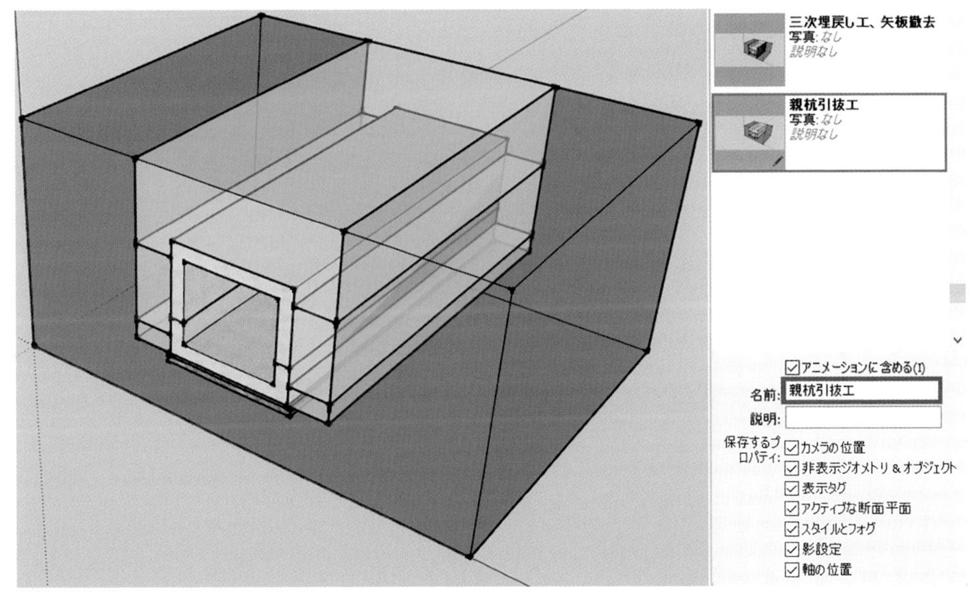

図５－50

作成例Ⅲ

次に図を正面に向けボックスカルバートの断面がわかる位置に調節し、シーンを追加して名前を「完了」と入力します。

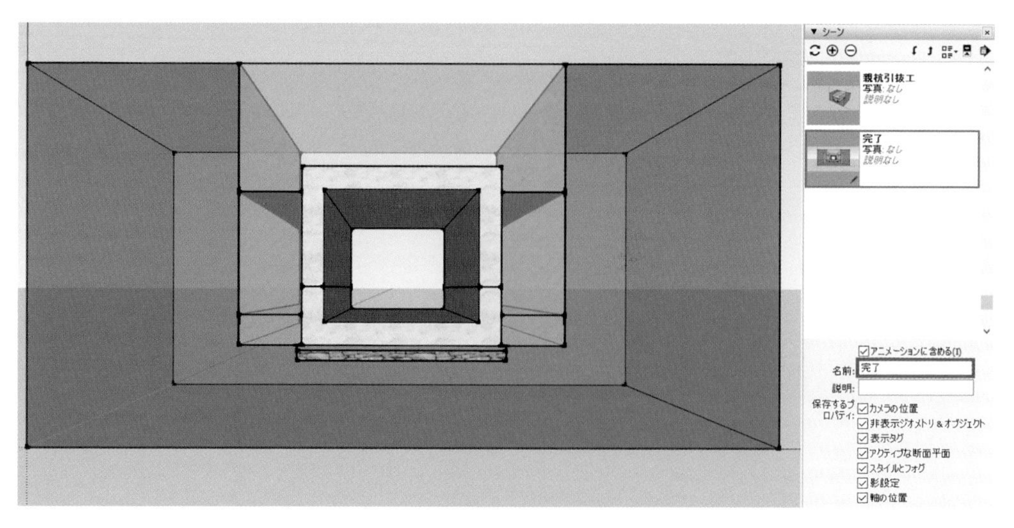

図5－51

次にできあがったボックスの内部に奥まで入ってみましょう。シーンを追加して「ボックスカルバート完成状況」と入力します。

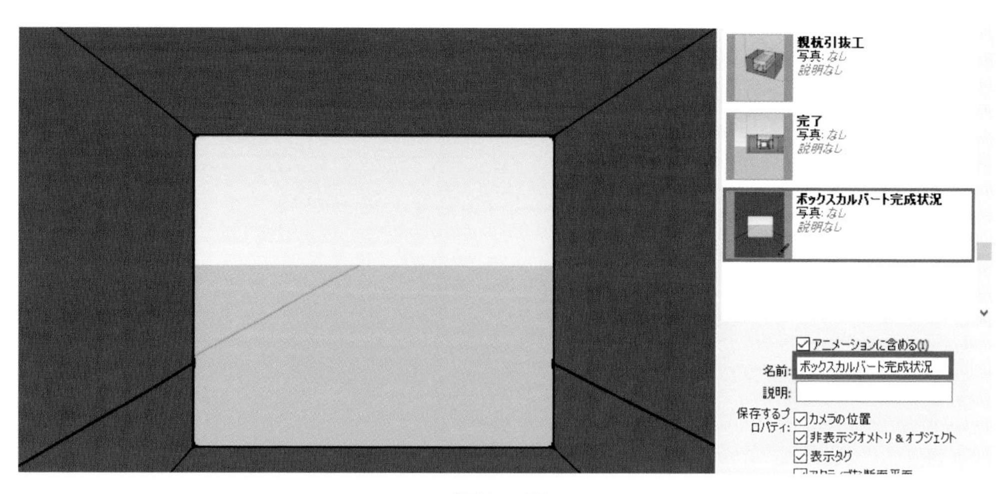

図5－52

次に全体表示ツール で全景を表示し、シーンを追加して名前を「終了」と入力します。

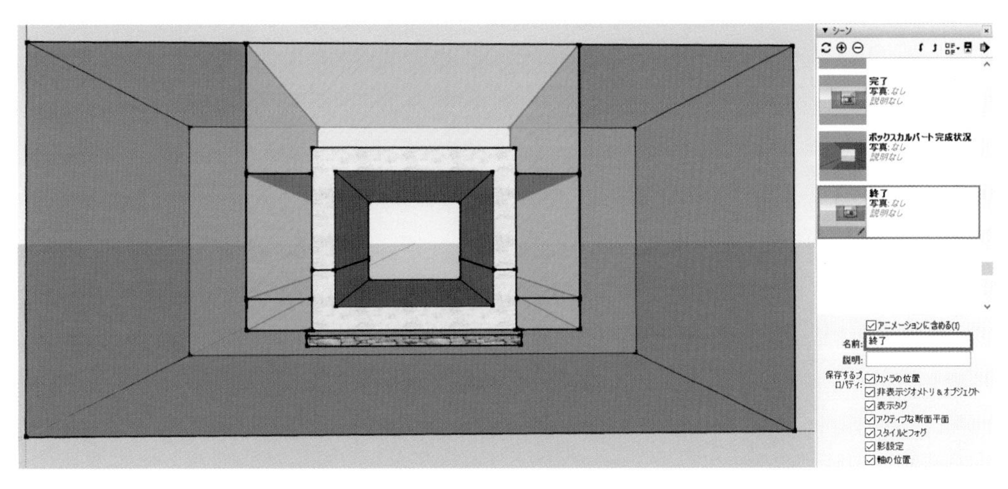

図5－53

※特に強調したい部分などはズームアップしたり、アングルを変えるなどのシーンを加えたりすると効果的です。

これでアニメーションの製作が終了したので、「デフォルトのトレイ」を閉じ、再生して確認しましょう。メニューバーの「表示 (V)」→「アニメーション (N)」→「再生 (P)」を選択して確認します。

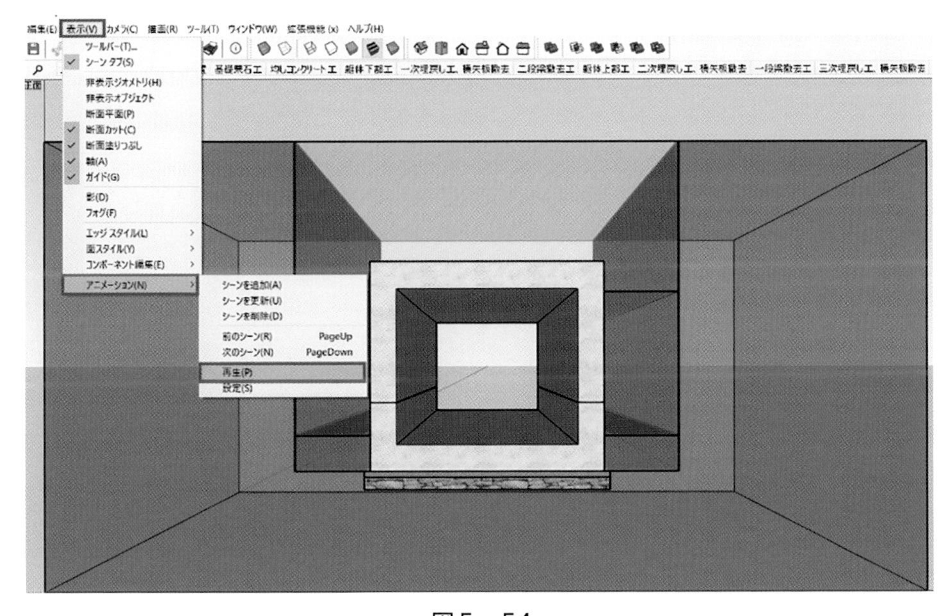

図5－54

アニメーションの動作を調整するには「再生 (P)」の下にある「設定 (S)」を選択します。

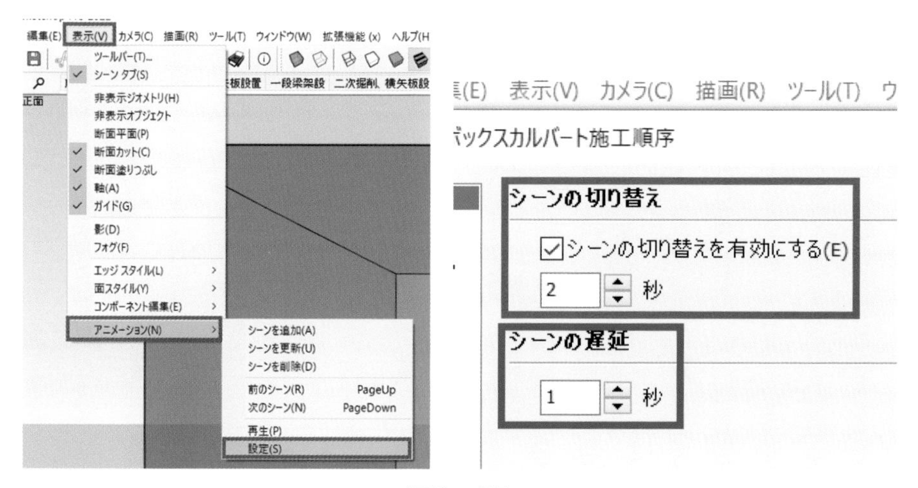

図5－55

「シーンの切り替え」は次のシーンまで移動する時間、「シーンの遅延」はシーンのままで停止している時間を制御できます。

このシーンの機能はプレゼンテーション作成にも役立ちます。上部のアニメーションタブをクリックすることで指定のシーンに移動し、シーンの状況ごとに拡大、縮小、回転などをして画面の詳細を表示させることができます。

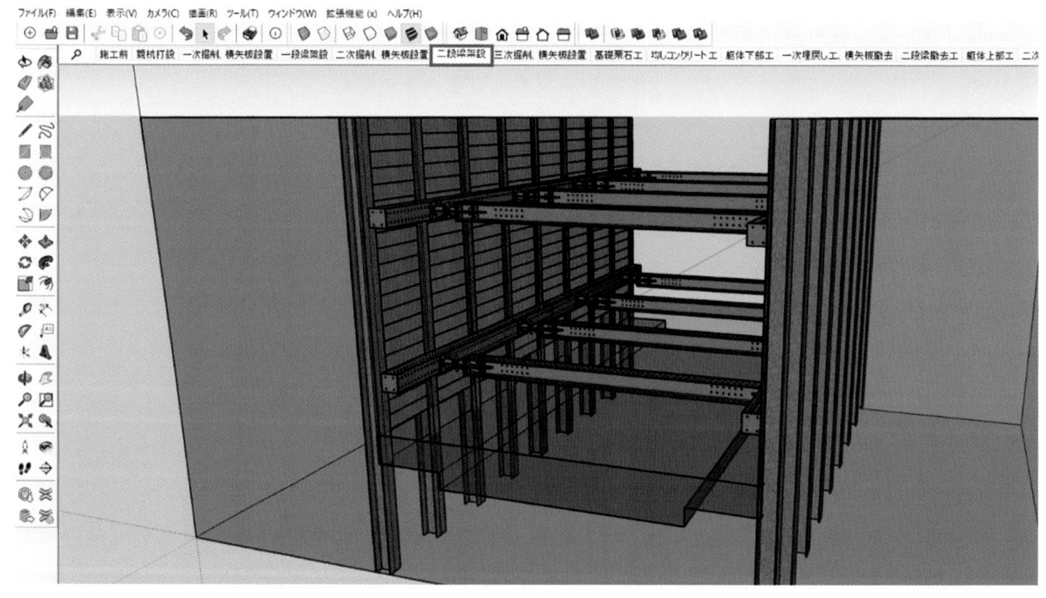

図5－56

SketchUpのアニメーションはビデオファイルにすることができます。
動画化することで、SketchUpをインストールしていない方にも共有することができます。

メニューバーの「ファイル(F)」より、「エクスポート(E)」→「アニメーション(A)」を選択します。

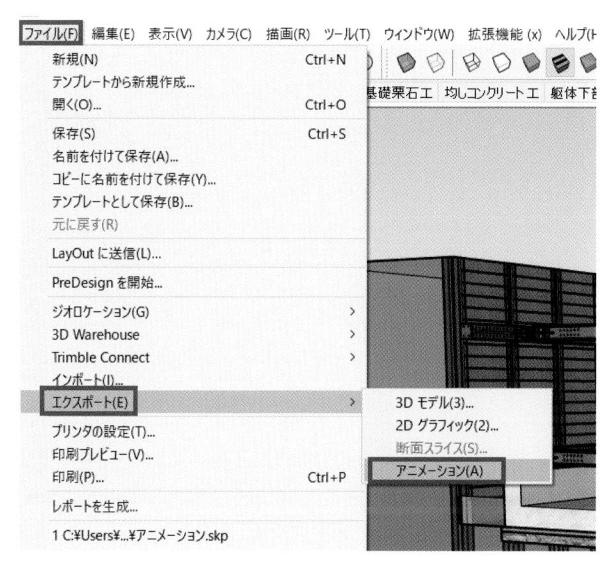

図５－57

ファイルの格納先、ファイル名を確認して「エクスポート」をクリックします。
(「オプション...」ボタンより、解像度などの設定をすることができます)

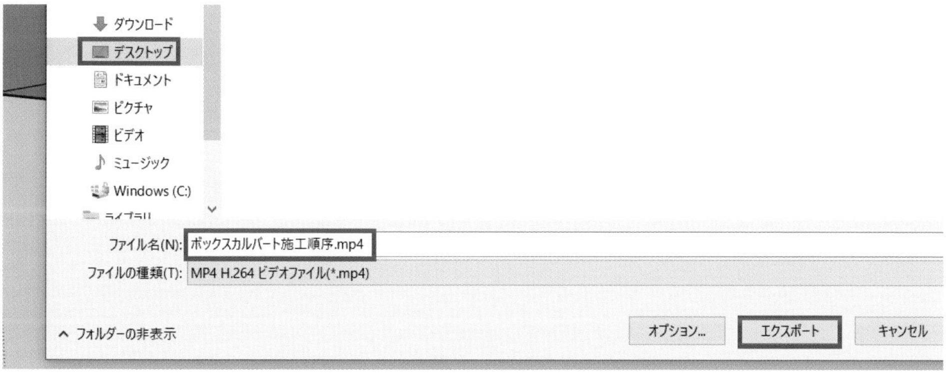

図５－58

エクスポートを行う際、多少時間がかかりますが(このファイルで2分程度)mp4形式の動画ファイルが形成されます。

こんなこともできます2

最初の出前講習会で教えた新入社員のＨ君は現場が変わるたびに、新しい仕事の施工計画をアニメーションで送ってきます。こんな将棋ゲームまで送付してきました。もちろん成金機能もあります。

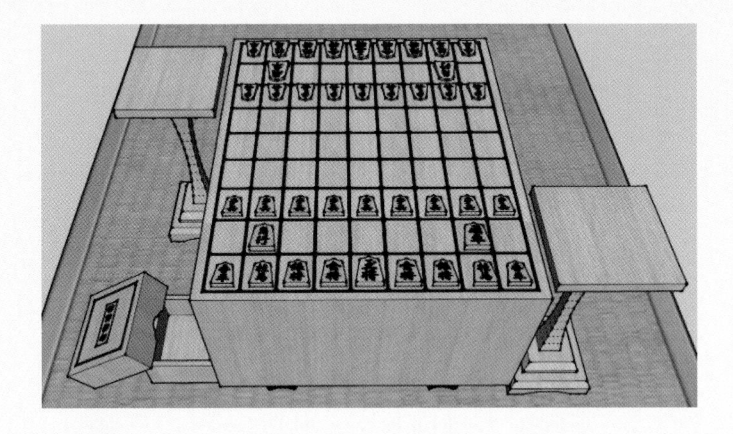

第6章
作成例Ⅳ（高架橋をつくる）

作成例Ⅵ（高架橋をつくる）

6-1　基礎杭

地中梁底面の左下を原点として作成を行います（付録：図面⑥参照）。

左下の基礎杭の中心は（900,900）なので、ガイドラインで表示し、できた交差部分を中心に半径『650』で円を描き、プッシュ / プルツールで『36500』下方に引き伸ばします。

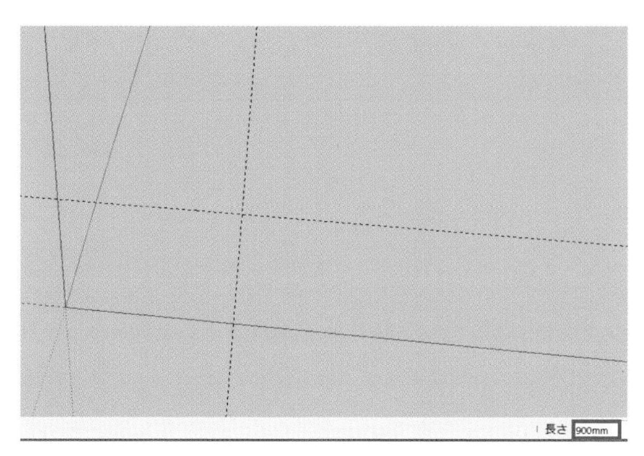

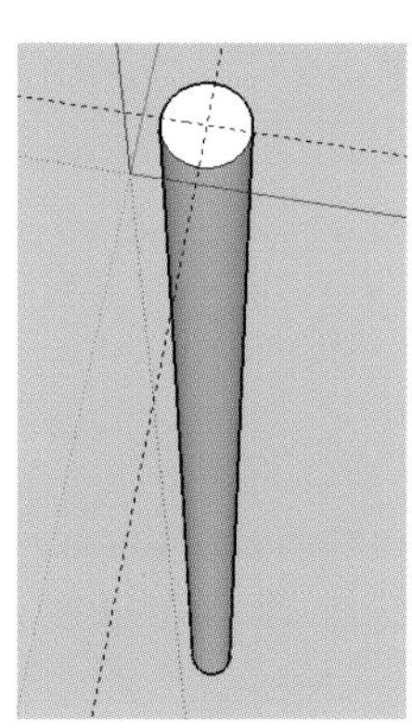

図6－1

通常基礎杭のコンクリートは100㎜程度地中梁にラップするので、上部を『100』上方に引き伸ばします。できあがった基礎杭全体をトリプルクリックして、コピーモードの移動ツールで緑軸奥方向に『3600』コピーし、コピー数2本なので『x2』と入力してEnterキーを押します。

この3本全体を選択ツールで範囲指定し、赤軸右方向に『12000』間隔で4セットコピー（x4）します。

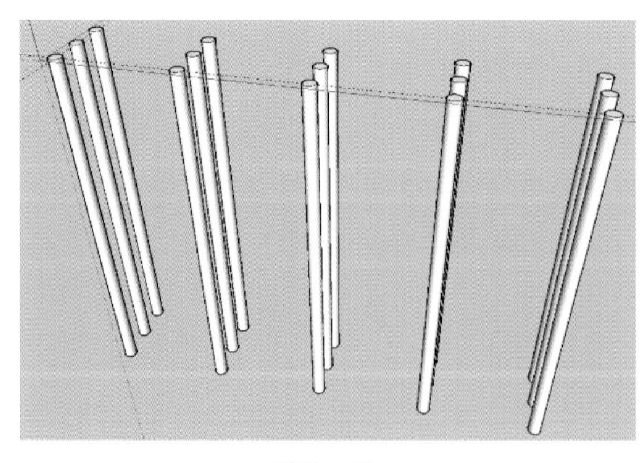

図6－2

全体を範囲指定してグループにします。タグツールをクリックしてタグの追加ボタンを押し、「基礎杭」という名前で新しいタグを作成してこのグループにしたモデルにタグ付けます。

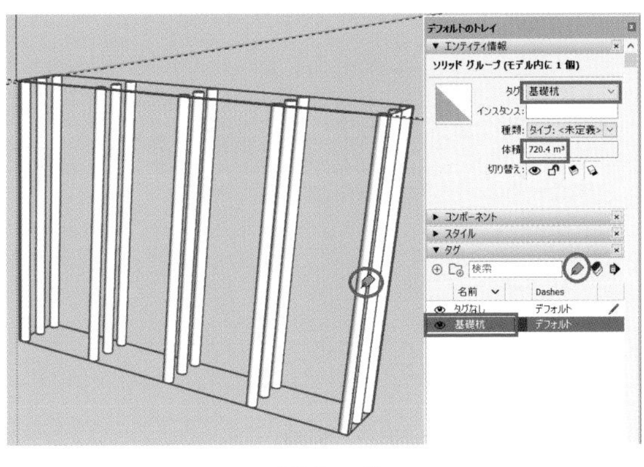

図6－3

エンティティ情報のタグ名や、体積が表示されたことを確認します。

6-2　地中梁

「基礎杭」のタグを不可視化にし、基礎杭作成に用いたガイドラインを削除します。

1,800㎜×9,000㎜×1,400㎜の直方体５個と49,800㎜×700㎜×1,400㎜の直方体３個の組み合わせでできていると考えて作図します。

まず、図６－４の上段のように原点から『1800,9000』の長方形を作り、上方に『1400』引き伸ばして『12000』ピッチで赤軸上右側に４個コピー（x4）します。

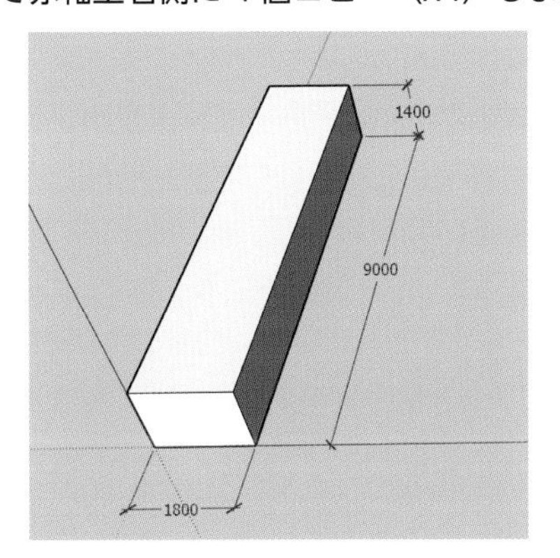

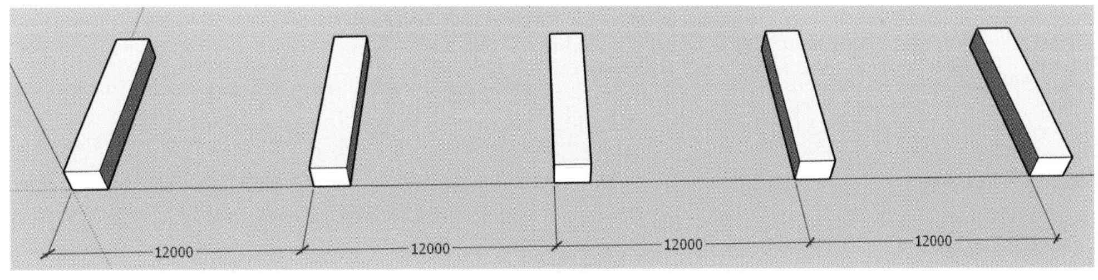

図6－4

全体を指定して、グループにします。

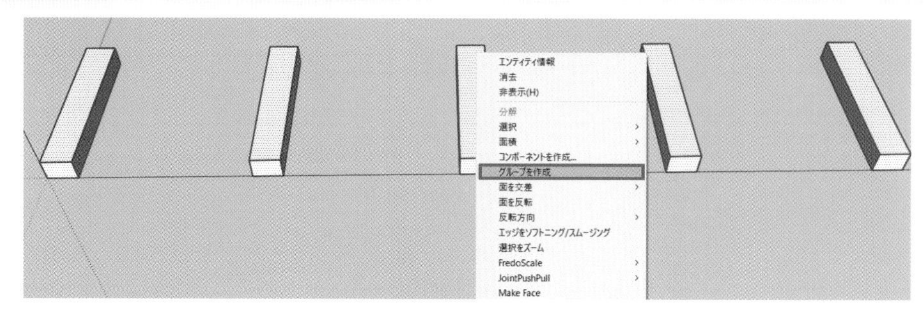

図６－５

これと干渉しないスペースで、49,800㎜×700㎜×1,400㎜の直方体を作成し、緑軸方向に『3600』ピッチで２個コピー（x2）します。

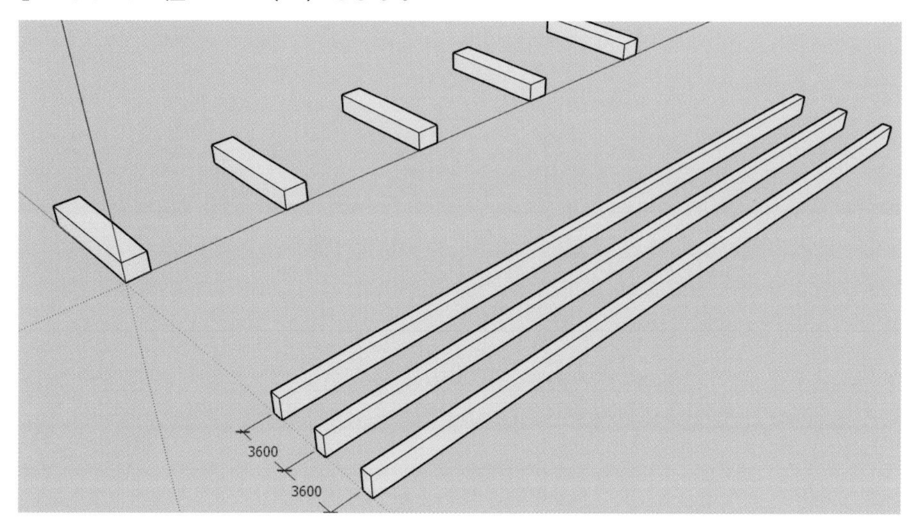

図６－６

全体を指定して、グループにします。

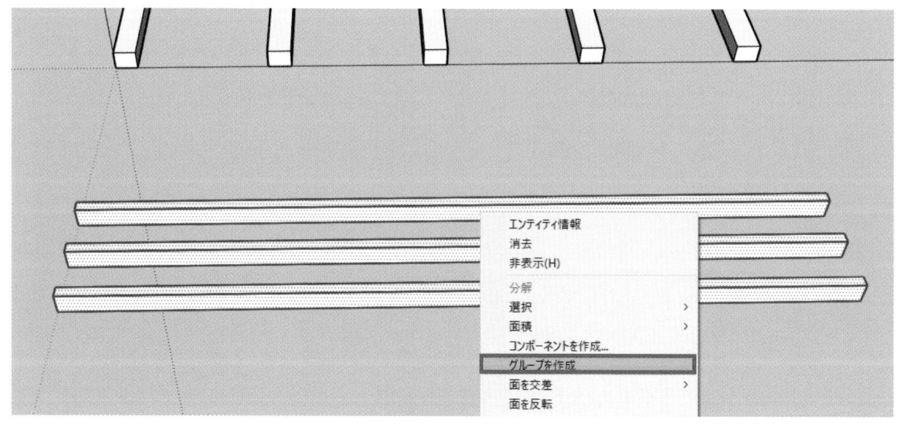

図６－７

最初に作成した直方体の上面左端に、端部より『550』の位置にガイドラインを引きます。

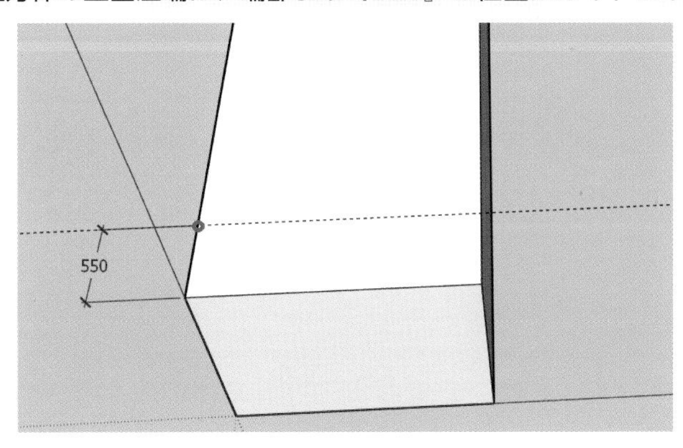

図6－8

このガイドラインとの交差部分（赤いポイント）に接するように、もう一方の直方体群を移動します。

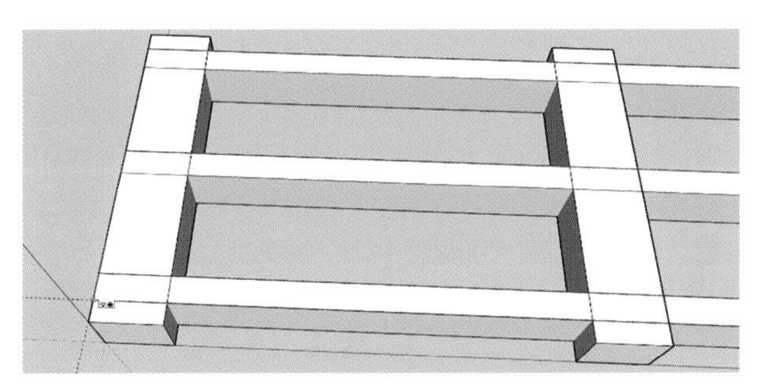

図6－9

これで形はできあがりましたが、交差部分が重なり合っているので、これを解消するために全体を指定してソリッドツールの中の「外側シェル」を指定します。

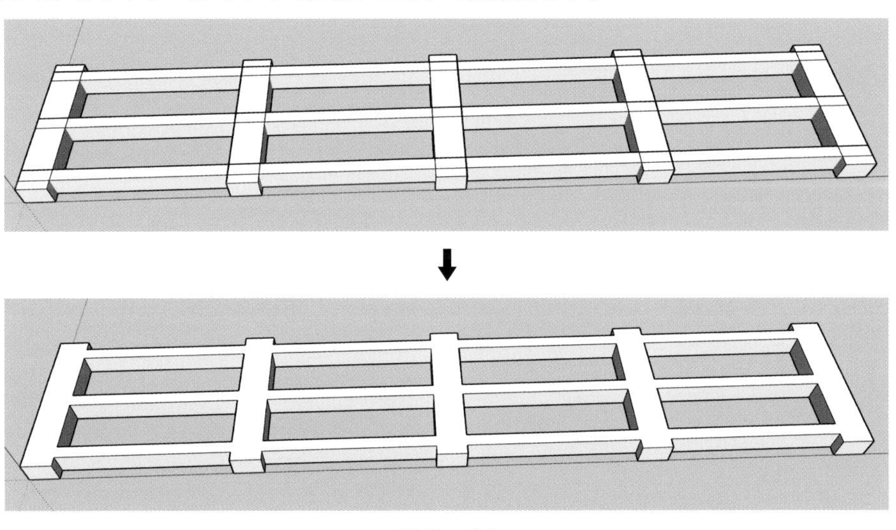

図6－10

完成後さらに基礎杭を可視化し、ソリッドツールのアイコン群より「トリム」を選択して、最初に基礎杭、次に地中梁を指定し、基礎杭ラップ部分を控除します。

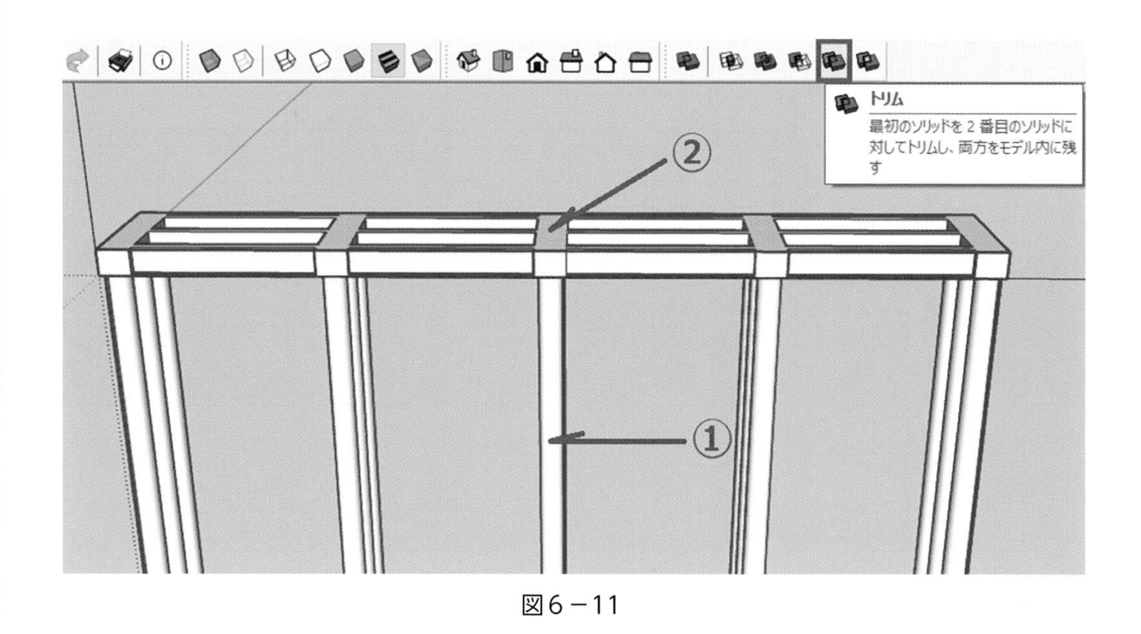

図6－11

ソリッドツールを使用した際などに、コンポーネントやグループが「ソリッドではありません」と表示されることがあります。これはコンポーネントやグループが二重になっている、Stray Edges（浮遊エッジ）、Surface Borders（表面に境界）、Face Holes（面に穴）、Internal Face Edges（内部に面）、Short Edges（エッジが短く面がはれていない）、Nested Instances（オブジェクトを含む）、Reversed Faces（面が反対）などが欠陥の原因ですが、その原因を見つけにくい時もあります。そんな時、Extension Warehouse から入手できるフリーのプラグインソフト「Solid Inspector[2]」が便利です。原因を表示して大部分は自動修復してくれます。

ラージツールセットから「Extension Warehouse」を選択します。
（メニューバーの「拡張機能 (x)」からでも選択できます）

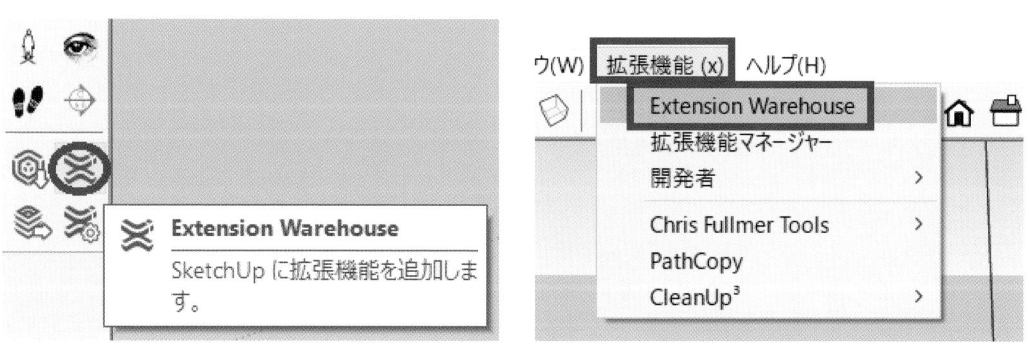

図6－12

検索欄に「solid Inspector」と入力して検索してダウンロードができます。

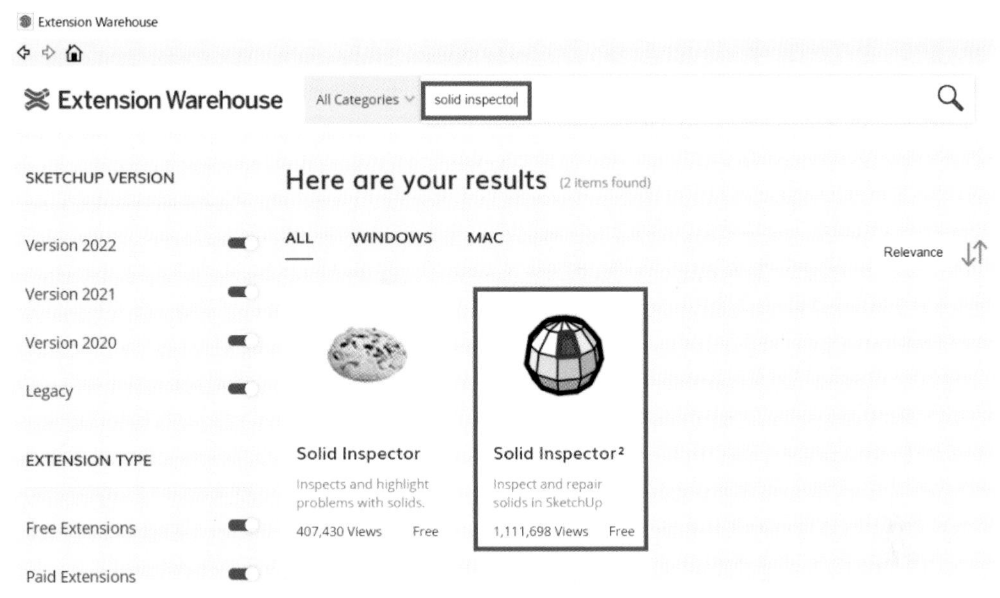

図6－13

「基礎杭」を不可視化し、地中梁下面が見えるアングルにして基礎杭の 100㎜分が控除されていることを確認します。

新しいタグ「地中梁」を作成し、このモデルを「地中梁」にタグ付けをします。

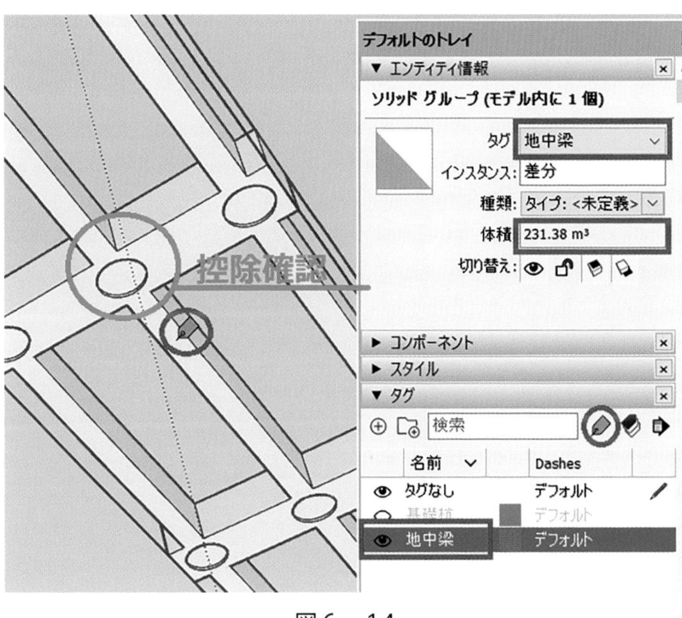

図6－14

6-3　基礎砕石、均しコンクリート

「地中梁」のタグを不可視化し、地中梁作成に用いたガイドラインを削除します。

基礎砕石と均しコンクリートは、地中梁の部材平面より縦横 100㎜広く、厚さは基礎砕石が200㎜、均しコンクリートが 100㎜です。

原点より地中梁の 1 ブロックの平面を描き（図 6 －15 の左図）オフセットで『100』拡大します。

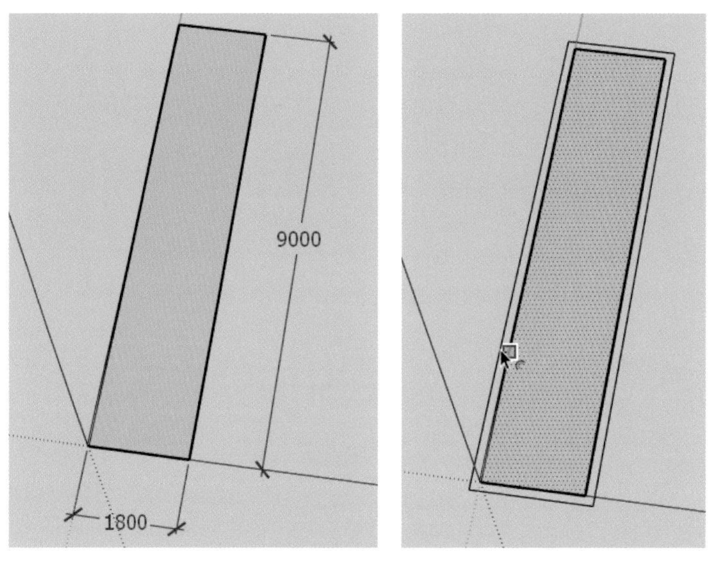

図6 －15

内側の線を消去すると地中梁より縦横 100㎜大きいモデルができあがるので、プッシュ / プルツールで『200』上方に引き伸ばします。

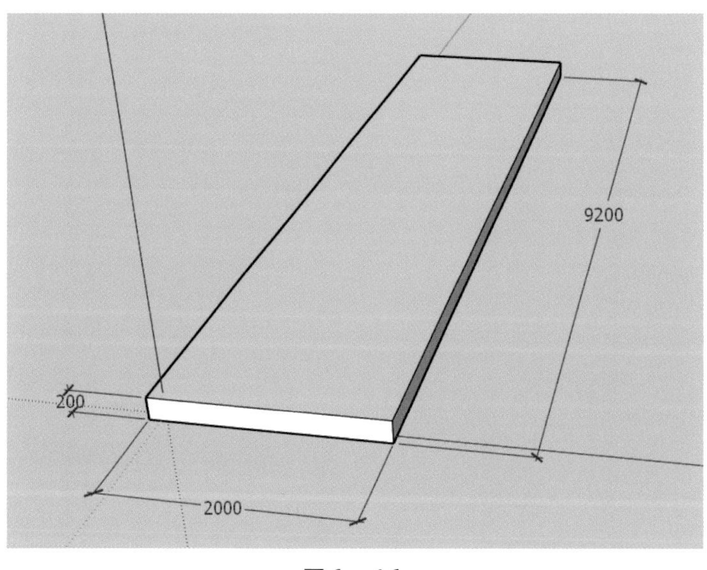

図6 －16

全体を指定し、移動ツールをコピーモードにして赤軸方向右側に移動させ『12000』と入力後、Enter キーを押します。さらに『x4』と入力して Enter キーを押します。

作成後、全体を指定してグループにします。

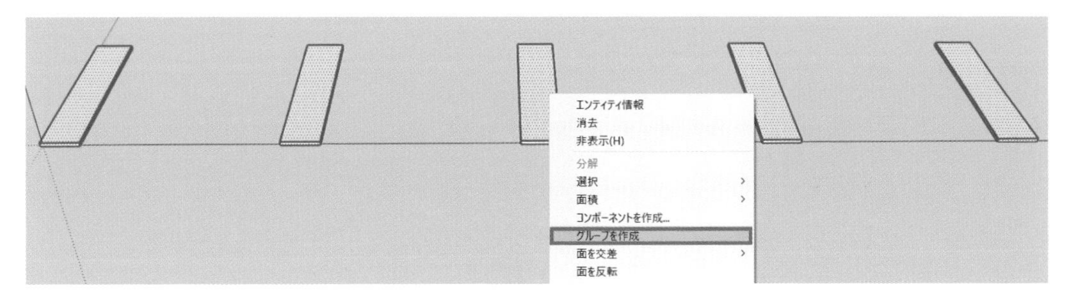

図6－17

縦梁部も同様に作成します。作成した横梁部のモデルと干渉しないスペースに『49800,700』の長方形を描き、オフセットツールで『100』外側に拡大します。内側の線を消去して、プッシュ / プルツールで『200』上方に引き伸ばします。

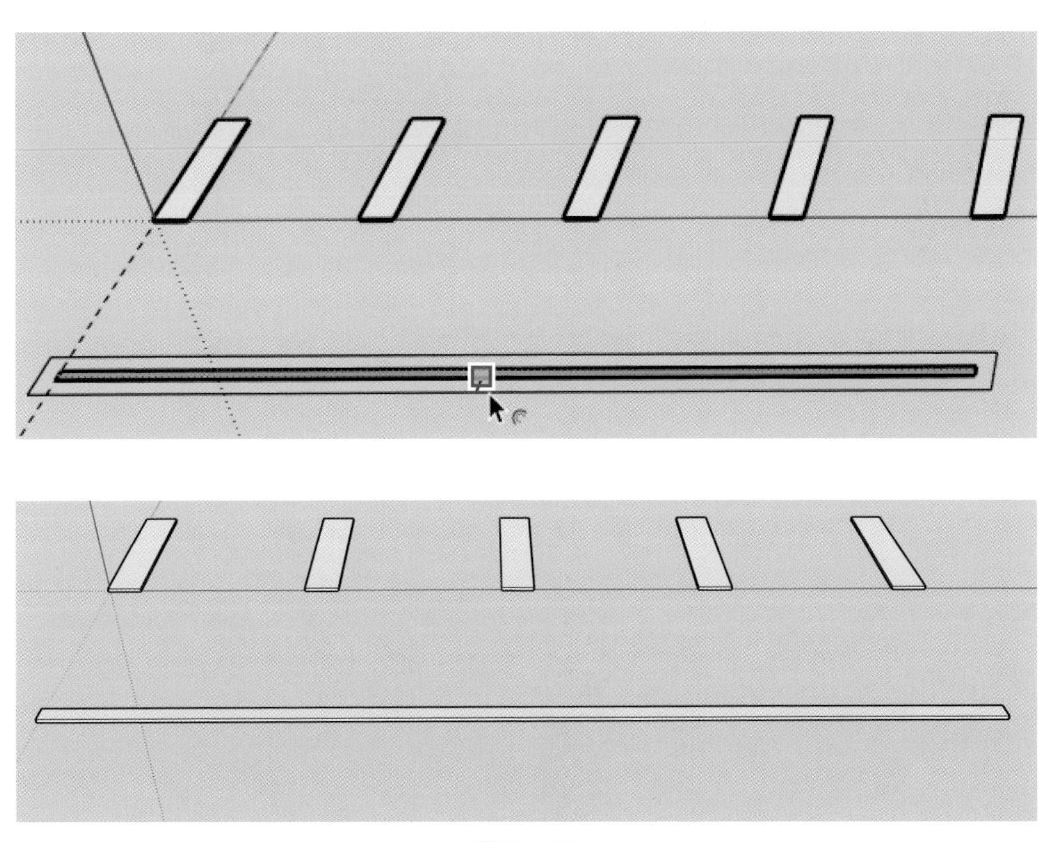

図6－18

作成した縦梁部を指定して緑軸方向に『3600』ピッチで２個コピー（x2）します。

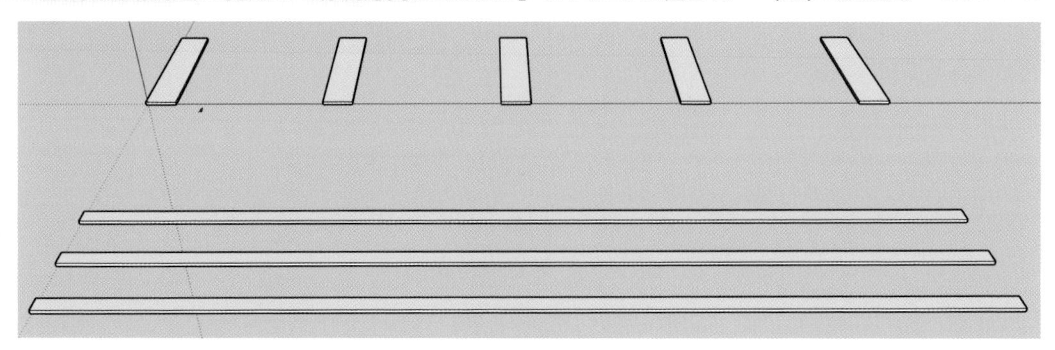

図6 −19

縦梁部全体を指定してグループにします。

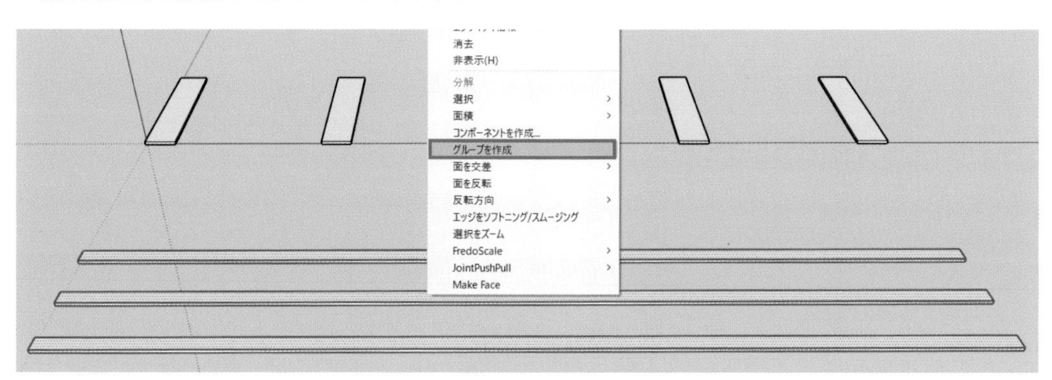

図6 −20

横梁左端部上面の手前から『550』の位置にガイドラインを引きます。

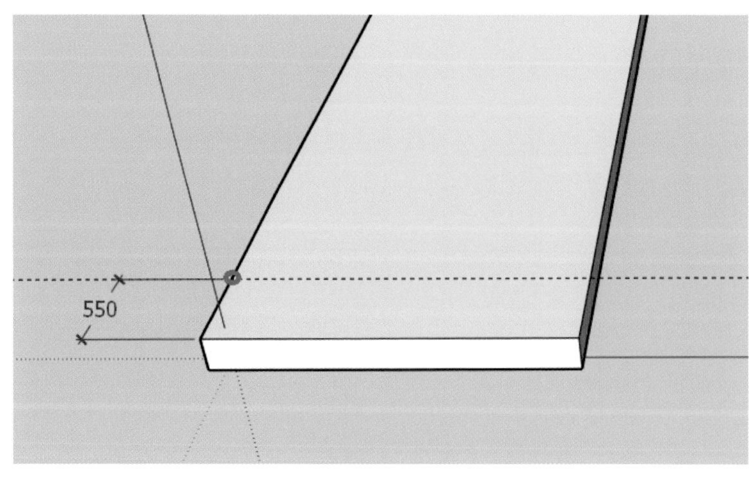

図6 −21

縦梁部の左下側の上面端部を移動ツールでクリックし、このガイドポイントに合わせて移動します。

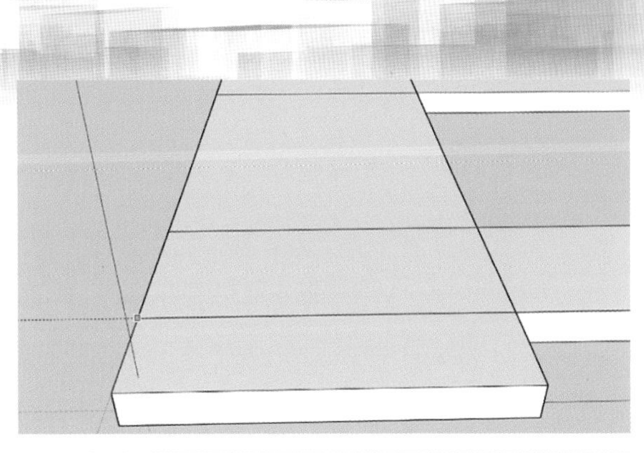

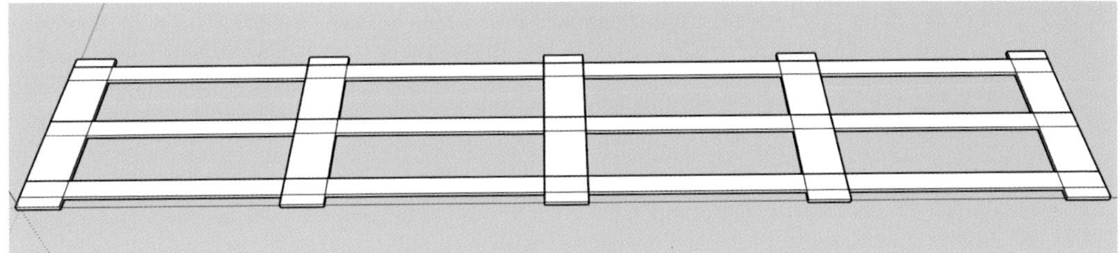

図6－22

ラップしている部分を解消するために全体を指定して、ソリッドツールの中の「外側シェル」を選択します。

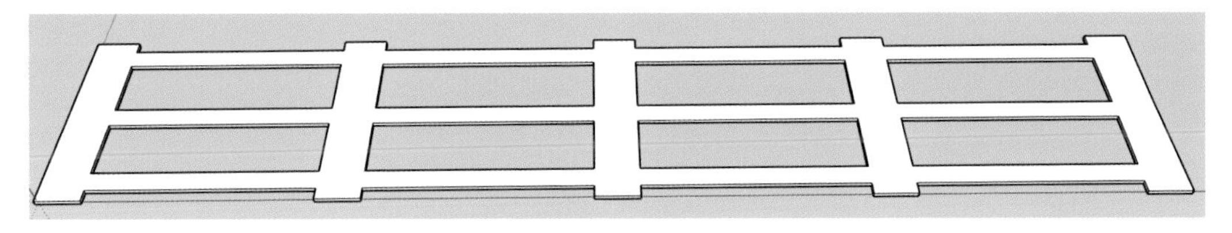

図6－23

この基礎砕石天端は現在原点より 200㎜上にありますが、実際の位置は－100㎜であるため移動ツールで『300』青軸に沿って下方へ下げます。

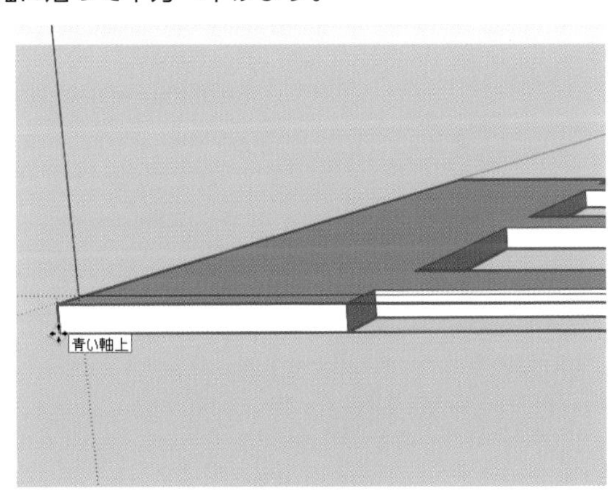

図6－24

基礎杭を可視化して、ラップ部分をトリムします。

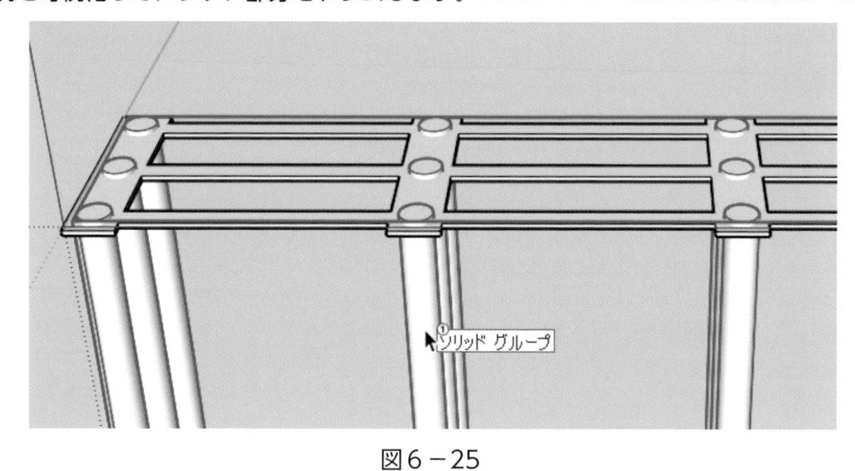

図6 －25

基礎杭のタグを外すと図6 －26 のようにできあがります。

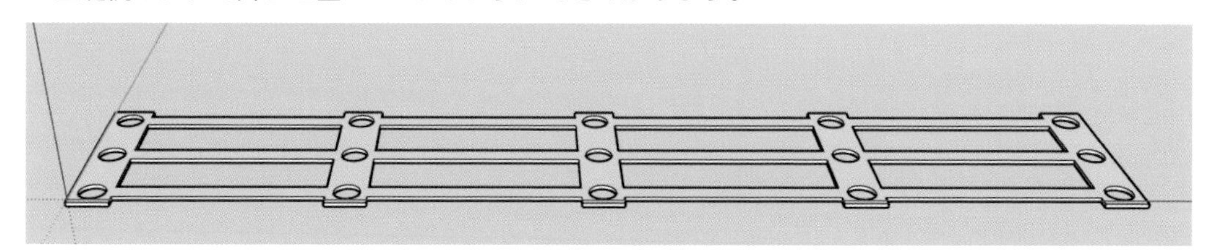

図6 －26

次に均しコンクリートとして基礎砕石の直上にコピーします。

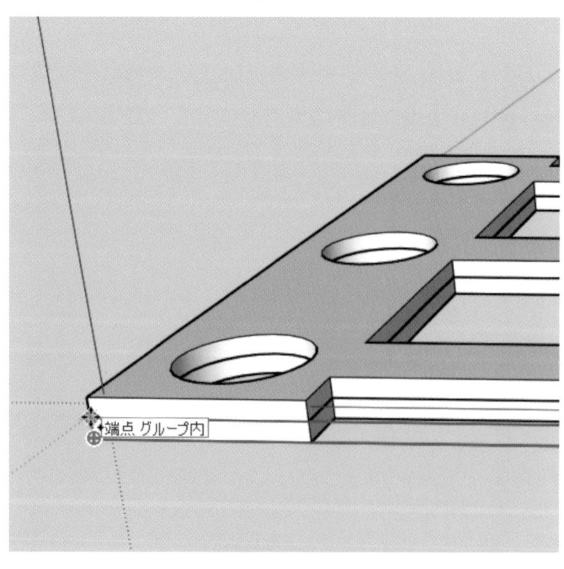

図6 －27

コピーしたモデルを厚みが 1/2 になるよう縮尺ツールで中央のグリップを下方に移動し『0.5』を直接入力し Enter キーを押します。

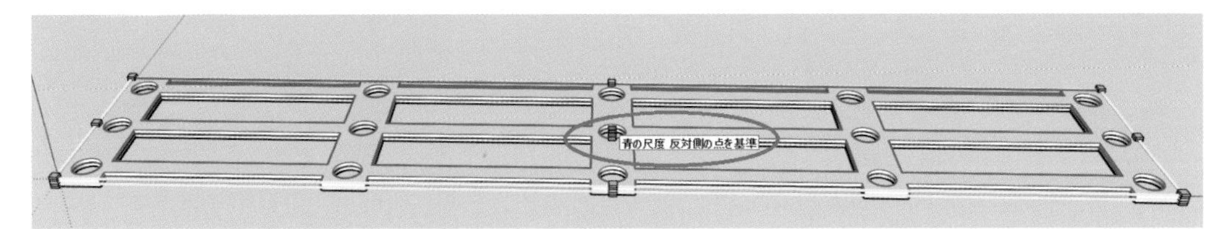

図6 －28

新しく「基礎砕石」と「均しコンクリート」のタグを作成し、それぞれのモデルをタグ付けします。

6-4　柱

地中梁のタグのみ表示します。

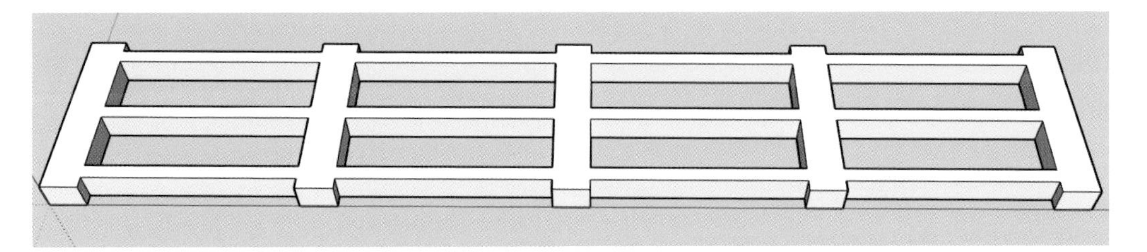

図6 －29

地中梁上の左下の柱芯をガイドラインで表示します。

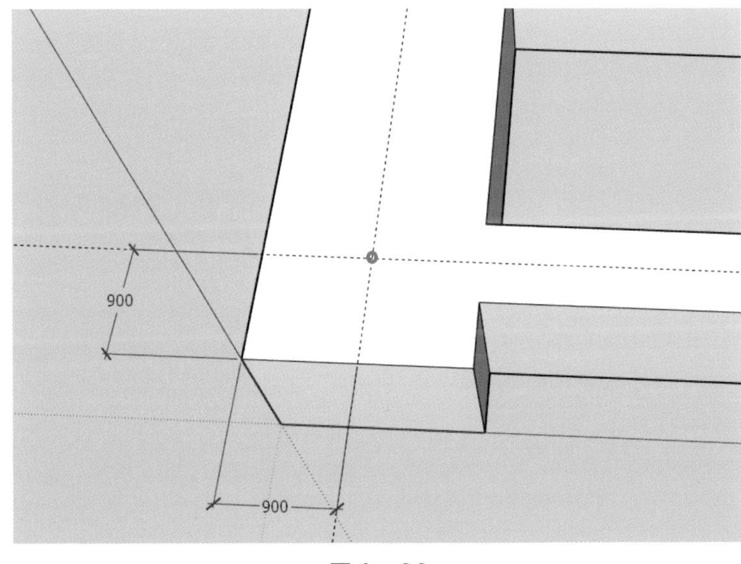

図6 －30

柱は全て700㎜×700㎜の断面なので、長方形ツール＋Ctrlキーで交差部分をクリックし、『700,700』と直接入力しEnterキーを押します。

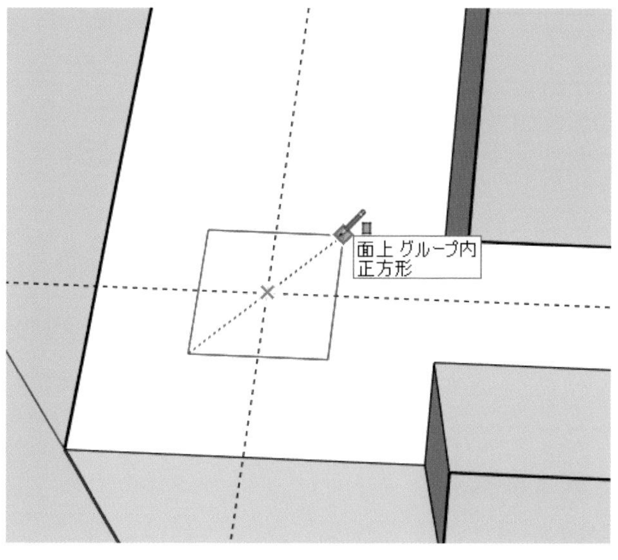

図6－31

柱天端はスロープ部で勾配があるため全て寸法が異なるので余裕をみて『6000』上方に引き伸ばします（付録：図面⑤参照）。

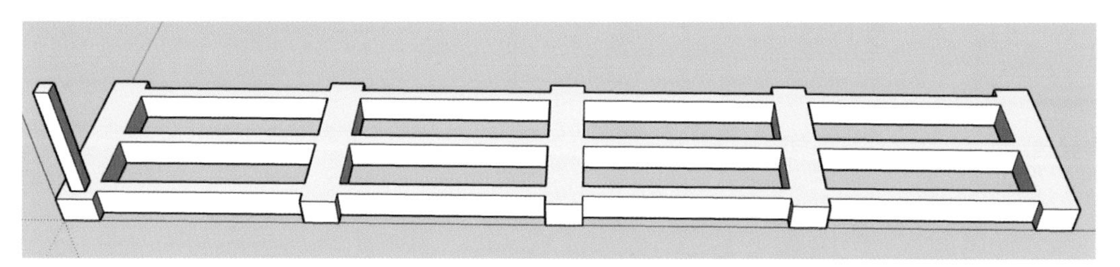

図6－32

柱をトリプルクリックで選択し、移動ツール＋Ctrlキーで赤軸に沿って右側に移動し、『12000』を直接入力しEnterキーを押します。さらに『x4』を直接入力し、Enterキーを押します。

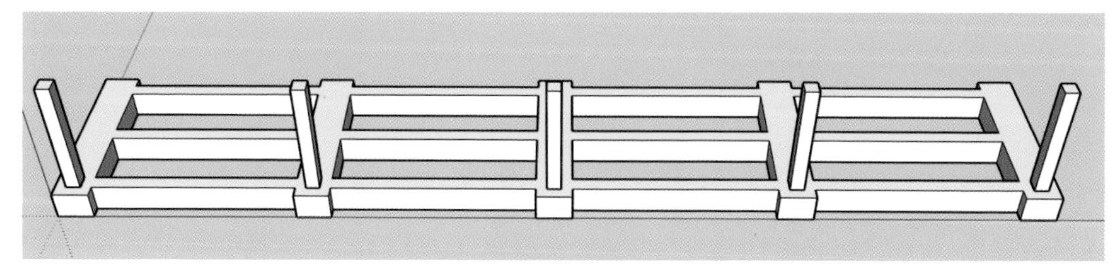

図6－33

両端の柱センターにガイドラインを引きます。

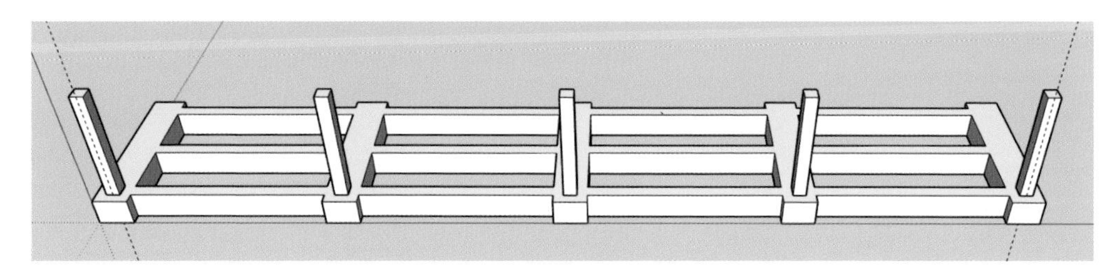

図6－34

左の柱は地中梁付け根から『4400』、右の柱は『5600』のところにガイドポイントを作ります。このガイドポイントをつなぐガイドラインを引きます（スラブ天端高）。

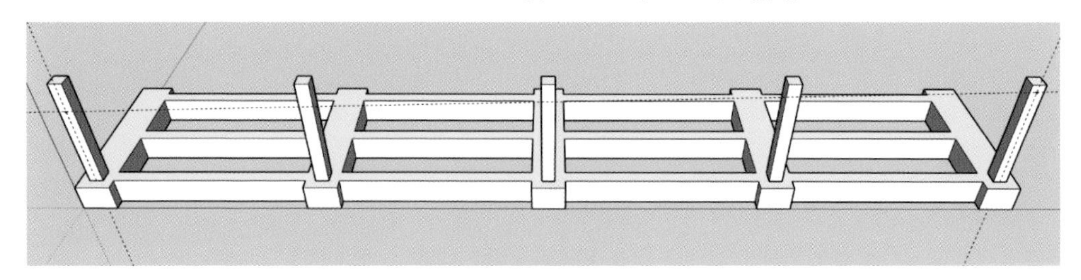

図6－35

このガイドラインに平行するガイドラインを『1600』下がり（中央3本の柱天端）、『1900』下がり（両端2本の柱天端）の2本を引きそれぞれ該当する柱天端にガイドラインに沿って実線を描きます。

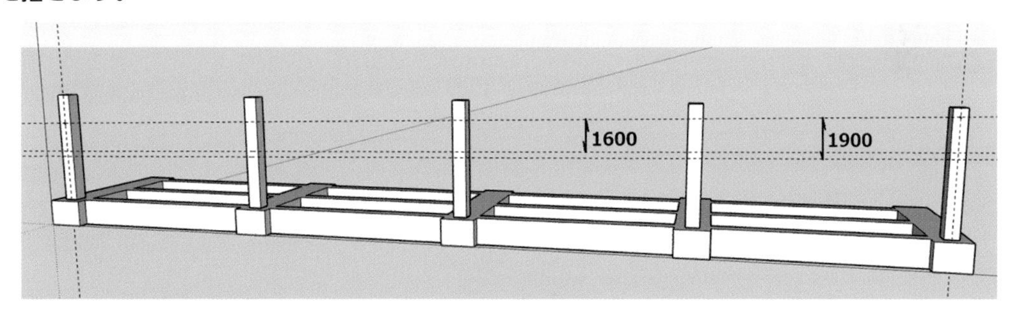

図6－36

●注意ポイント

交差部分同士を確実につなぎます。

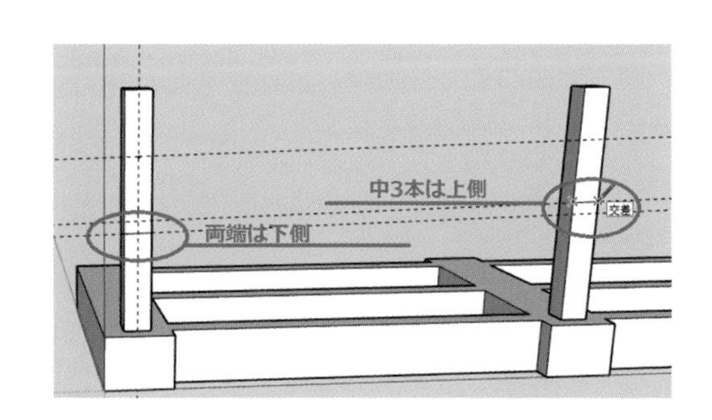

作成例Ⅳ

実線を引いた上部をプッシュ / プルツールでオフセットの限界まで押し抜きます。

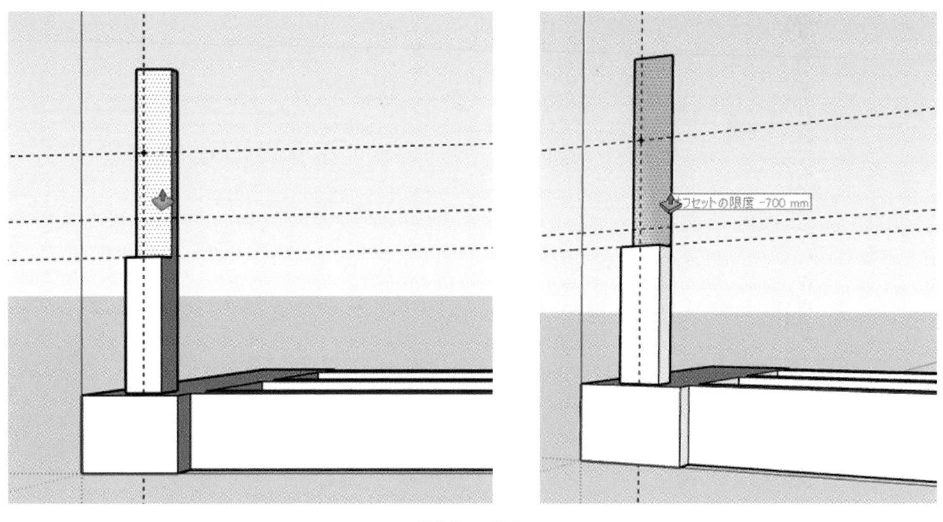

図6－37

図6－38 のようになります（ガイドラインは縦梁でも使用するので残します）。

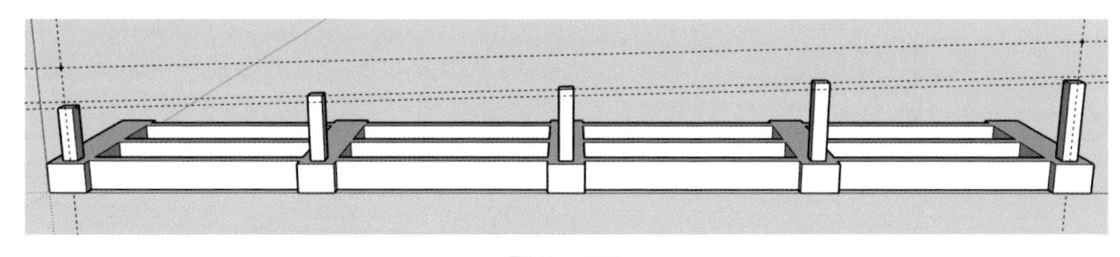

図6－38

柱全体を選択して、移動ツール＋Ctrl キーで緑軸に沿って奥側に移動し、『3600』と入力して Enter キーを押します。続いて『x2』を入力し Enter キーを押します。

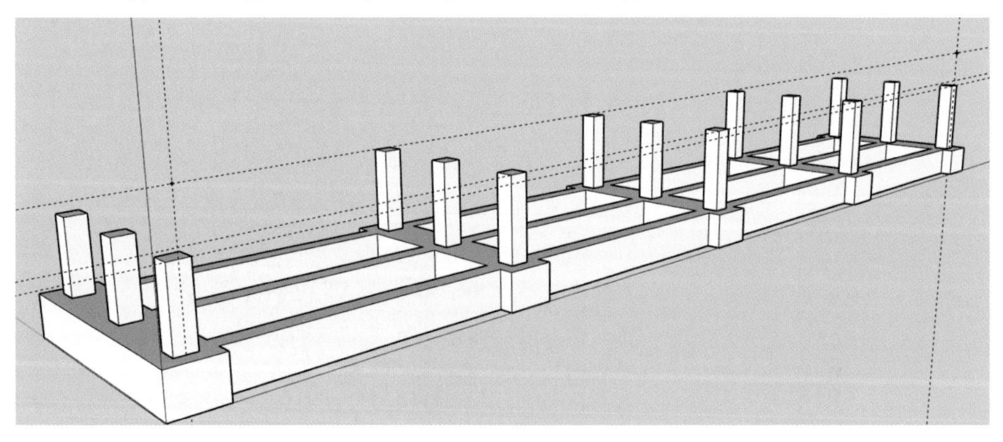

図6－39

新しいタグ「柱」を作ります。

地中梁を不可視化し、柱全体を指定後グループにしてタグ付けます。

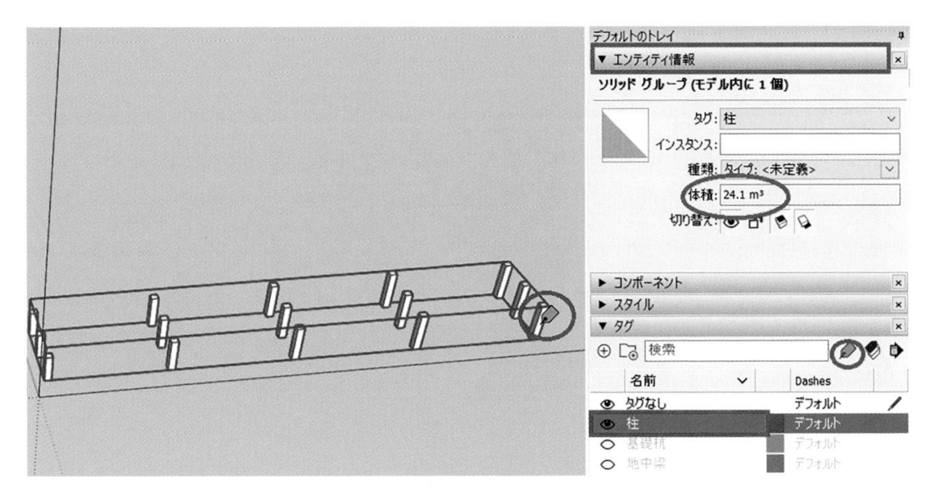

図6－40

※グループやコンポーネントにした場合、ソリッドになっていることを確認するには、エンティティ情報を開いて体積が表示されるかどうかで分かります。表示されない場合は内部に余分な線などが残っているなどの欠陥があります。

6-5　縦梁

残ったガイドラインを利用します。

図をわかりやすくするため、メニューバーの「カメラ (C)」をクリックして、「平行投影 (A)」を選択します。

次にビューのアイコン群より「正面」を選択します。

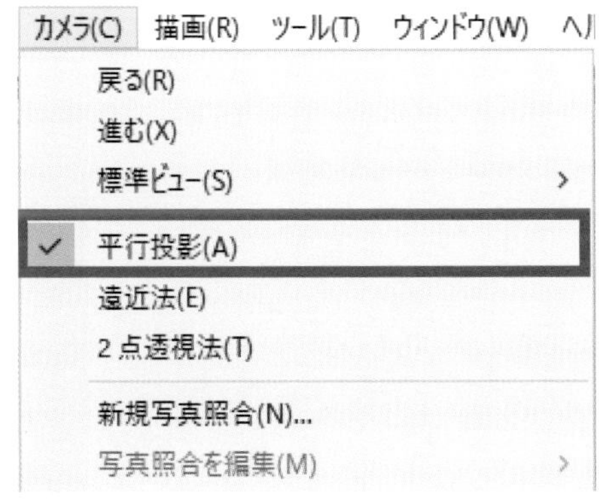

図6－41

まず、柱外面からそれぞれ『1200』の位置と、スラブ天端より平行に『1200』下がった位置にガイドラインを引きます（赤線）。

次に、両端の柱は、柱の内側位置にもガイドラインを引きます（緑丸部）。

最下段の勾配線は不要になりますので消去します（青丸部）。

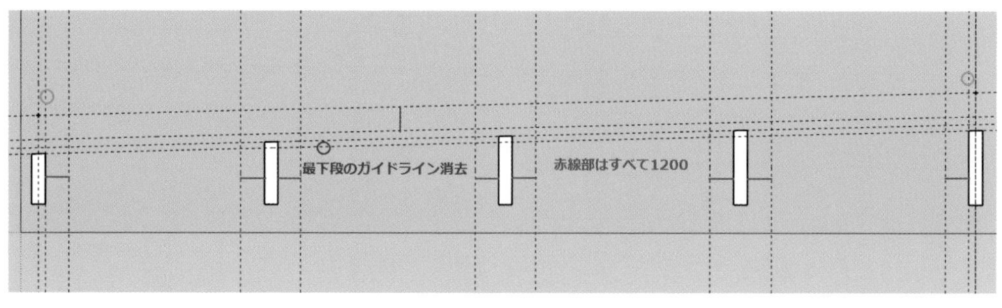

図6－42

それぞれの交差部分を結んでいくと、図6－43のような面ができあがります。

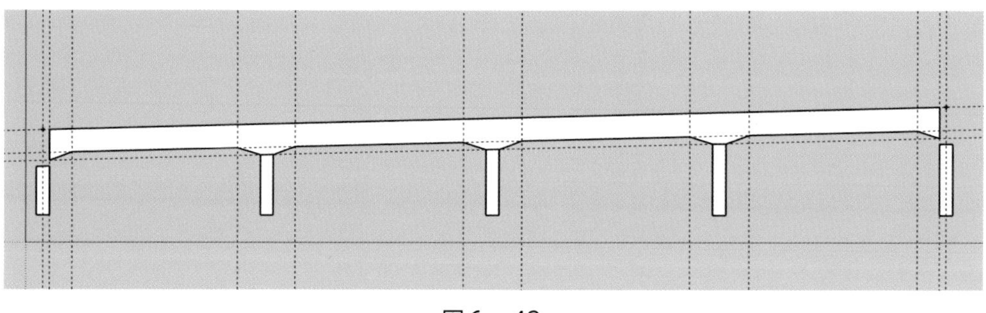

図6－43

柱の上部をクリックする場合、赤軸方向に誘導されやすいので十分拡大して柱の端点であることを確認してください。

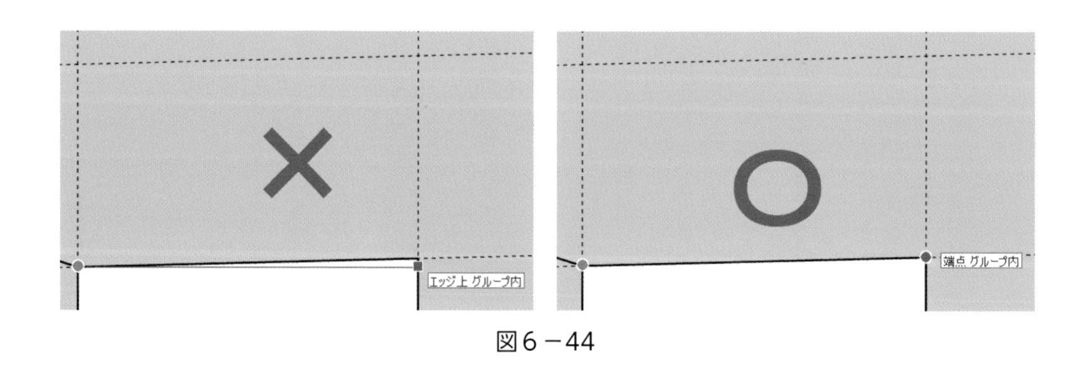

図6－44

メニューバーの「カメラ (C)」より「遠近法」に戻して、ガイドラインを消去すると図6－45のようになります。

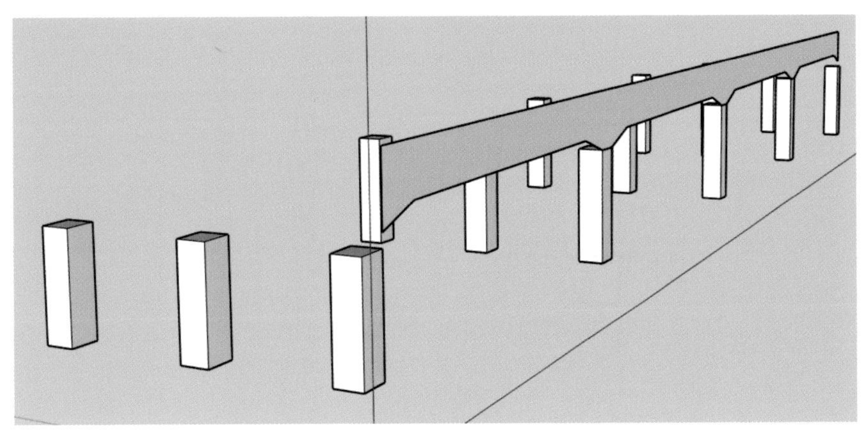

図6－45

プッシュ / プルツールで緑軸奥方向に『700』引き伸ばします。

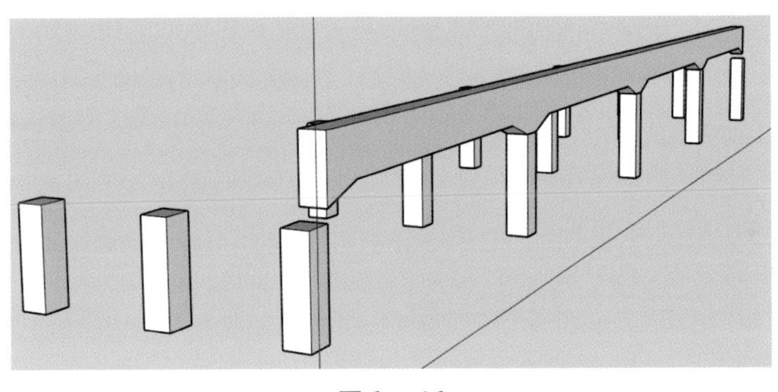

図6－46

縦梁を選択して『3600』ピッチで2個コピー（x2）します。

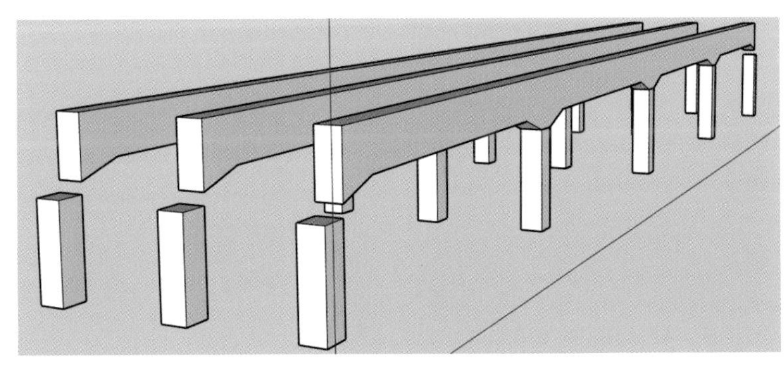

図6－47

新しいタグ「縦梁」を作ります。

縦梁全体を指定し、グループにしてタグ付けをします。

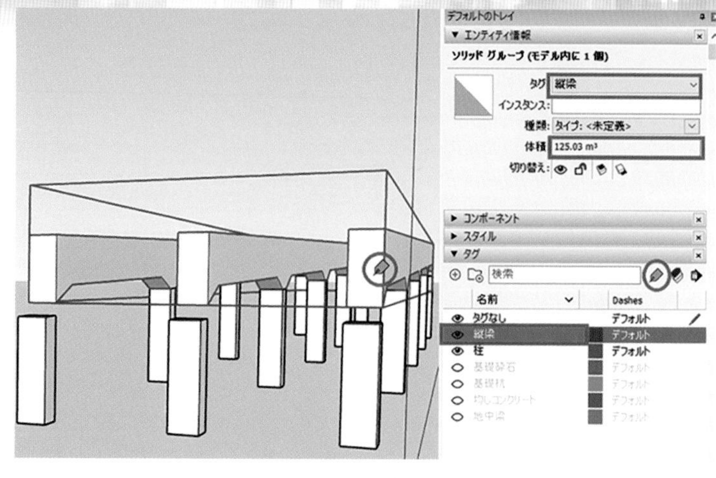

図6－48

6-6　横梁

再び平行投影に戻した後、ビューのアイコン群から「正面」を選択します。

横梁は柱と同位置で700㎜なので柱両端に合わせてガイドラインを引きます。縦梁天端にガイドラインを引き、両側の梁高は縦梁天端から『1900』、中央3本は『1000』にそれぞれ縦梁天端に平行なガイドラインを引きます（柱両端や縦梁天端などモデルの外形線と同じ位置にガイドラインを引く場合はダブルクリックします）。

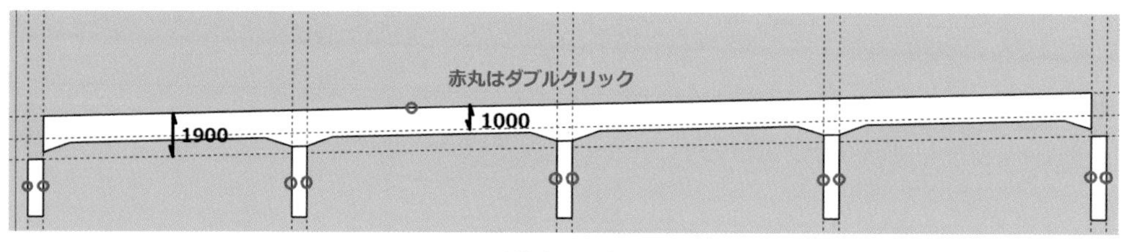

図6－49

「縦梁」のタグを不可視化し、横梁部を実線で描くと図6－50のようになります。

実線で描くときは、拡大して交差部分や柱頂部の端点をしっかりつなぎます。

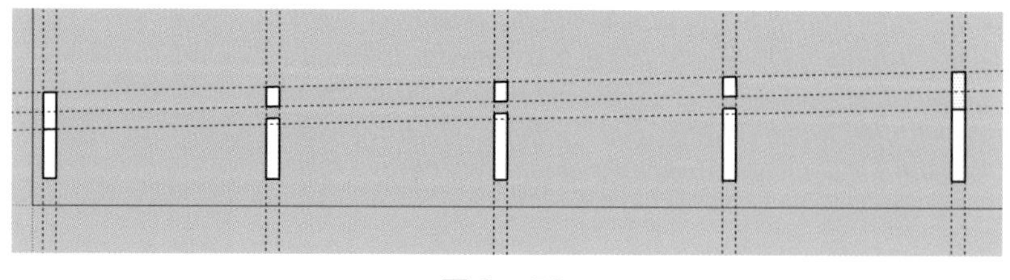

図6－50

ガイドラインを消去して、カメラモードを「遠近法」に戻します。

横梁をプッシュ / プルツールで反対側の柱外面まで『7900』引き伸ばします（2 個目からはダブルクリックで同寸法に引き伸ばします）。

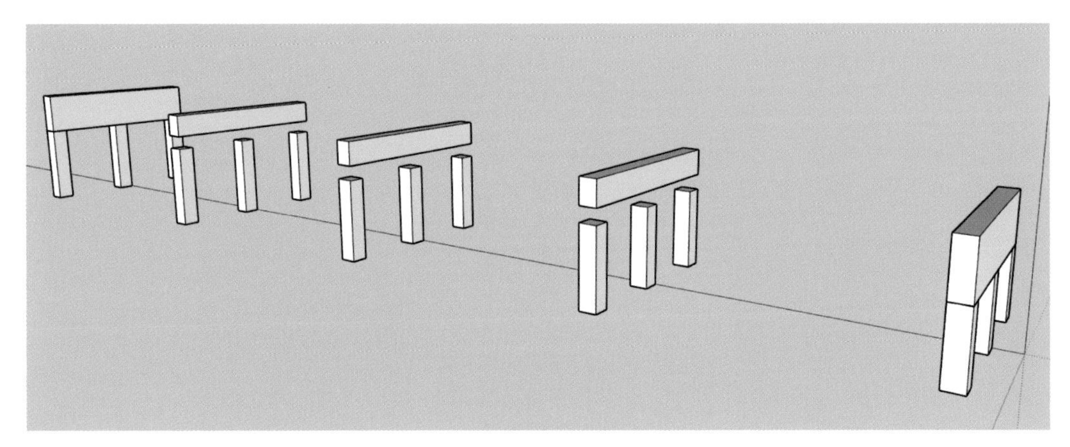

図6 －51

5 本の横梁を指定して、グループにします。

新しいタグ「横梁」を作り、タグ付けをします。

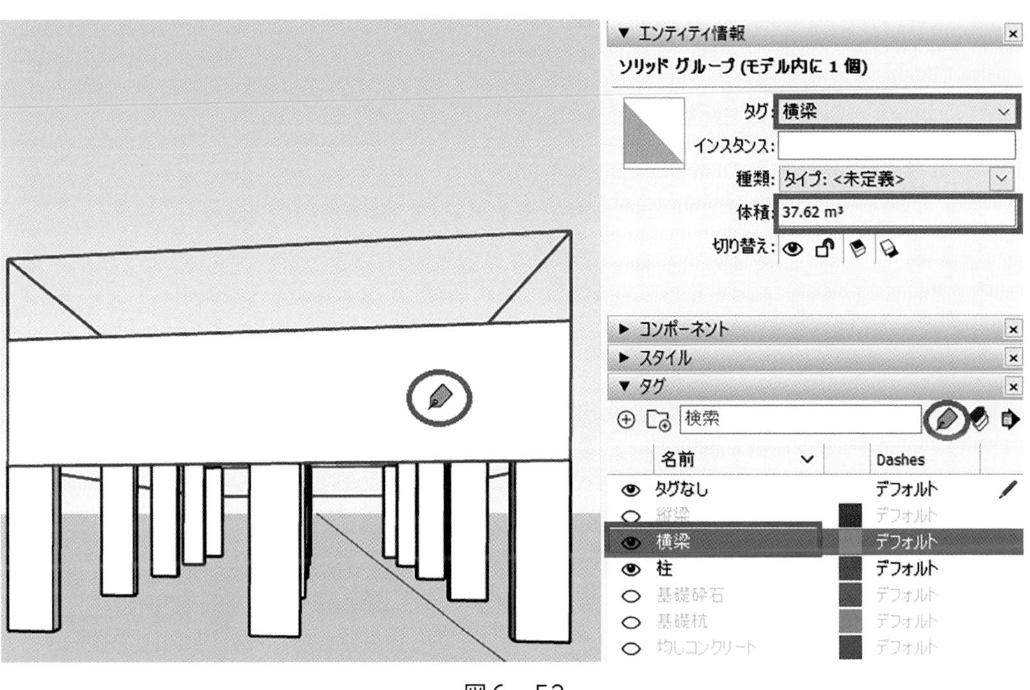

図6 －52

6-7　スラブ

再び平行投影にして、ビューのアイコン群から「左」を選択します。

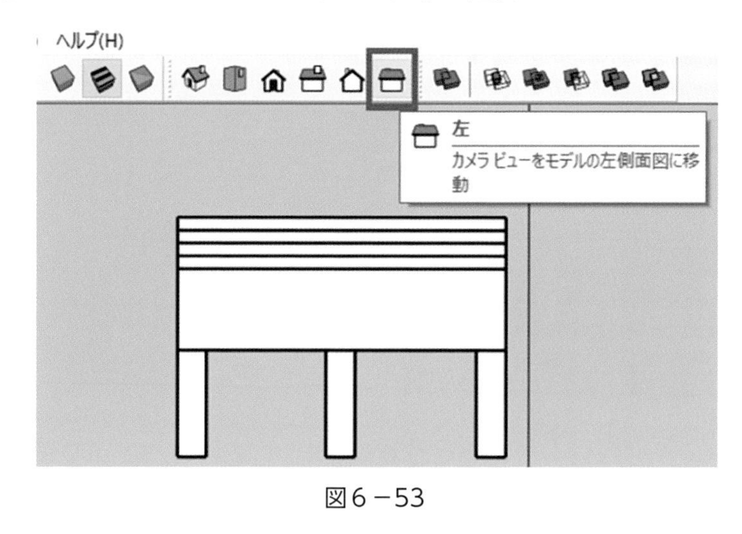

図6 －53

前面の横梁天端と各柱両端にガイドラインを引きます（赤丸部ダブルクリック）。そのガイドラインから図6 －54 の上段の図のようにそれぞれガイドラインを引きます。交差部分を実線でつないでいくと図6 －54 の下段の図（赤色に着色した部分）のようなスラブ断面ができます（付録：図面⑥「断面 C-C」参照）。

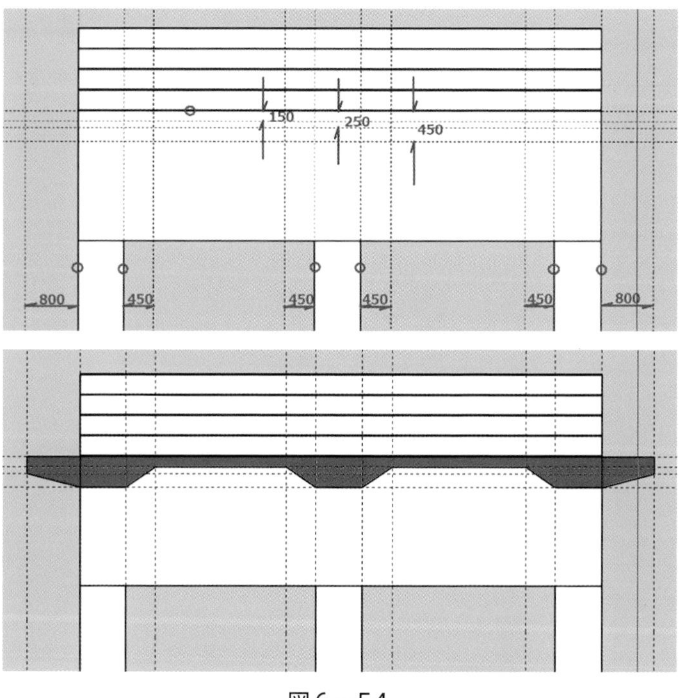

図6 －54

ガイドラインを消去して、「遠近法」に戻します。

反対側の横梁端部にスラブの最終端部の位置をガイドラインで表示します。
図６－55 のようにスラブ天端のラインと横梁外面から『800』離れでガイドラインを引きます。

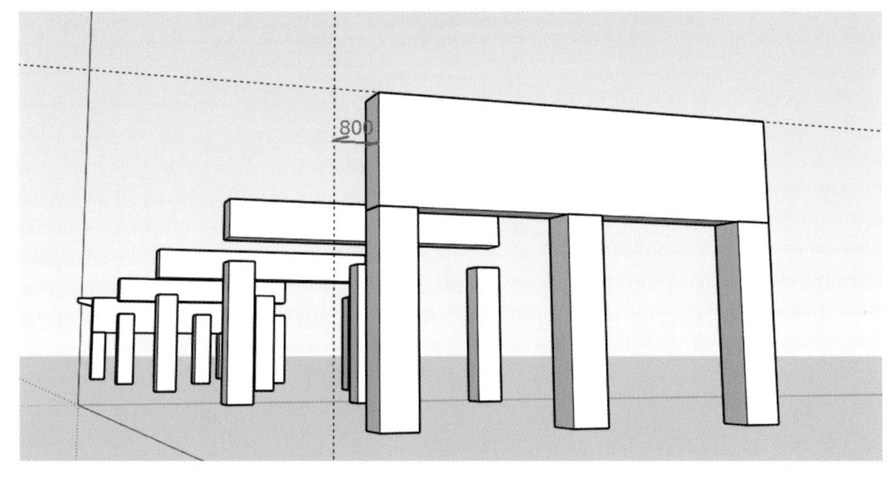

図６－55

プッシュ / プルツールでスラブ断面を『3000』ほど引き出してみます。

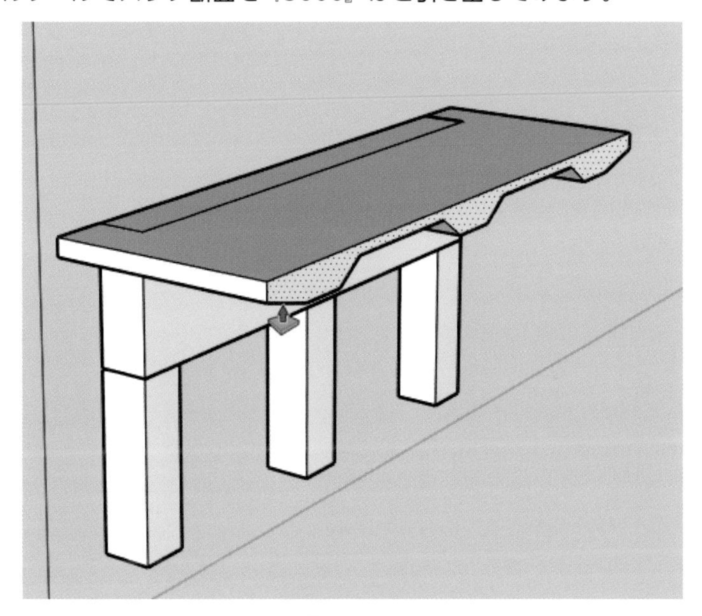

図６－56

プッシュ / プルツールは面に対して垂直にしか変形しないので、最終横梁とは高さのギャップが出てしまいます。

そこで、途中まで引き出したスラブの端面をダブルクリックして、移動ツールで左上部端点をクリックし、ガイドラインの交差部分まで移動します。

図6－57

ガイドラインを消去して、全体を表示すると図6－58のようになります。スラブ全体を指定してグループにします。

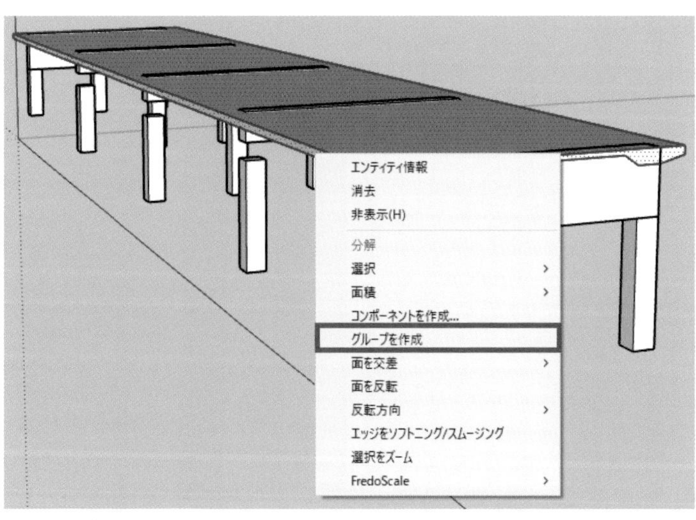

図6－58

ここで、タグの「柱」を不可視化し、「縦梁」を可視化します。

スラブと横梁、縦梁はそれぞれ重なった部分があるので全体を指定し、ソリッドツールの「外側シェル」で一体化します。

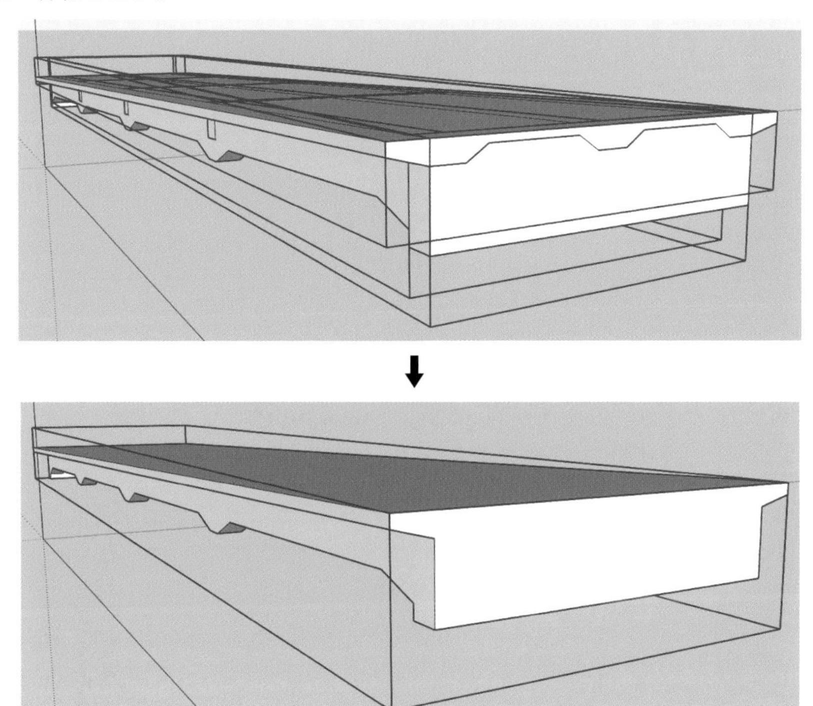

図6－59

「縦梁」、「横梁」のタグが不要になるので、タグの上で右クリックして「タグを削除」を選択してください。

新たに「梁・スラブ」というタグを作り、タグ付けをします。

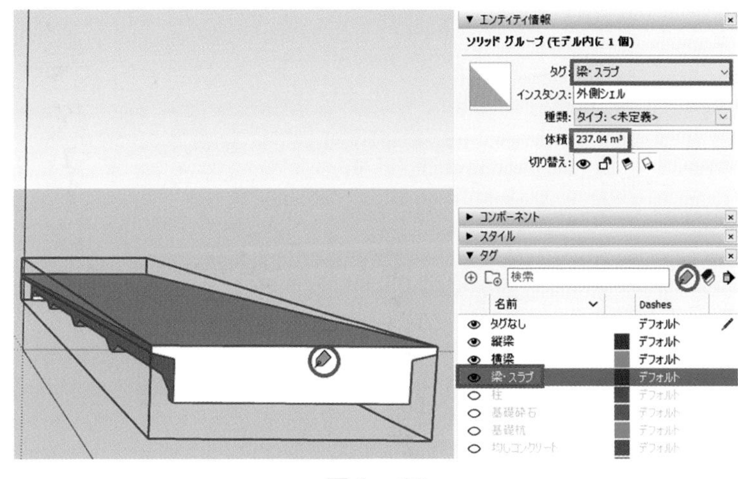

図6－60

6-8　桁座

スラブ天端にスラブのセンターラインを引き、柱外面からセンターラインに交わる垂直なガイドラインをそれぞれ引きます。

スラブのセンターラインに平行な『950』下がりのガイドラインを引き、さらにこれから『700』下がりのガイドラインを引きます。垂直なラインからは赤軸左方向に『900』離れのガイドラインをスラブセンターライン上に引きます。

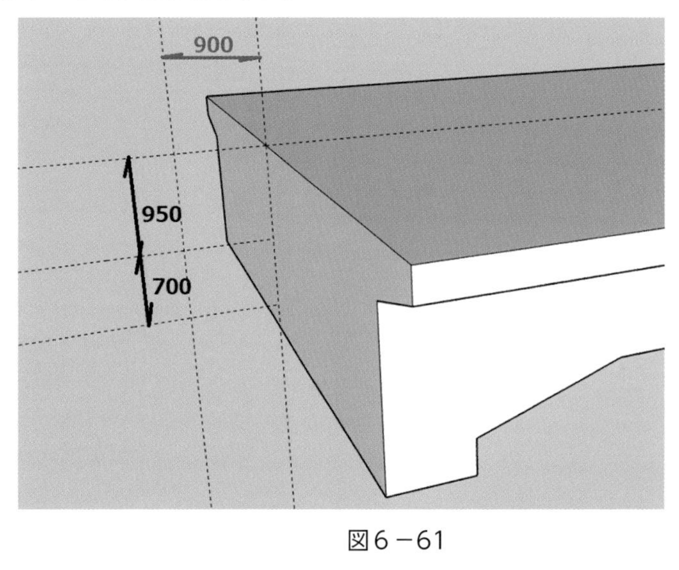

図6－61

交差部分を実線でつなぐと図6－62のようになります。

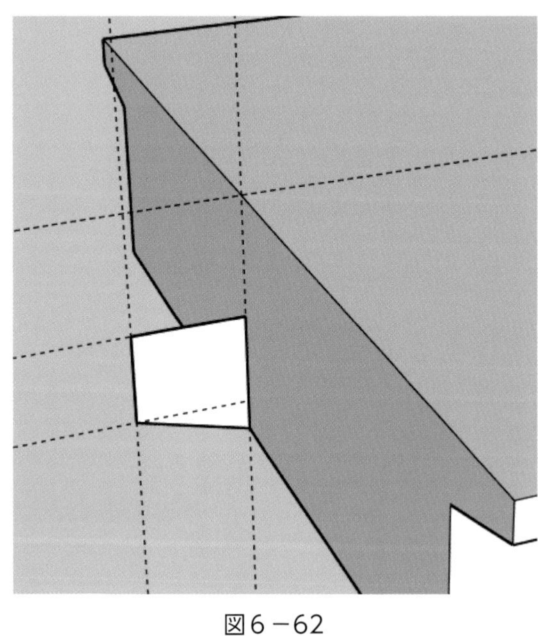

図6－62

桁座の幅は 6,900㎜となっているため、プッシュ/プルツールで『3450』ずつ左右に伸ばします。

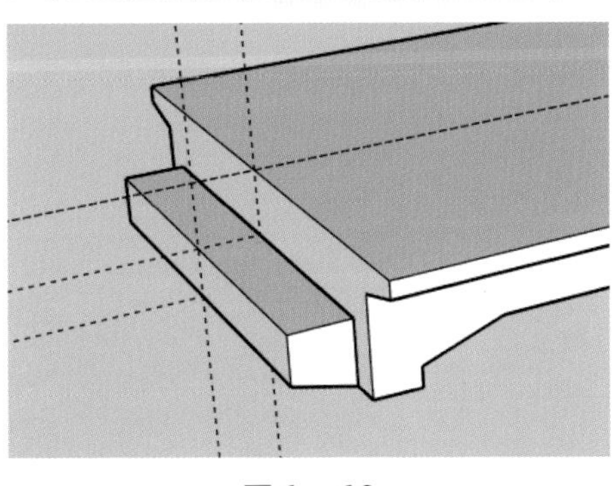

図6 －63

反対側も同様に行い、桁座全体を指定してグループにします。

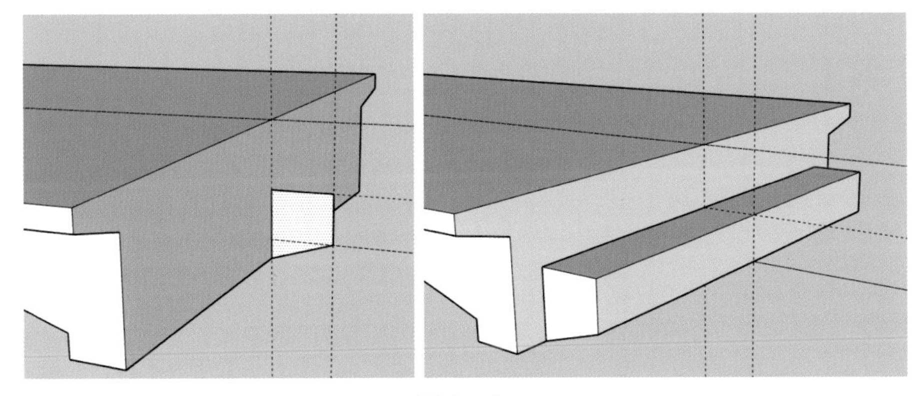

図6 －64

新しいタグ「桁座」を作り、タグ付けをします。

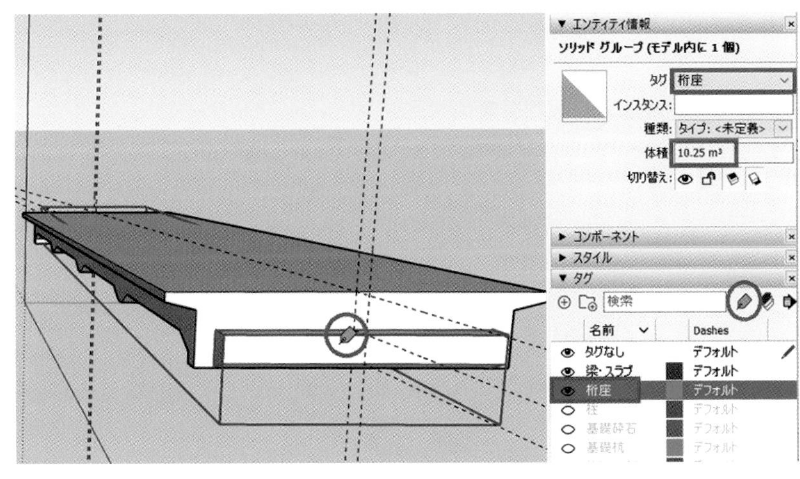

図6 －65

全てを表示すると、このような高架橋の大半ができあがります。

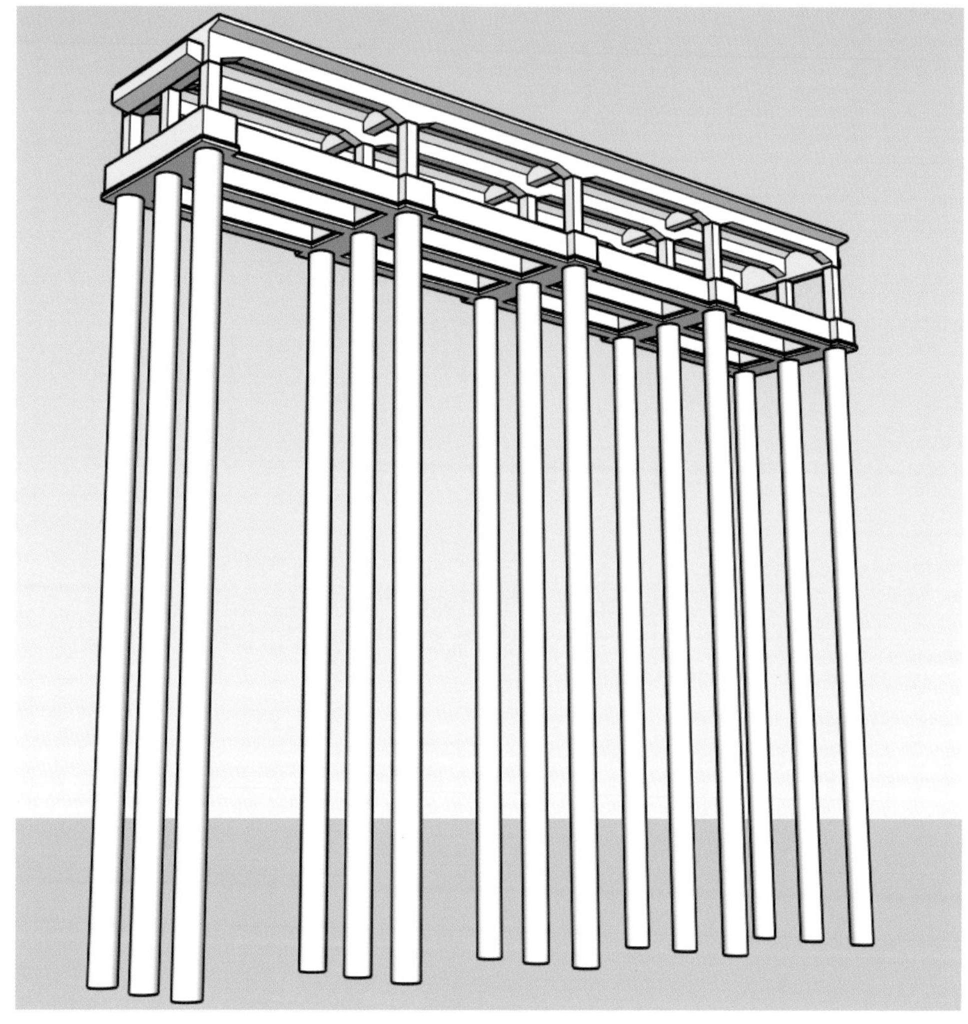

図6 −66

「高架橋（躯体）」という名前で保存します。

6-9　基礎杭鉄筋

別の SketchUp ファイルを新規で開きます。

平面図左下の基礎杭から描いていくことにします。

緑軸、及び赤軸に平行で＋領域側にそれぞれ『900』の位置にガイドラインを引きます。

杭鉄筋の下端はこのラインから 36,400㎜下方にあるので、作成したガイドラインからそれぞれ『36400』下方に青軸に沿って新たなガイドラインを描きます。このガイドラインの交差部分を中心に、円ツールで仮の面を半径『2000』で描き（青色の円になるように）、グループにします。

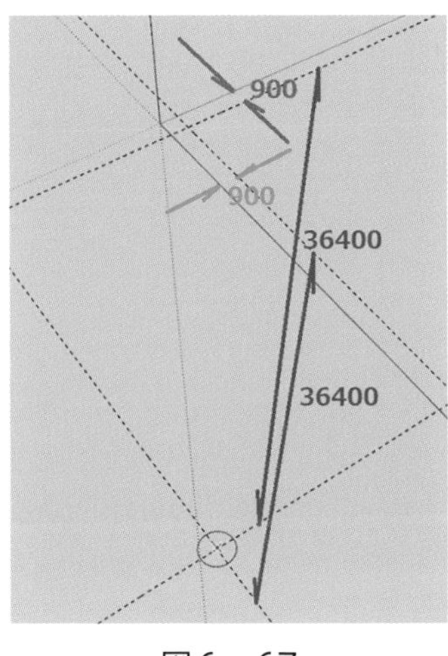

図6 −67

＜主筋　K1＞

作成した面上に主筋 K1（D32、ℓ＝9,900）を描いていきます（付録：図面③参照）。

図面より K1 の中心はセンターより 514㎜の位置にあるので、円の中心から『514』の位置にガイドポイントを付けます。

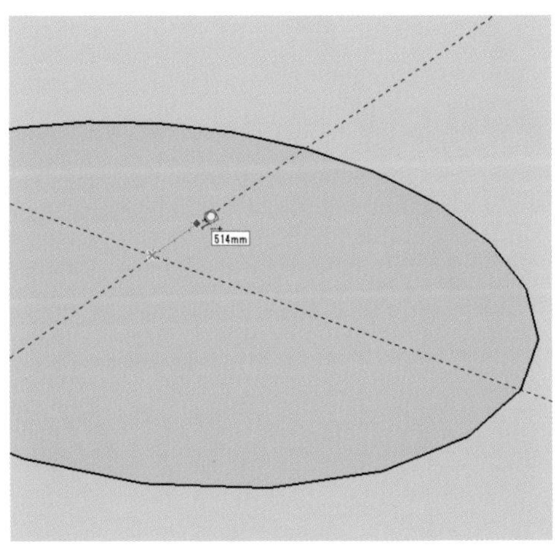

図6 −68

このガイドポイントを中心として、半径『16』の円を作りプッシュ / プルツールで『9900』引き伸ばします。この鉄筋をトリプルクリックしてグループにし、ペイントツールで赤色に着色します。「K1」というタグを追加してタグ付けをします。

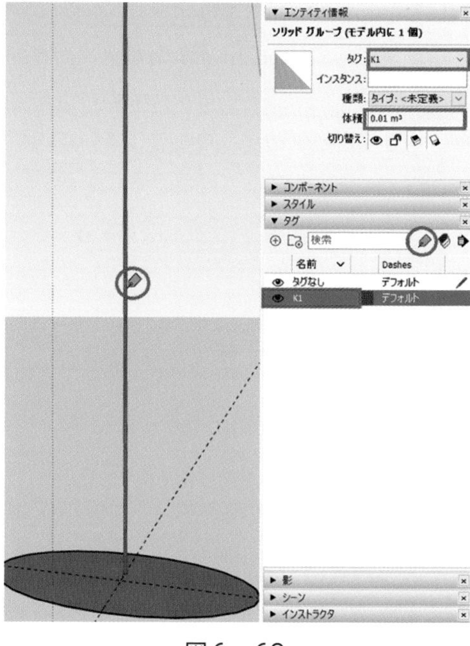

図6 −69

この鉄筋を指定します。回転ツール＋Ctrl キー（青い分度器）で仮の面の中心点をクリックし、任意のもう1点をクリックして少し回転させ、『27.7』と入力しEnterキーを押します。さらに『x12』と入力して Enter キーを押すと 13 本の K1 の配置が完了します。

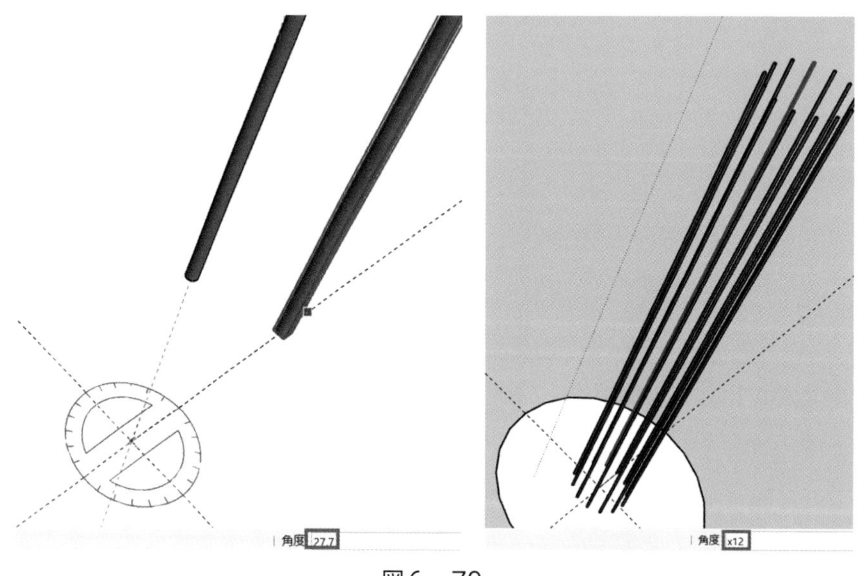

図6 −70

作成例Ⅳ

<フープ筋　K°3>

仮の面上に円の中心から『1200』の位置にガイドラインを設けます。

新たなガイドラインの交差部分を中心に半径『538』（フープ筋の中心径）の円弧を作成します。

円弧ツールで交差部分をクリックし、緑軸手前方向に移動して『538』と入力後、Enter キーを押します。その後、時計回りに角度 180°のところでクリックすると半円が描けます。

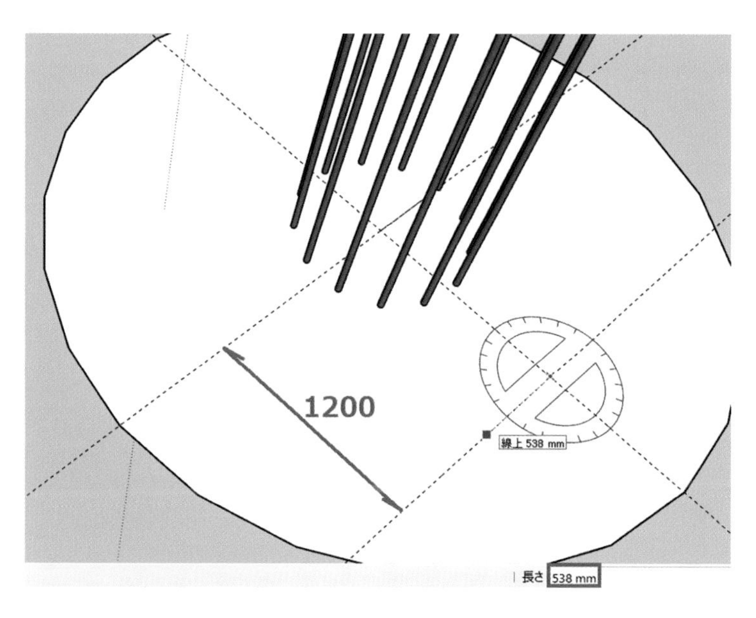

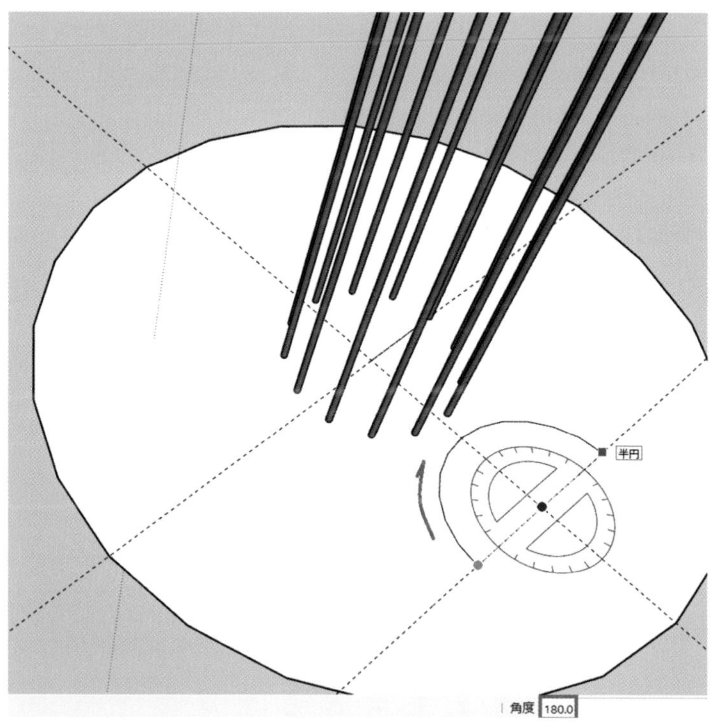

図6－71

作成した半円の片側を８㎜上げます。

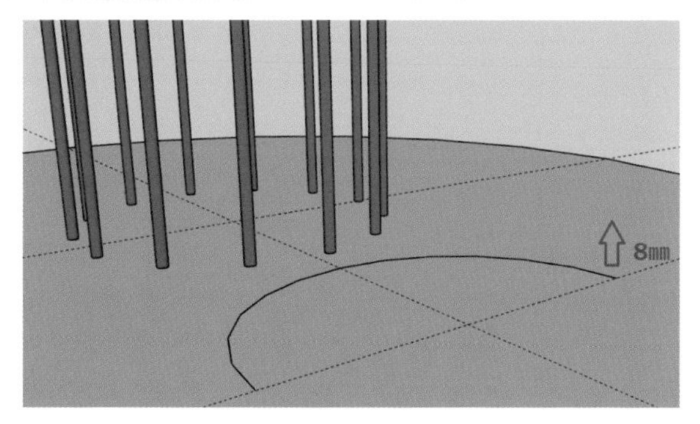

図６－72

選択ツールで半円を指定します。回転ツールを選択し回転ツールの表示が赤色の状態で半円の左端点をクリック後、反対側の端点をクリックして上方に移動します。この半円の直径は 1076㎜であるため『8：1076』と入力して Enter キーを押し、8㎜移動したことを確認してください。

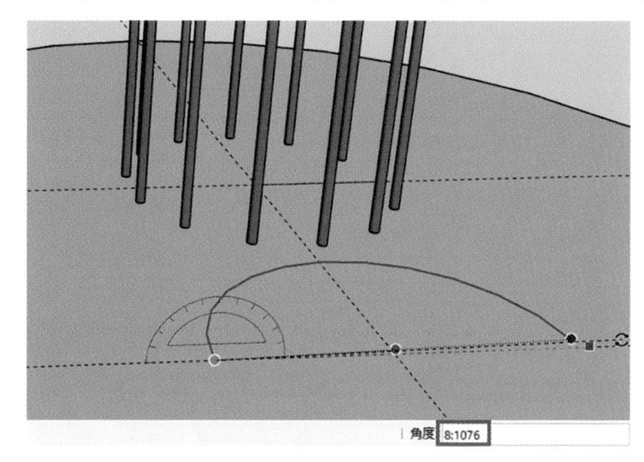

図６－73

この半円を移動ツール＋Ctrl キーで赤軸に沿って右側（任意の距離）にコピーし、尺度ツールをクリックします。

拡大して、弧側の中央グリップを赤軸右方向に移動し（①）、尺度ツールに『-1』を入力し（②）Enter キーを押すと半円が反転します。

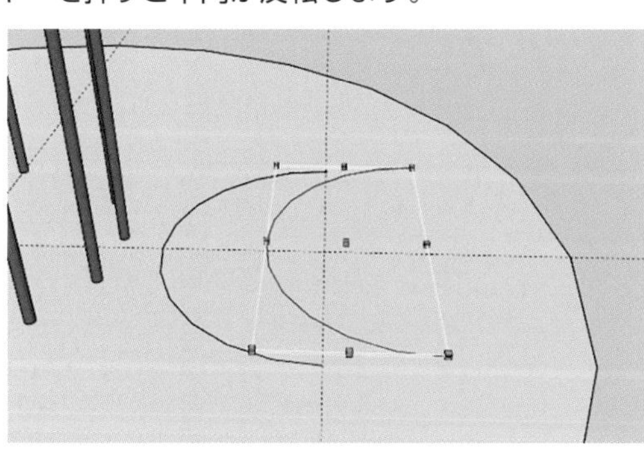

図６－74

さらに緑軸においても手前側の中央グリップを奥側に移動して同様の操作を行います（③）。

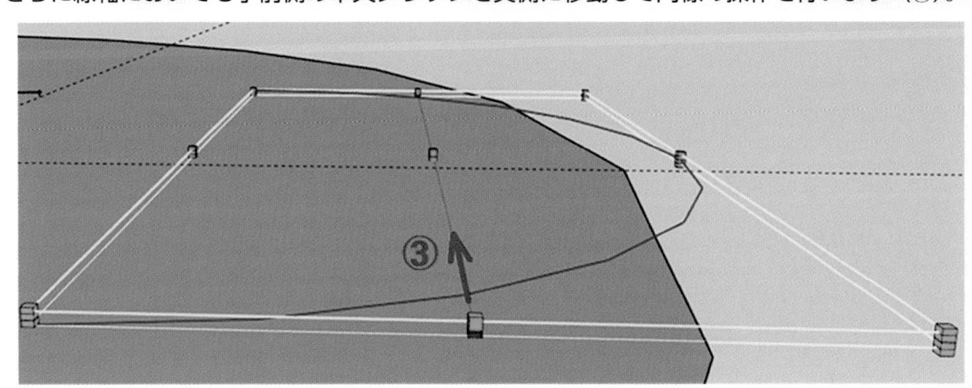

図6 −75

作成した半円を最初の半円と接合すると図6 −76 のような螺旋ができます。

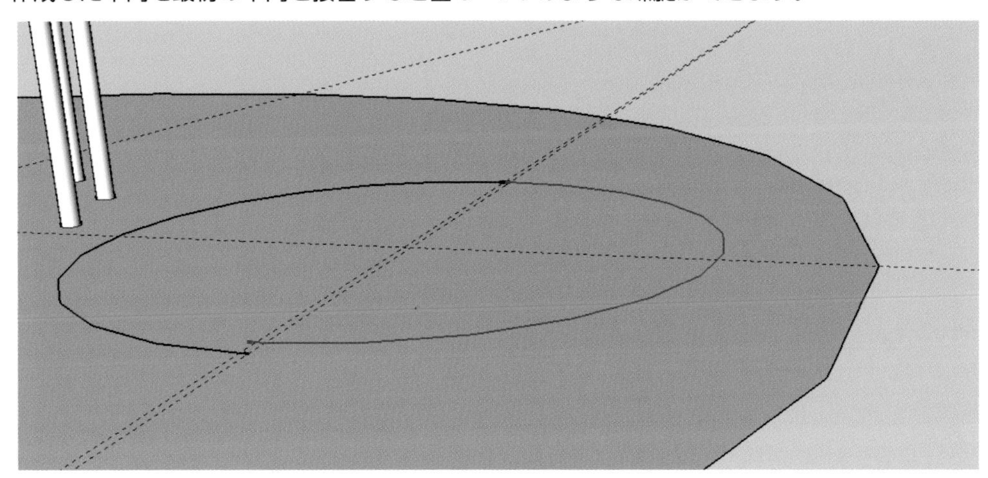

図6 −76

最初の半円を選択して、青軸に沿って上方にコピーすると一回転半の螺旋ができます。

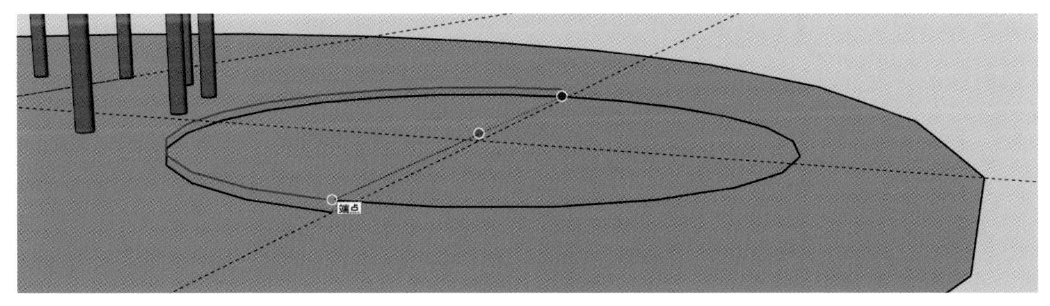

図6 −77

鉄筋の現場継手詳細図で、ラップ長は10D+40となっています。D16の場合200㎜であるため、結合した部分から『200』程度の位置にガイドポイントを付けて、区切り線として線ツールで短めの線を引き、1螺旋+ラップ長を残して不要な部分を消去します（区切り線も消去します）。

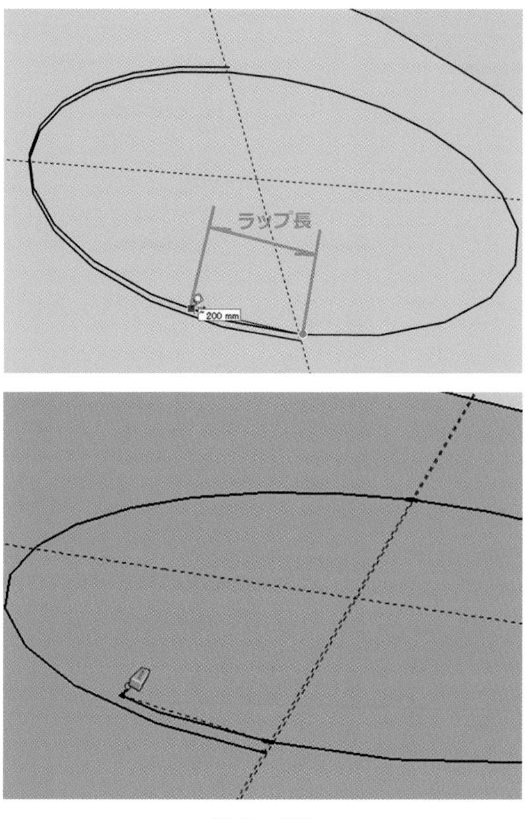

図6－78

円ツールで螺旋の端点を中心に螺旋に直交する半径8㎜の円を作成します（円の色は赤または緑になります）。

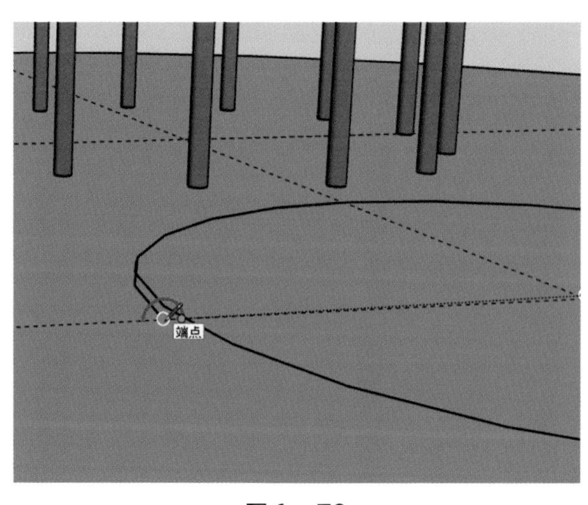

図6－79

選択ツールで螺旋全体をトリプルクリックで選択し、螺旋ルートが青く変化したらフォローミーツールで円をクリックします。

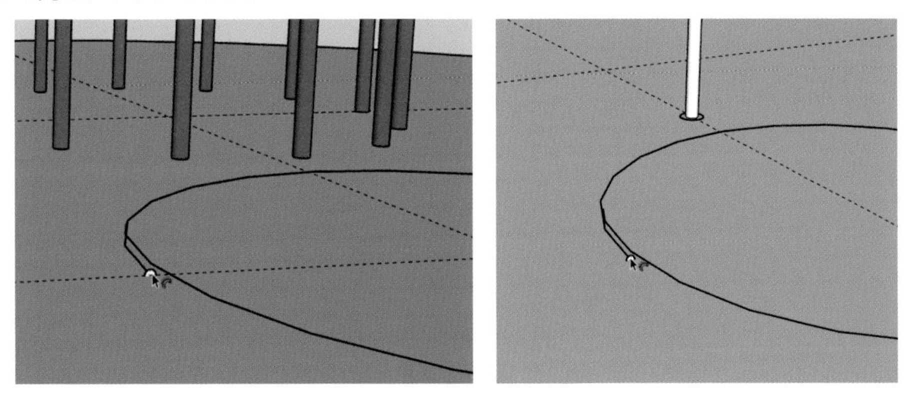

図6－80

次にトリプルクリックで全体を選択し、モデル上で右クリックをしてグループを作成します。さらにペイントツールで青色に着色して「K° 3」というタグを追加し、タグ付けをします。

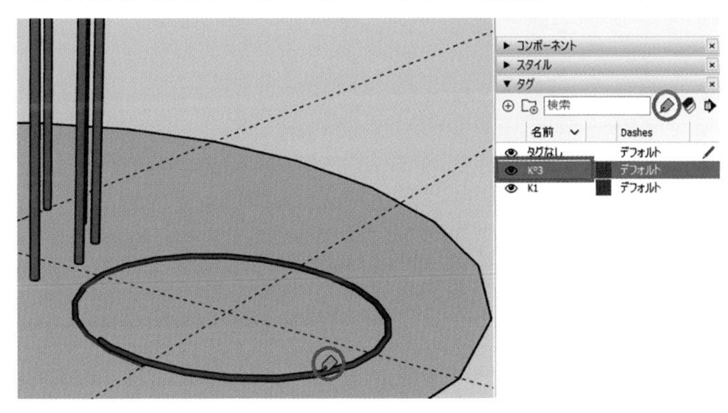

図6－81

移動ツールでフープ筋の中心をクリックし主筋 K1 の中心に移動します。

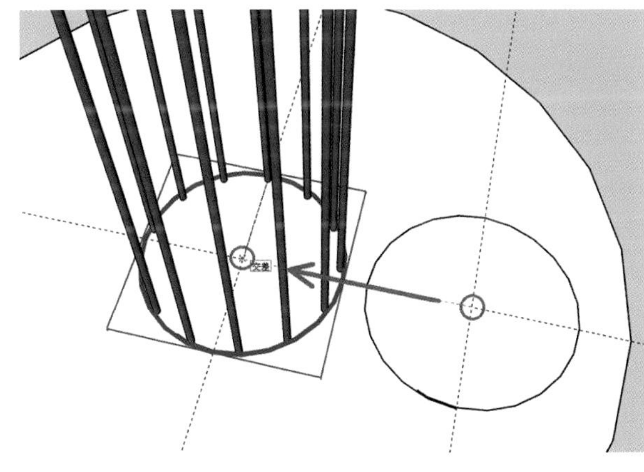

図6－82

この状態ではフープ筋の下端は 8㎜下がっているので、青軸に沿って『8』㎜上方に移動します。

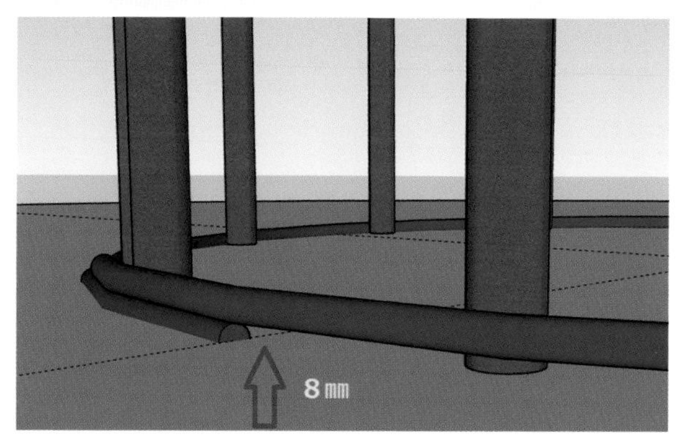

図6 －83

次に、その上のフープ筋との間隔が図面上では 150㎜となっているので、移動ツール＋Ctrl キーで青軸上方に移動し、『150』を入力して Enter キーを押します。

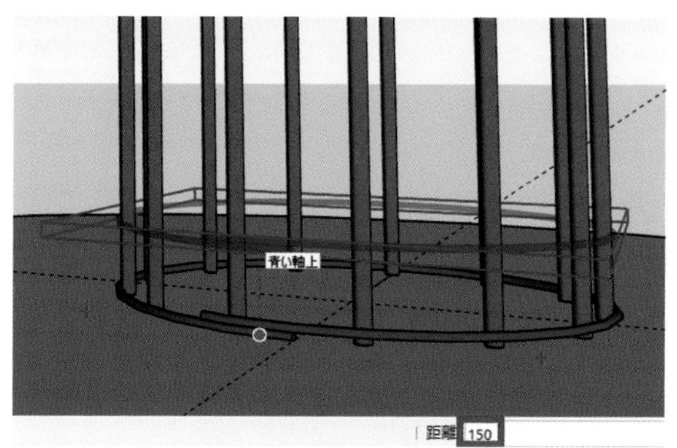

図6 －84

さらに青軸に沿って『200』上方にコピーし、『x42』を入力し Enter キーを押すと図6 －85 のようになります。

下のガイドラインや仮の面などが不要になるので消去します。

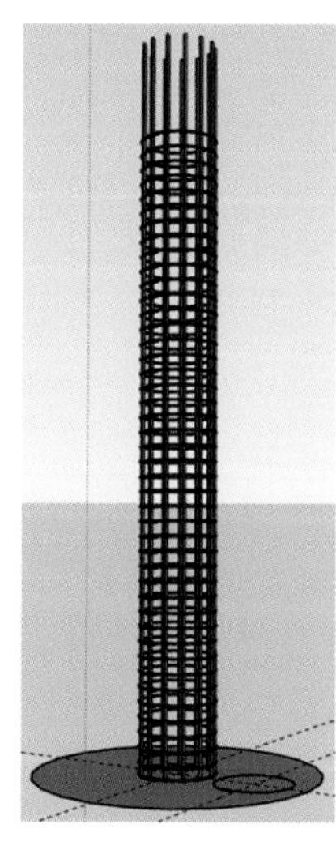

図6 －85

＜スペーサー＞

次にスペーサーを作成します。

上方（地表）の赤軸・緑軸から平行なガイドラインを青軸に沿って『32850』下方にガイドラインを引きます。

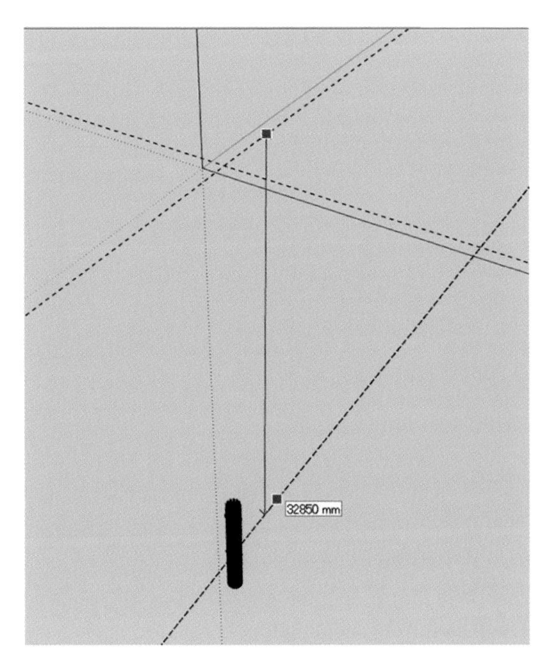

図６－86

鉄筋の中心を通っている緑軸と平行のガイドラインを使用して仮の面を作成します。

（赤軸と平行のガイドラインはスペーサーのセンター位置）

緑軸に平行なガイドラインの上下に『300』離してさらにガイドラインを描きます。

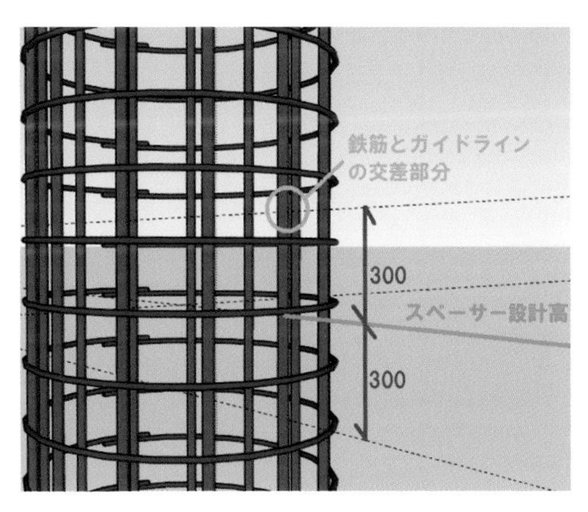

図６－87

長方形ツールで、上側の鉄筋とガイドラインの交差部分（ピンクの丸部分）から下側のガイドラインまで（600,300）程度の仮の面を作成しグループにします。

作業の障害になるので「K1」、「K° 3」のタグを不可視化します。

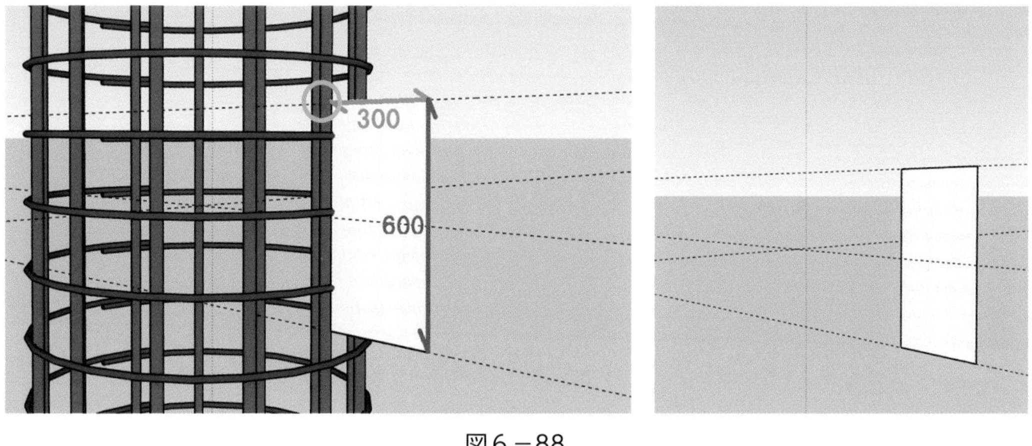

図6 －88

センター位置より『200』、『50』の位置にガイドラインを上下に入れ、鉄筋接触部の左端からそれぞれ『3.2』、『110』の位置にガイドラインを入れます。線ツールで青丸内をつなぎ、2点円弧ツール で結んで、110㎜のガイドラインに合わせてクリックします。

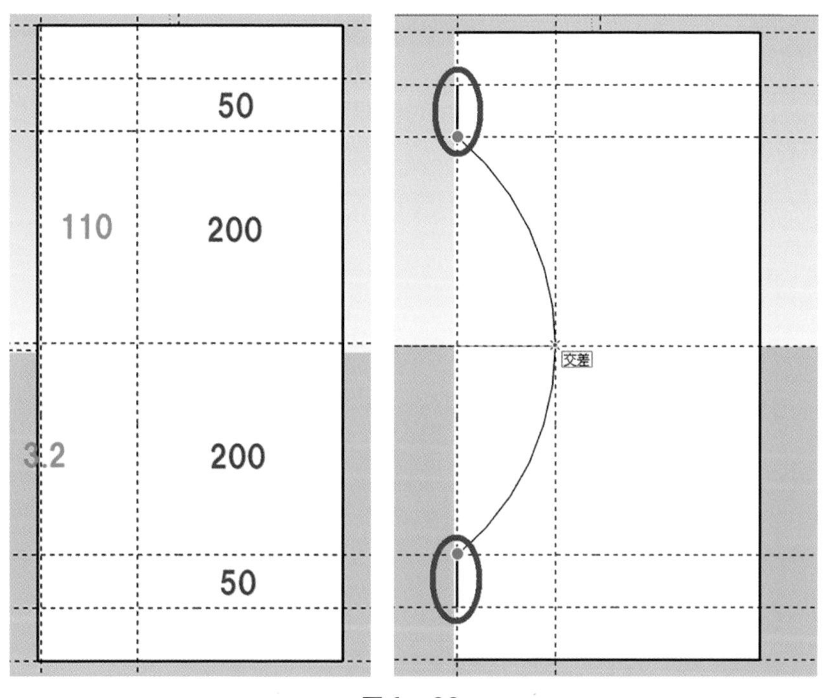

図6 －89

この直線部と曲線部を複数選択し、オフセットツールで端点をクリックして少し左に移動後、測定ツールバーに『3.2』と入力し Enter キーを押します。

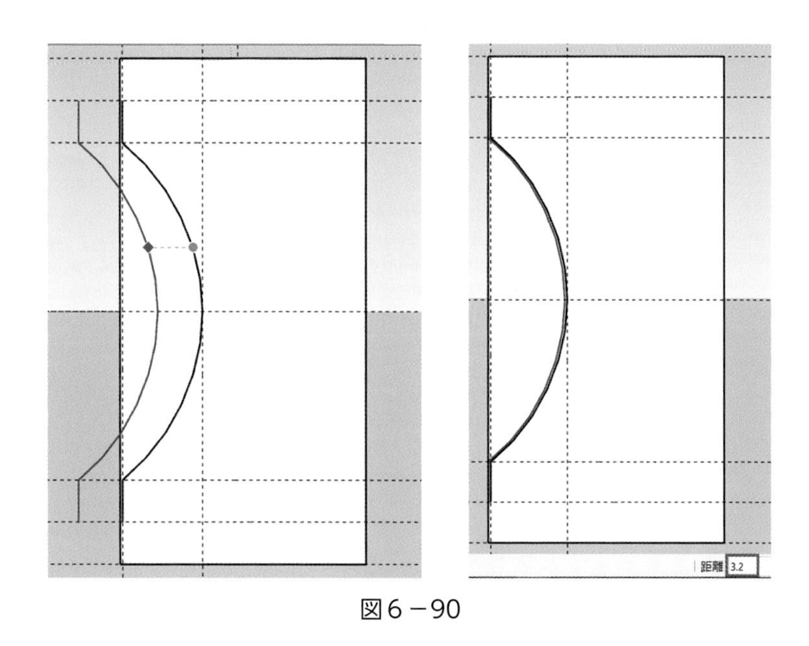

図6－90

仮の面や上下のガイドラインを消去して（センターのガイドラインは残すこと）オフセットでできた線の端部（青丸部分）をつなぐと面が構成されますので、この面をプッシュ / プルツールで『25』ずつ前後に伸ばすとスペーサーのモデルができあがります。

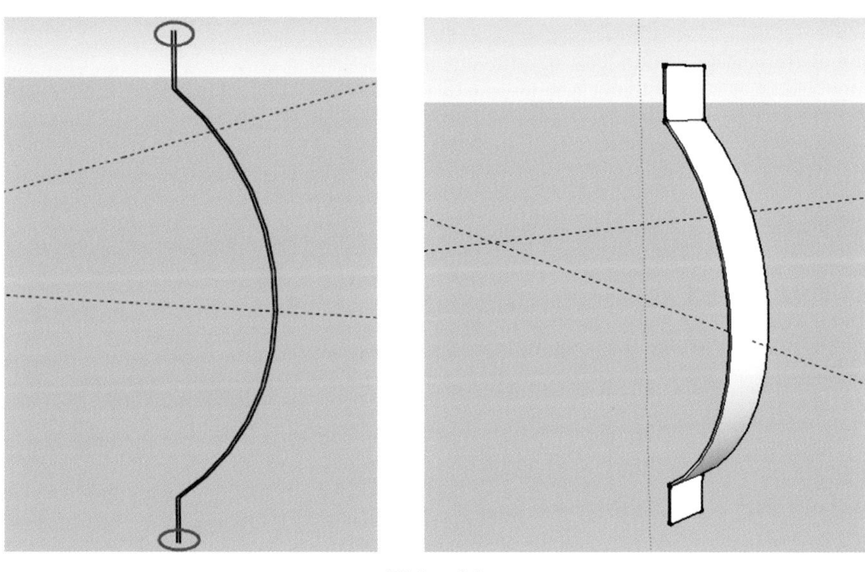

図6－91

このスペーサーは、55.4°のピッチ（鉄筋ピッチ 27.7°の倍のピッチ）で 5 個回転コピーします。

モデルをトリプルクリックで選択し、回転ツールをコピーモードかつ青色の状態でガイドラインの交差部分をクリックします。この状態で対象スペーサーをクリックし回転させて、測定ツールバーに『55.4』を入力後 Enter キーを押し、さらに『x5』を入力し Enter キーを押します。

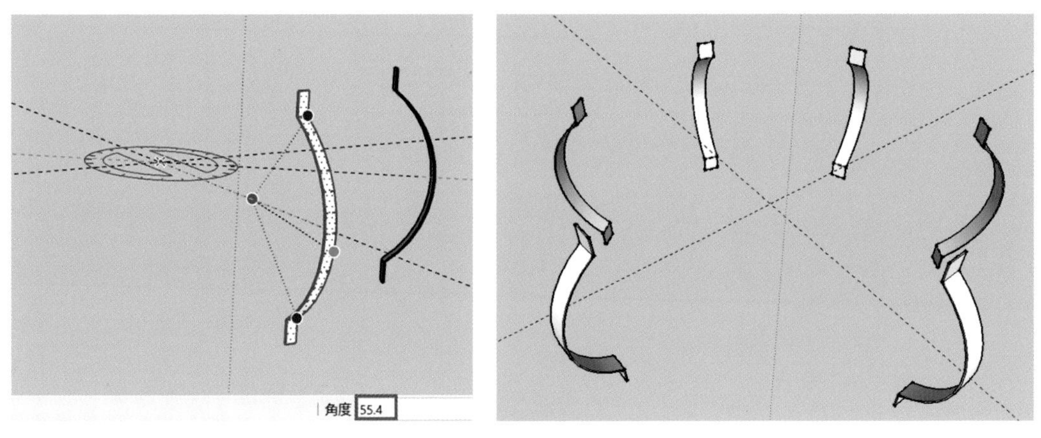

図6 －92

作成したスペーサー全体を指定してグループを作成し、黄色に着色します。

スペーサーというタグを追加してタグ付けをします。

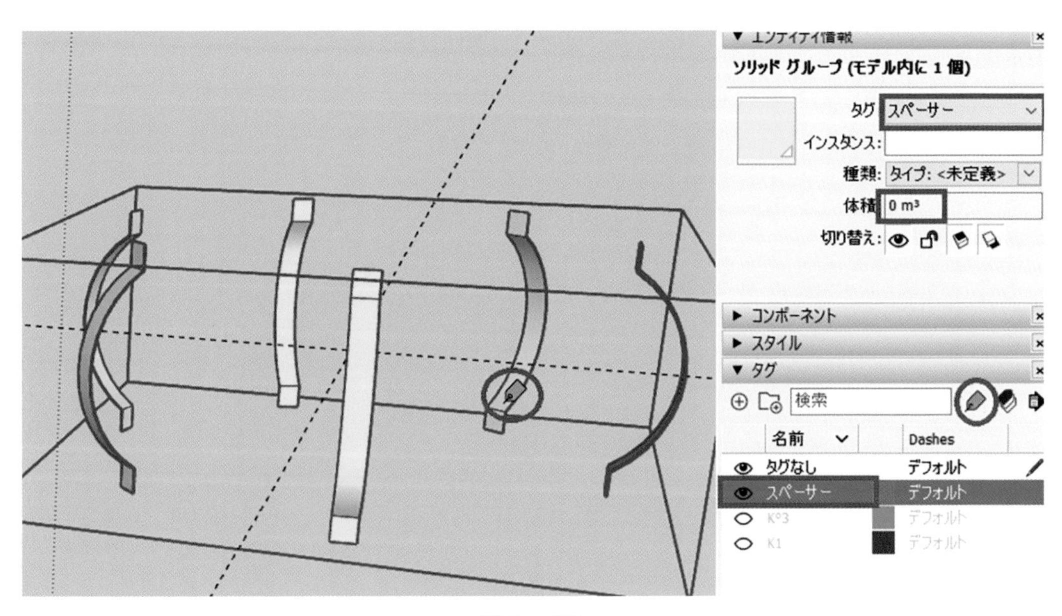

図6 －93

「K1」、「K° 3」を可視化します。

一般にスペーサーは鉄筋篭作成後に取り付けられます。設計通りの位置では取り付けが不可能となるため、フープ筋をまたぐ位置に移動修正します。『100』上方に移動します。

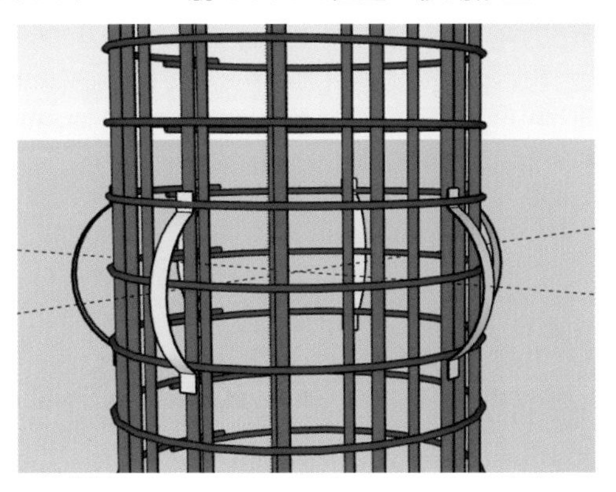

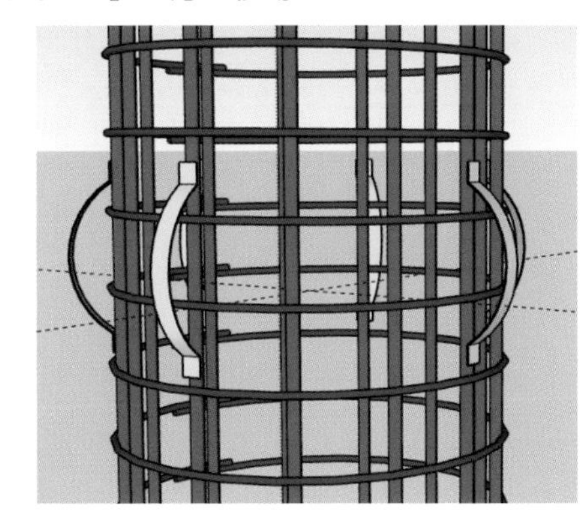

図6－94

4m（4,000㎜）上にもスペーサーを取り付けるため、青い軸上を上方に『4000』離れたところにコピーします。これで下篭の概要ができました。

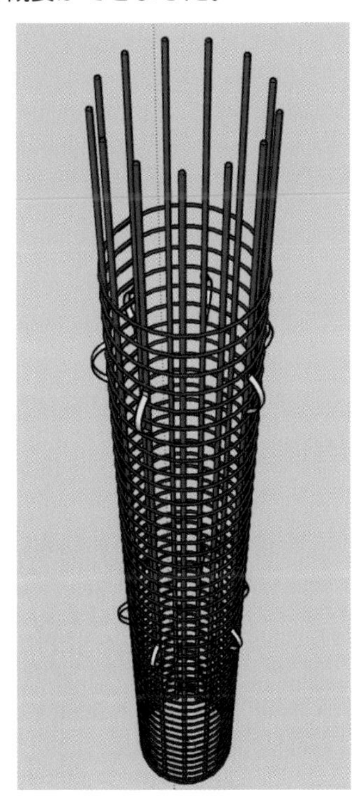

図6－95

ガイドラインを消去して「鉄筋（杭)」という名前で保存します。

6-10　横梁鉄筋

新しい SketchUp を開き、梁の下端位置を示すガイドラインを作成します。

赤軸と緑軸それぞれ＋領域側へ「550」の位置にガイドラインを引き、この 2 本のガイドラインから青軸に沿って上方『3900』の位置にガイドラインを引きます。ここでできた交差部分が梁の下端位置になります。

この点より幅『700』、長さ『7900』、高さ『1900』の仮の梁を作成します（実際は 25‰の勾配がついていますが今回は無視します）。

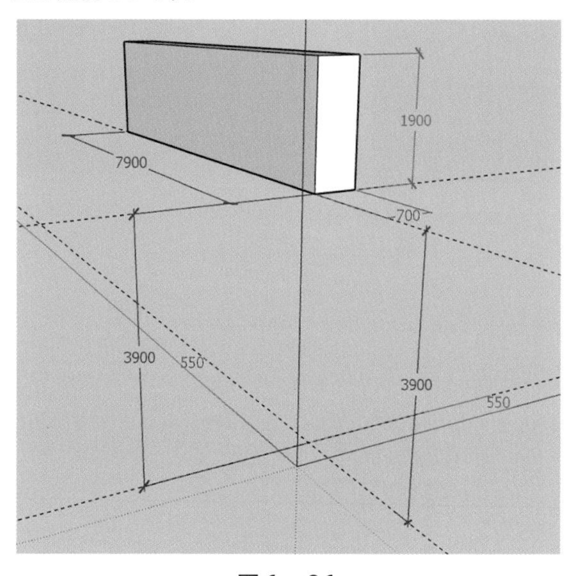

図6－96

仮の梁を作成したら、全体を指定してグループにします。

ラージツールセットからタグツールをクリックするとデフォルトのトレイの「タグ」が開きます。「仮梁」というタグを追加してタグ付けをします。

ガイドラインはすべて消去します。

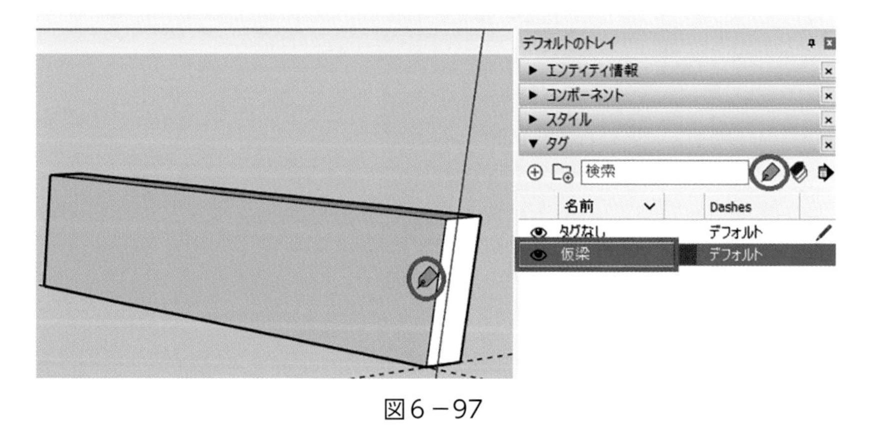

図6－97

<B1>

仮梁の横断面にB1の中心間隔は7,746㎜であるため両外から『77』、かぶり詳細図より上面から『104』の位置にガイドラインを引き、鉄筋曲げ半径の『340』をそれぞれ描いて、さらに円中心より『1384』下方にガイドラインを引きます。

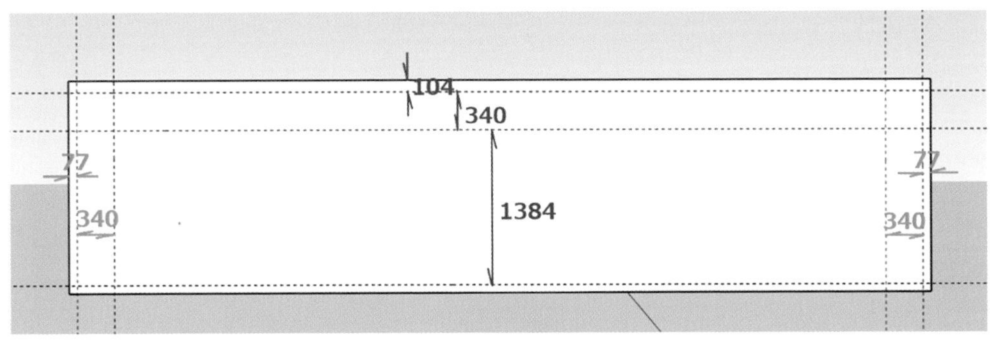

図6－98

このガイドラインに沿って実線と円を描き、不要な部分を消去します。

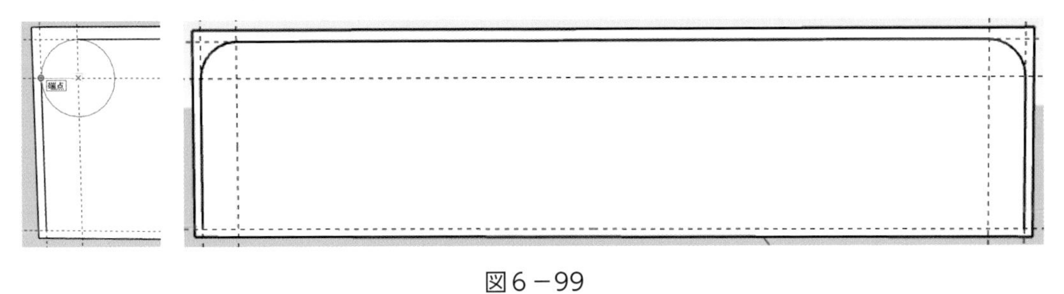

図6－99

タグの「仮梁」を不可視化し、梁の下側からのアングルで鉄筋先端に半径『16』の円を描きます（円ツールを青色にして鉄筋中心点をクリックします）。

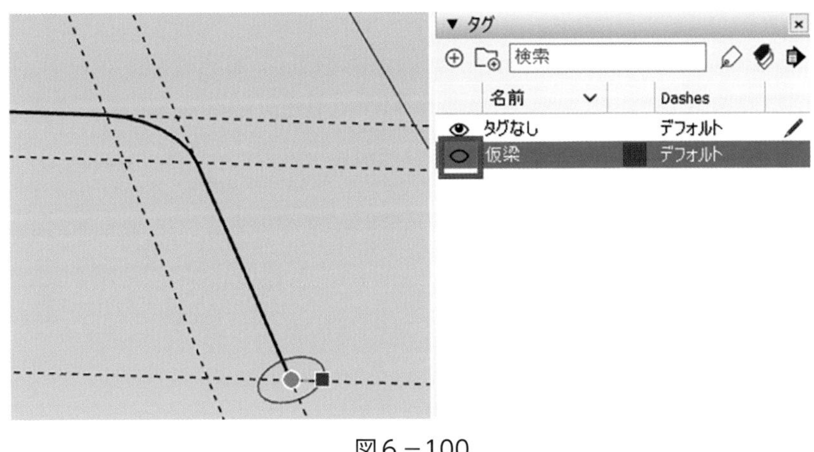

図6－100

作成例Ⅳ

鉄筋中心線をトリプルクリックして指定し、フォローミーツールで円をクリックします（できあがったモデルが裏面になっている場合はモデルをトリプルクリックして右クリックから面を反転します）。モデルをトリプルクリックで全体指定し、グループを作成します。

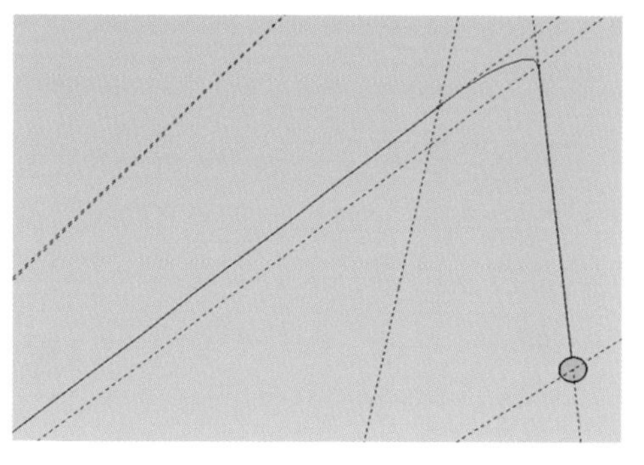

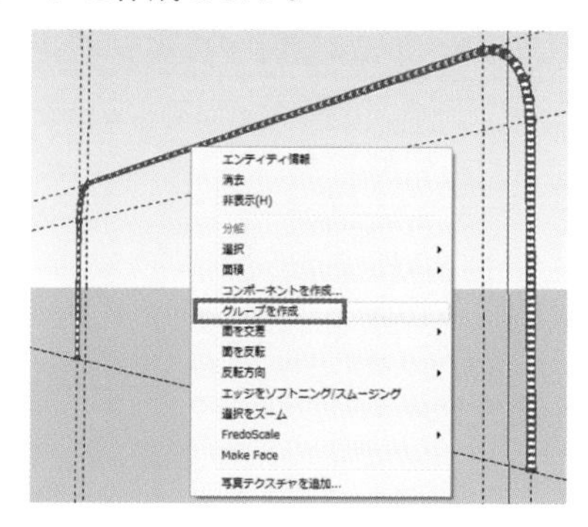

図6－101

ペイントツールで赤く着色し、タグに新しく「B1」を作成してタグ付けをします。

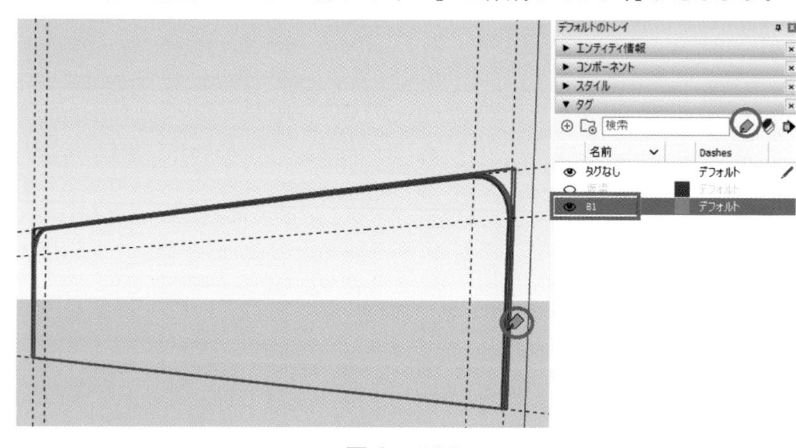

図6－102

<B3>

タグの「B1」を不可視化し、ガイドラインやB1中心線をCtrlキー+Aキーですべて選択し、Deleteキーで消去します。その後再び「仮梁」を可視化します。

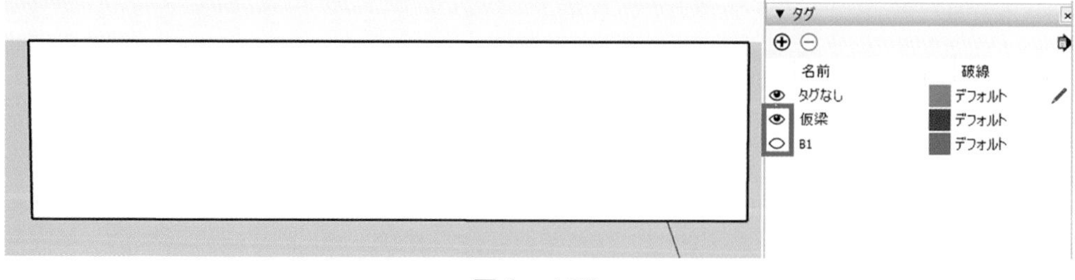

図6－103

コンクリート標準示方書より半円形フックの定着余長は4 φ以上、60㎜以上であり、SD390の軸方向鉄筋の曲内半径は3 φ以上と規定されています。またかぶり詳細図より芯が底面より72㎜となっていることを考慮して、仮梁の下端より『72』、『112』、『112』の位置に水平にガイドラインを入れ、さらに両外より『113』、『112』、『128』の位置に垂直のガイドラインを作成します（3 φは内半径のため中心半径は3.5 φ＝112となります）。

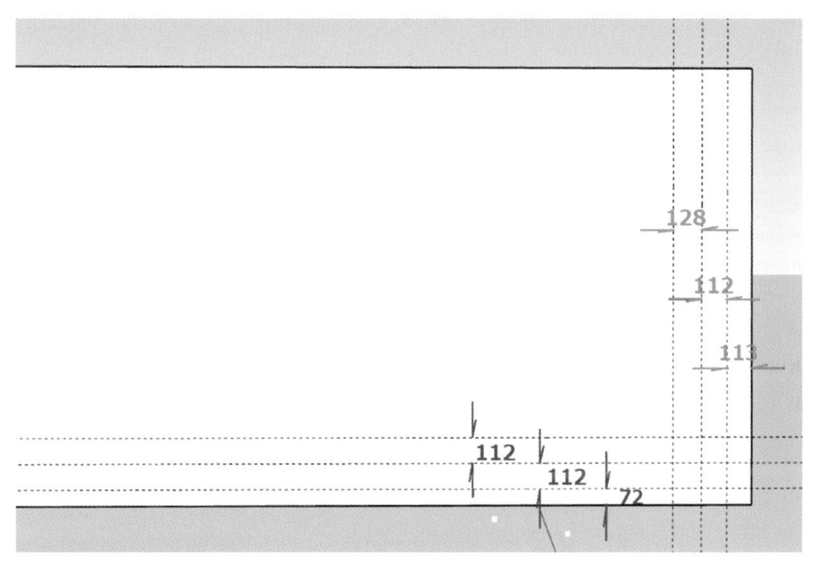

図6－104

ガイドラインに沿って実線、円を描き、不要な半円を消去します。
図6－105のような実線が作成できたら、タグの「仮梁」を不可視化します。

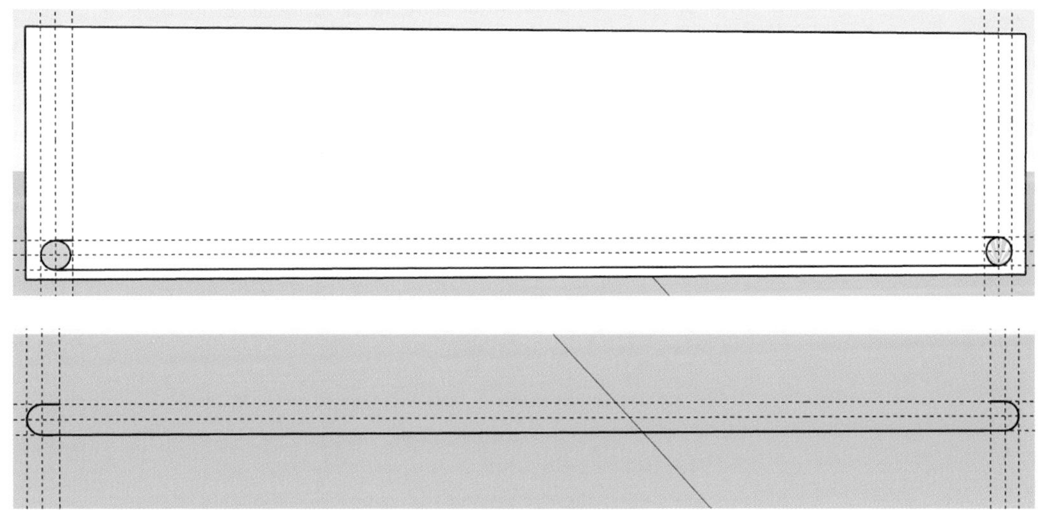

図6－105

フックの先端に半径『16』の円を作成して（円ツールが緑色になるよう）B1 と同様、鉄筋中心線をトリプルクリックしてパスを指定し、フォローミーツールで円をクリックします。

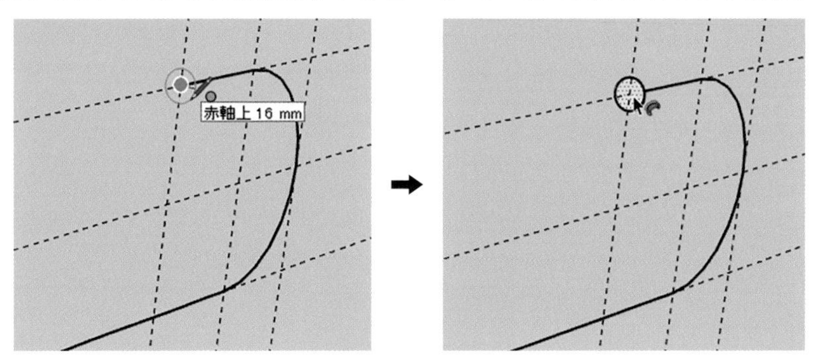

図6－106

できあがったモデルをグループにし、ピンクに着色します。新たに「B3」のタグを作成してタグ付けをします。

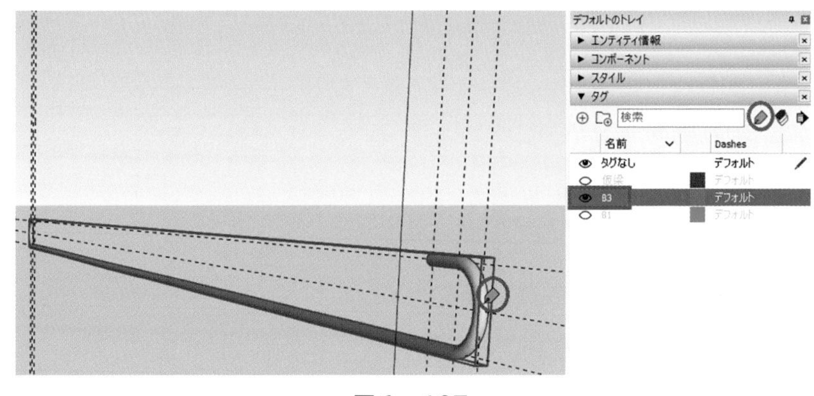

図6－107

<B5>

次に「B5」を作成するため、タグの「B3」を不可視化し、ガイドラインや鉄筋中心線を消去（Ctrl キー＋A キー→ Delete キー）して「仮梁」を可視化します。

仮梁上端から『350』下方へ水平に、両外から内側に『93』の位置に垂直にガイドラインを引き、実線を引きます（B5 の一段目の高さが天端より 350㎜、全長が 7,714㎜であるため（7,900 － 7,714）／ 2＝93㎜となります）。

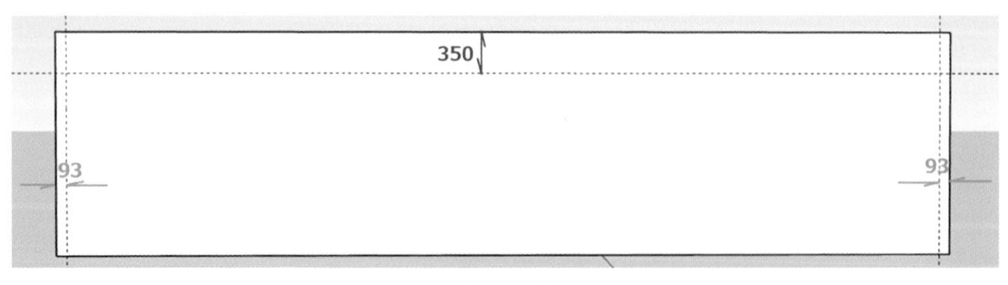

図6－108

「仮梁」のタグを不可視化して鉄筋中心線の先端に半径『9.5』の円を作成します。鉄筋中心線を選択し、フォローミーツールで円をクリックします。作成した鉄筋をトリプルクリックしてグループを作成します。茶色に着色したら新たにタグ「B5」を作り、タグ付けをします。

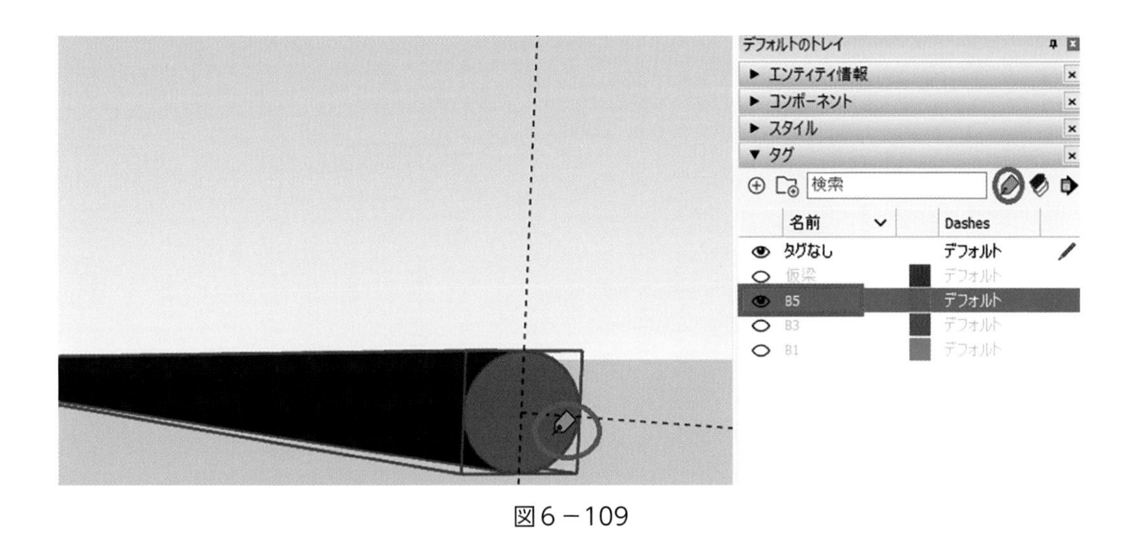

図6－109

タグの「B5」を不可視化して、ガイドラインや鉄筋中心線を消去します。

さらに「B1」、「B3」も可視化し、正規の位置に移動します。かぶり詳細図で横方向の芯かぶりが 106㎜となっています。現在位置は梁表面がセンターになっているため、B1、B3、B5 すべてを選択して『106』赤軸上を右方向に移動します。

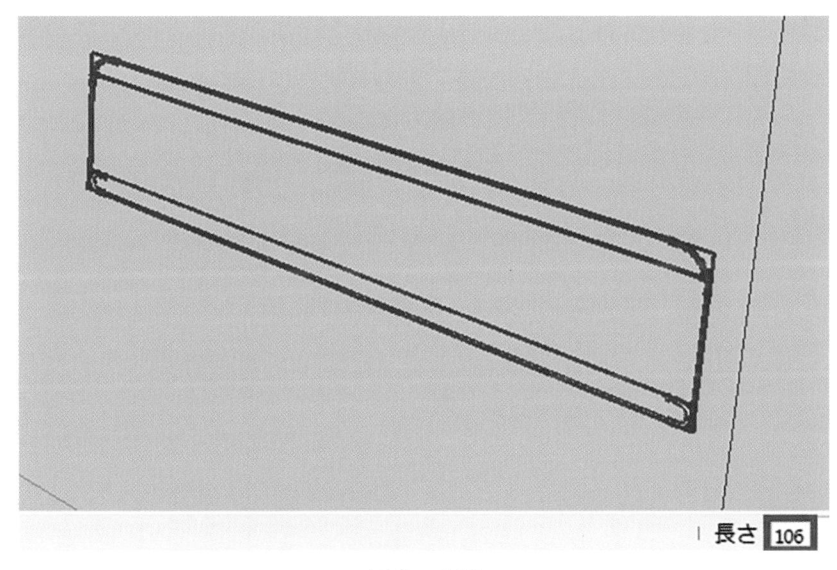

図6－110

作成例Ⅳ

次にB1とB3は同ピッチで配列されているので、この2つを選択したら移動ツールをコピーモードにして、赤軸上の右方向に『97.6』（(700 － 106×2) ／ 5=97.6）を入力しEnterキー、さらに『x5』を入力してEnterキーを押します。

すると図6－111のような結果になります。

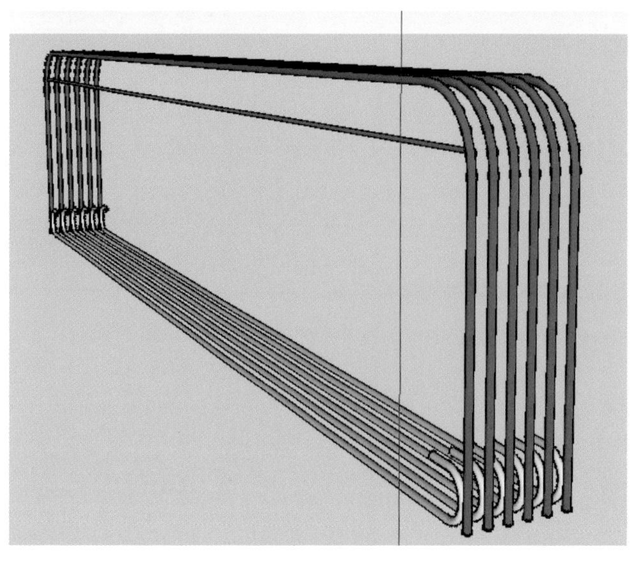

図6－111

次にB5を選択し、コピーモードにして、赤軸上を右方向に『488』を入力しEnterキーを押します。

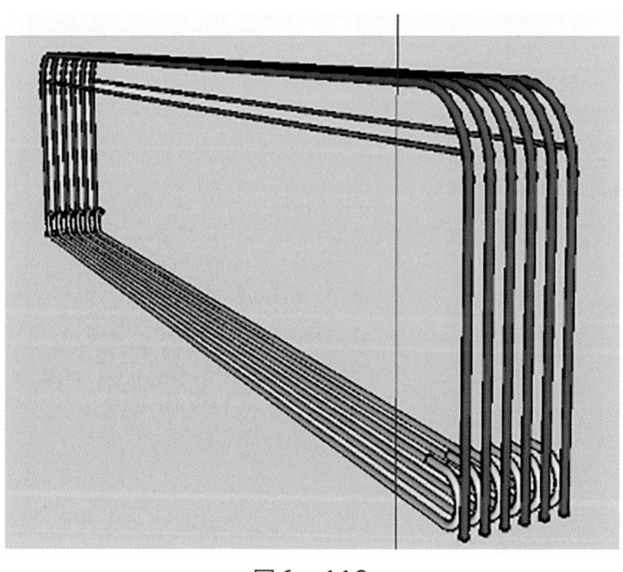

図6－112

さらに手前のB5を選択しコピーモードで青い軸上を下方に移動して『246.3』を入力後Enterキー、さらに『x2』を入力しEnterキーを押します。

次に後方のB5を選択してコピーモードで青い軸上を下方に移動して『246.3』を入力後Enterキー、さらに『x5』を入力しEnterキーを押します。これで軸方向鉄筋の完成です。

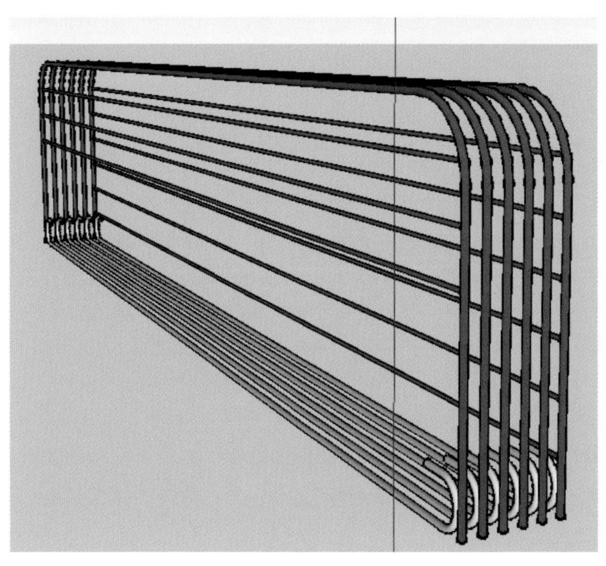

図6－113

<スターラップ　B1'>

タグで「B1」、「B3」、「B5」を不可視化し、「仮梁」を可視化します。今回は仮梁の側面を使用して作図していきます。

梁上面の被りは72㎜であり、スターラップB1'は径16であるため、上面から『80』、両側面から『82』ずつガイドラインを引きます。

また、コンクリート標準示方書よりSD390のスターラップの曲げ内半径は2.5φ、よって中心半径は2.5×16+8=『48』、円端部からの延長距離は60㎜以上4φ以上のため『64』をガイドラインとして加えます。

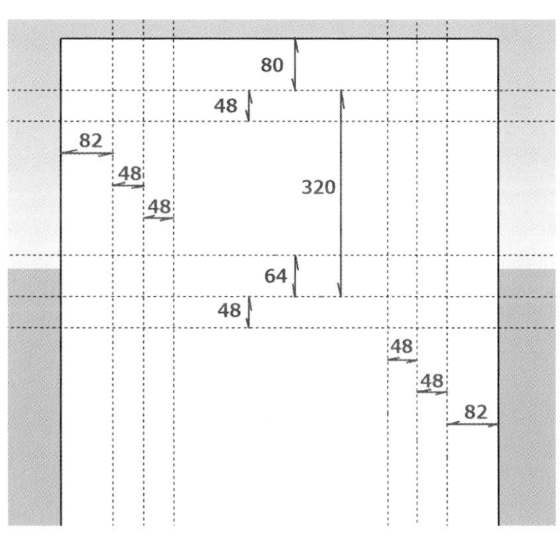

図6－114

ガイドラインに沿って実線や円を作成し、不要な半円を消去すると鉄筋の中心線ができあがります。

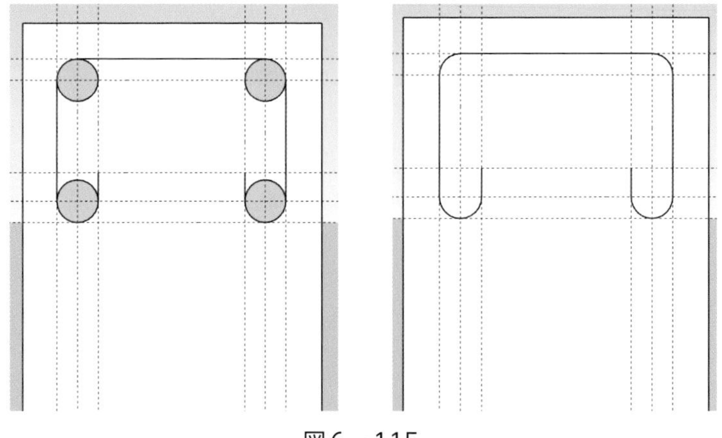

図6－115

ガイドラインを消去し、「仮梁」のタグを不可視化します。

フック先端に直交するよう半径『8』の円を作成し、中心線をすべて選択して、フォローミーツールで円をクリックします。

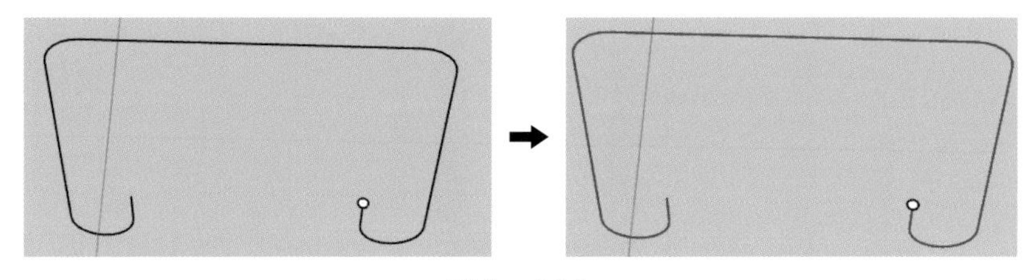

図6－116

できあがったモデルをトリプルクリックしてグループを作成したら、ペイントツールで青に着色し、新たに「B1'」のタグを作成してタグ付けます。

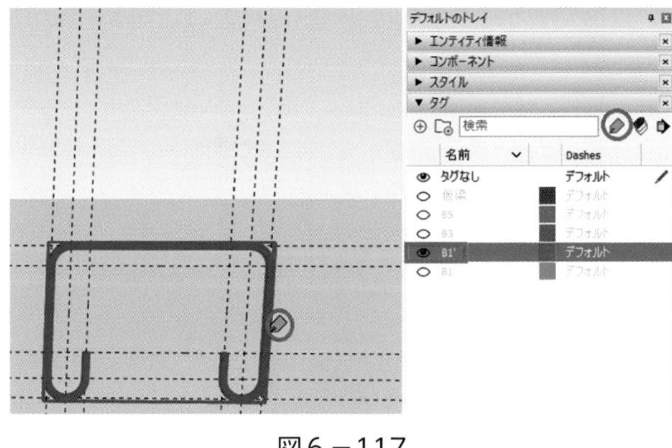

図6－117

「B1'」を不可視化して、ガイドラインや中心線を消去します。

<スターラップ　B2’>

次に B2’ を作成するので、タグの「仮梁」のみ可視化します。

B1’ と同様に図６－118 のようにガイドラインを入れ、実線、円を作成します。不要な半円やガイドラインを消去し、タグ「仮梁」を不可視化して、フック先端に半径『8』の円を作成します。中心線をトリプルクリックで選択しフォローミーツールで円をクリックします。

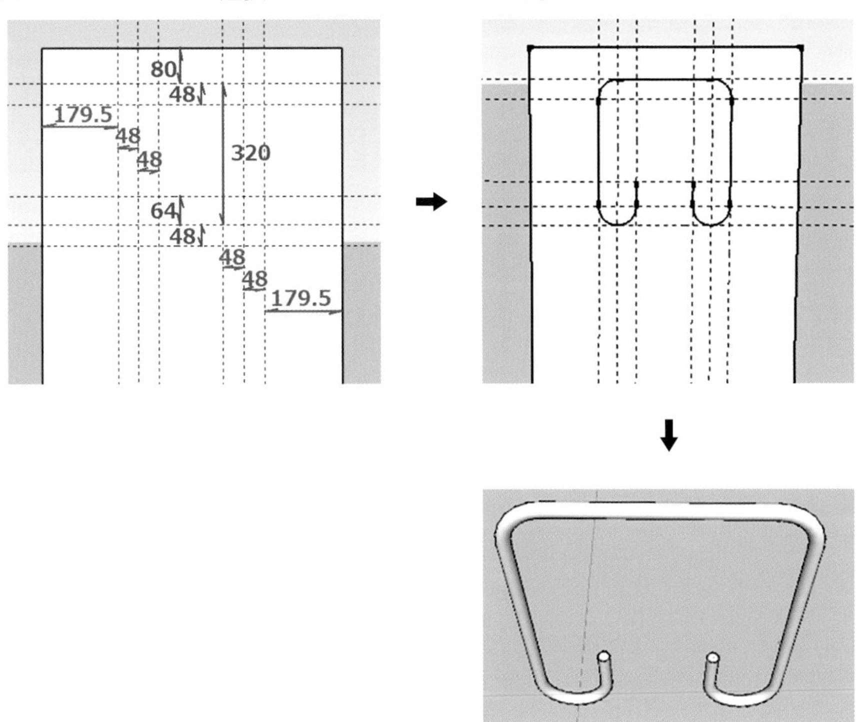

図６－118

作成したモデルをトリプルクリックしてグループを作成し、ペイントツールでスカイブルーに着色します。新たに「B2'」のタグを作成してタグ付けます。「B2'」のタグを不可視化し、ガイドラインや鉄筋中心線を消去します。

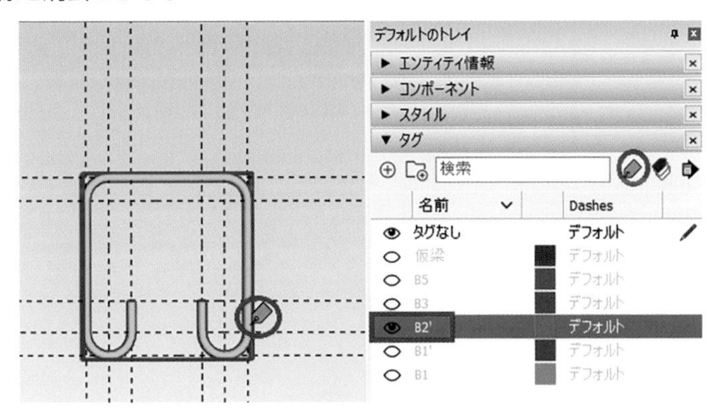

図６－119

<スターラップ　B3’>

次に B3’ を作成するため、タグの「仮梁」を可視化します。

下被りは 40㎜であるため鉄筋中心は下面から 48㎜になります。両外からは B1’ と同様『82』、曲げ半径は『48』、定着余長は『64』です。

それらを図6－120 のようにガイドラインを入れ、ラインに沿って実線・円を作成し、不要な半円・ガイドラインを消去して「仮梁」のタグを不可視化します。

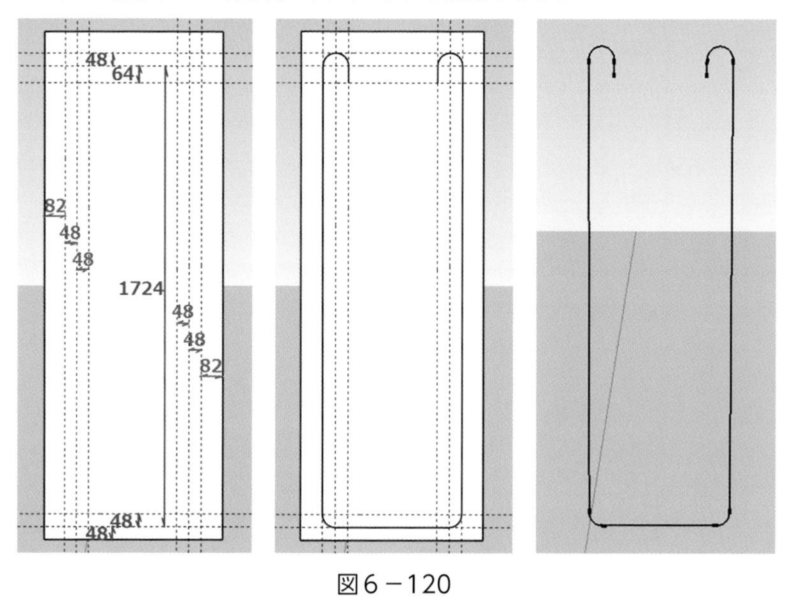

図6－120

フック先端に直交する半径『8』の円を描き、鉄筋中心線を指定して、フォローミーツールで円をクリックします。作成したモデルをトリプルクリックしてグループを作成し、ペイントツールで緑色に着色します。新たに「B3’」のタグを作成し、タグ付けをします。

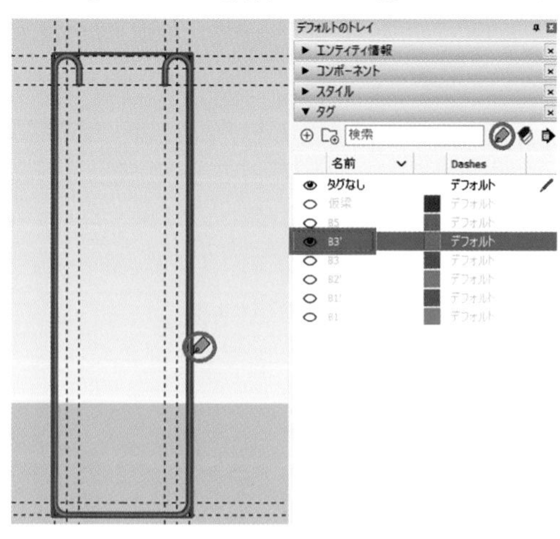

図6－121

「B3’」のタグを不可視化して、ガイドラインや鉄筋中心線を消去し「仮梁」を可視化します。

＜スターラップ　B4'＞

前述と同様に、図6－122のようにガイドラインを引き、ラインに沿って実線・円を描きます。両側からは（700 － 341）／2＝『179.5』、下側からの芯かぶりは『48』、曲げ半径も『48』、定着余長は『64』となります。

不要な半円を消去し、「仮梁」のタグを不可視化します。

フックの先端に直交する円（半径『8』）を描き、中心線全体を選択後、円をフォローミーツールでクリックします。作成したモデルをトリプルクリックしてグループを作成し、ペイントツールで「黄色」に着色後、新たに「B4'」のタグを作成してタグ付けをします。

「B4'」のタグを不可視化し、ガイドラインや鉄筋中心線を消去してください。

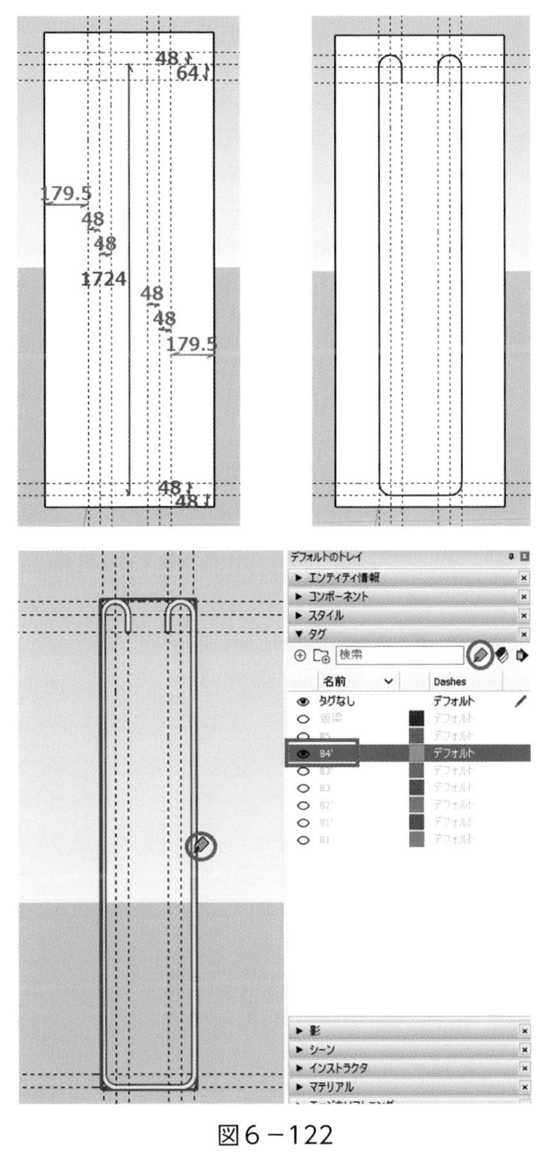

図6－122

不要なガイドラインは消去してください。

4種類のスターラップが完成しましたが、図面上では同位置になっています。現実としては有り得ないので、接して並べ替えます。

現在は、仮梁の側面に中心がある状態なので、1種類ずつタグを可視化して、緑の軸上を、B1' は手前に『24』、B2' は手前に『8』、B3' は奥側に『8』、B4' は奥側に『24』移動します。

全て移動し終わったら、4種類のスターラップを可視化し、1つのグループにします。

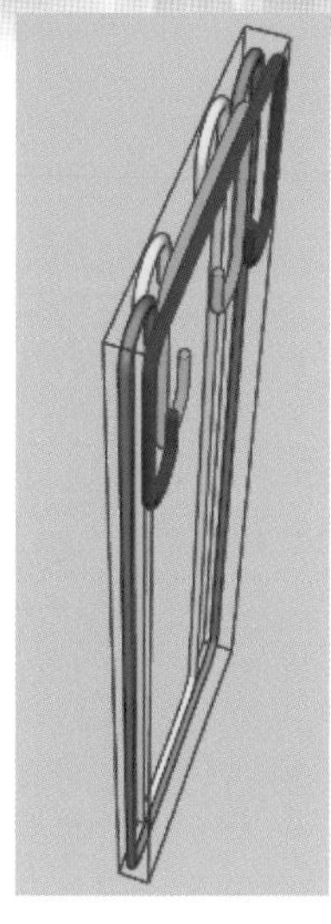

図6－123

グループにしたスターラップを正しい位置に配置します。

原位置は仮梁の側面にスターラップ（グループ）の中心点があるので、先ず緑の軸上を『725』奥側に移動します。

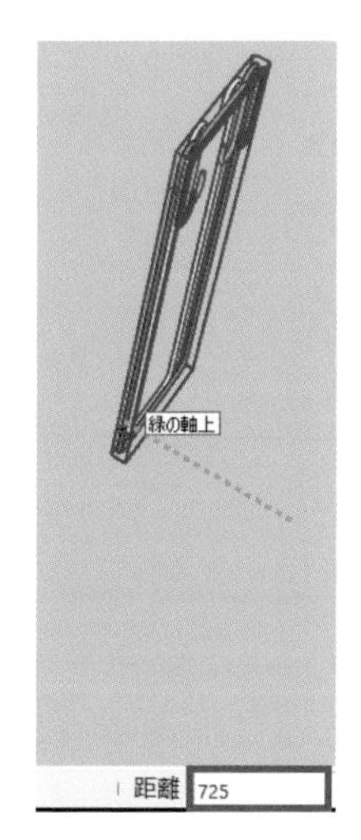

図6－124

次に、コピーモードにして緑の軸上を奥側に移動し『150』を入力して、Enter キーを押し、さらに『x19』を入力し Enter キーを押します。

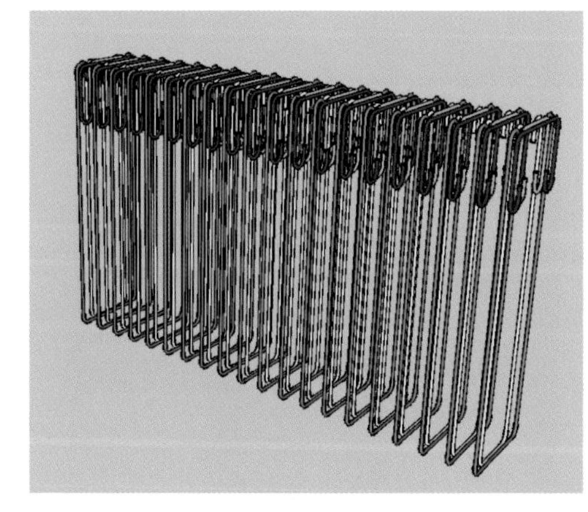

図6－125

端部のスターラップのグループを、コピーモードで緑の軸上を奥側に『750』の位置にコピーします。さらに、緑の軸上を奥側に『150』の位置にコピーし『x19』を入力します。

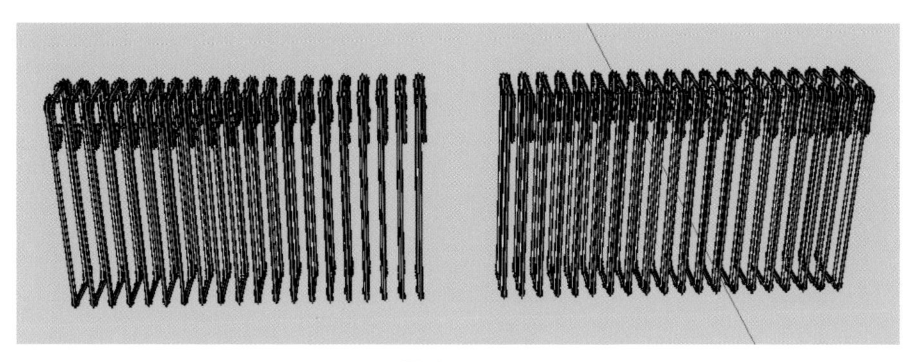

図6－126

タグの「仮梁」を可視化し、表示をX線モードにして、梁に対し正確に配置されていることを確認します。

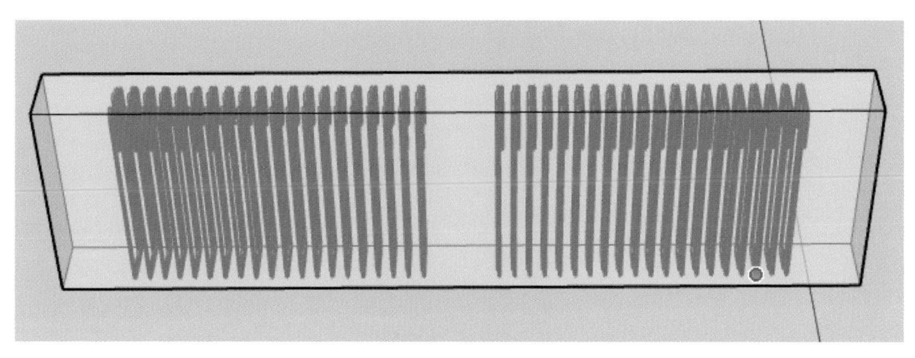

図6－127

X線モードを戻して、タグの「仮梁」を不可視化し、他のすべての鉄筋を可視化します。

図6－128

詳細を確認すると干渉している箇所が多くあります。主筋とスターラップ筋が上下で干渉している 8 箇所を代表として移動してみます。

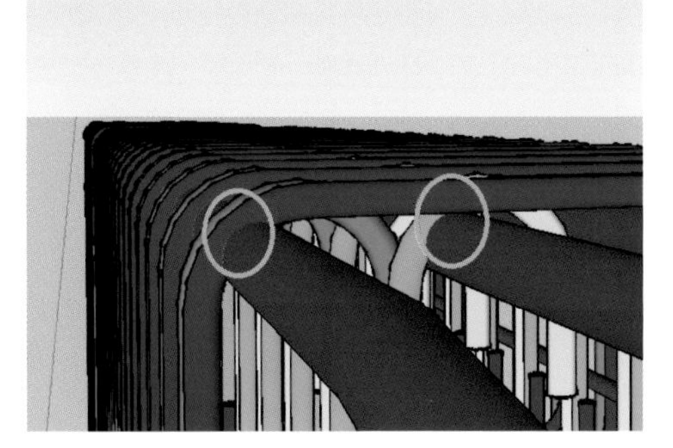
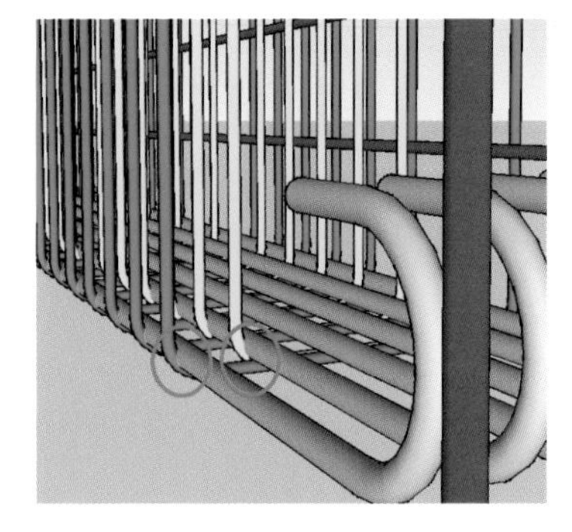

図6 －129

ここでは、B1 の両外を下方に『30』、その内側を下方に『20』移動し、B3 の両外を上方に『30』、その内側を上方に『20』移動します（この行為によって B5 の最下段が新たに干渉するので干渉しない位置に移動する必要があります）。

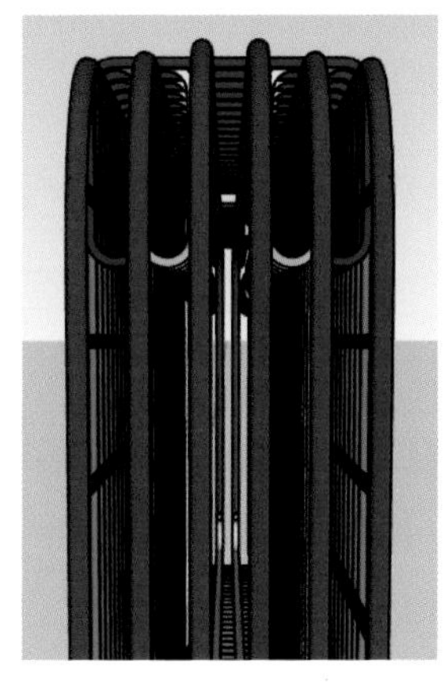

図6 －130

役目を終えた「仮梁」のタグを削除して、「鉄筋（梁）」という名前で保存します。
ここで、最初に作成した「高架橋（躯体）」を開いて、鉄筋を配置します。

鉄筋の干渉

2 次元図で描かれた配筋図は 3 次元図で検証すると、ほぼ 100%干渉しています。

被りや応力度の余裕などを検討し移動方向や、加工寸法を変更する必要がある場合がほとんどです。協議をスムーズに行うためにも SketchUp は有効です。

作業をわかりやすくするため全体を半透明に着色します。

高架橋全体を指定し、ペイントツールを選択します。「マテリアル」のプルダウンボタンから「ガラスと鏡」を選択し「半透明_ガラス_青」を選択して、右上にある「マテリアルを作成」ボタンをクリックします。現れたダイアログボックスの不透明度を「20」にして「OK」ボタンを押し、ペイントツールで躯体をクリックします。

すると、躯体が X 線モードのような半透明になります。

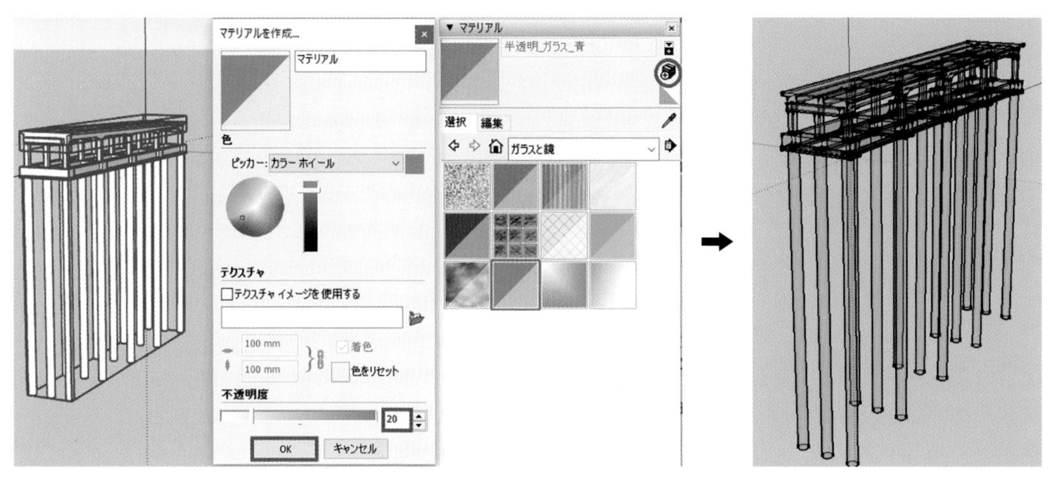

図6－131

この躯体に杭と梁の鉄筋をコピーします。

鉄筋（杭）のファイルを開き鉄筋全体を指定して「編集 (E)」→「コピー (C)」を選択します。

図6－132

「高架橋（躯体）」のファイルに戻り、「編集 (E)」→「所定の位置に貼り付け (A)」をクリックすると杭の下部に鉄筋図がコピーされます。

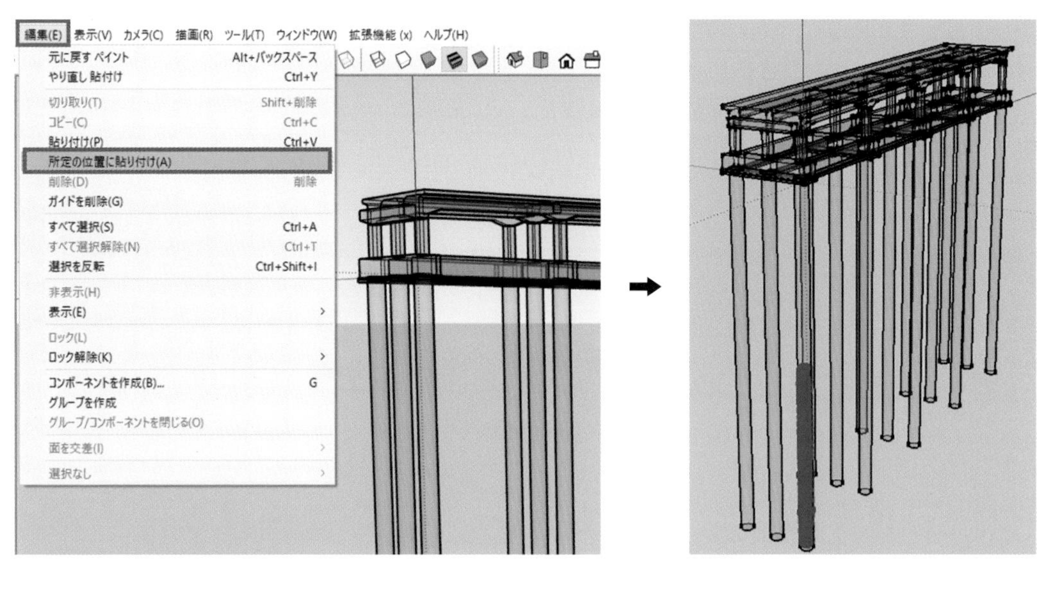

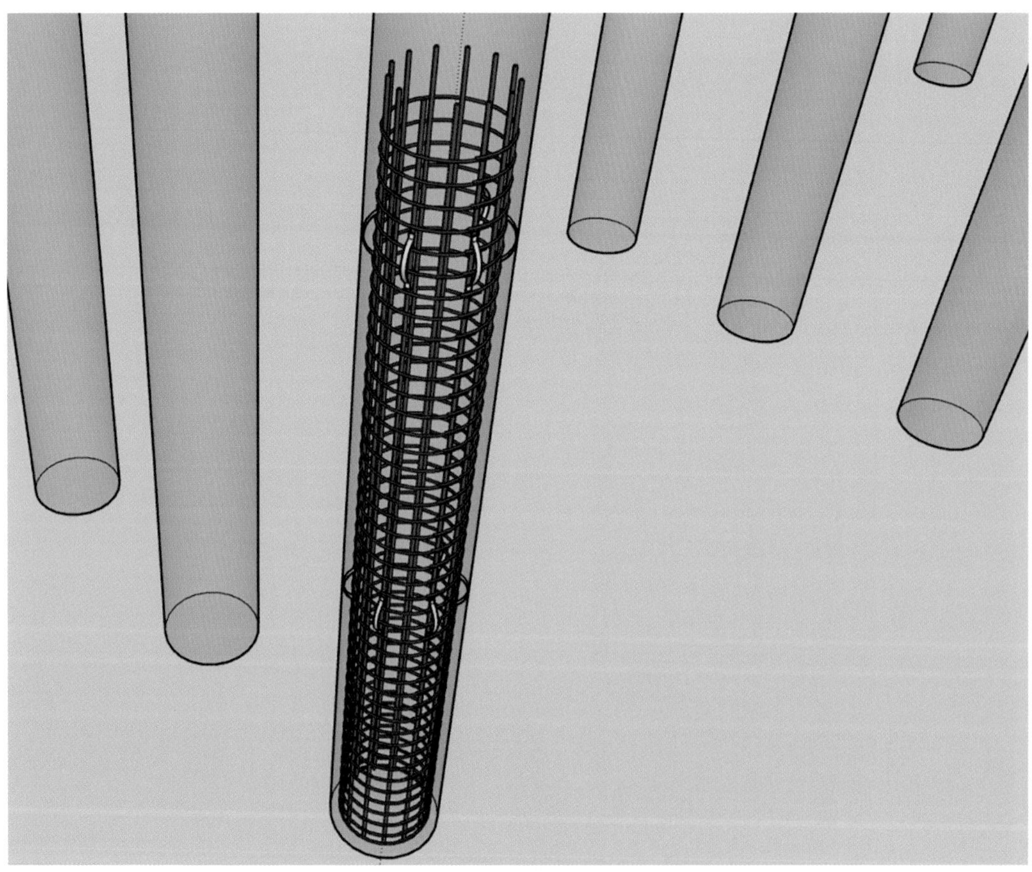

図6－133

同様に「鉄筋（梁)」のファイルからモデルをコピーし、「高架橋（躯体)」で所定の位置に貼り付けると、梁の鉄筋図がコピーされます。

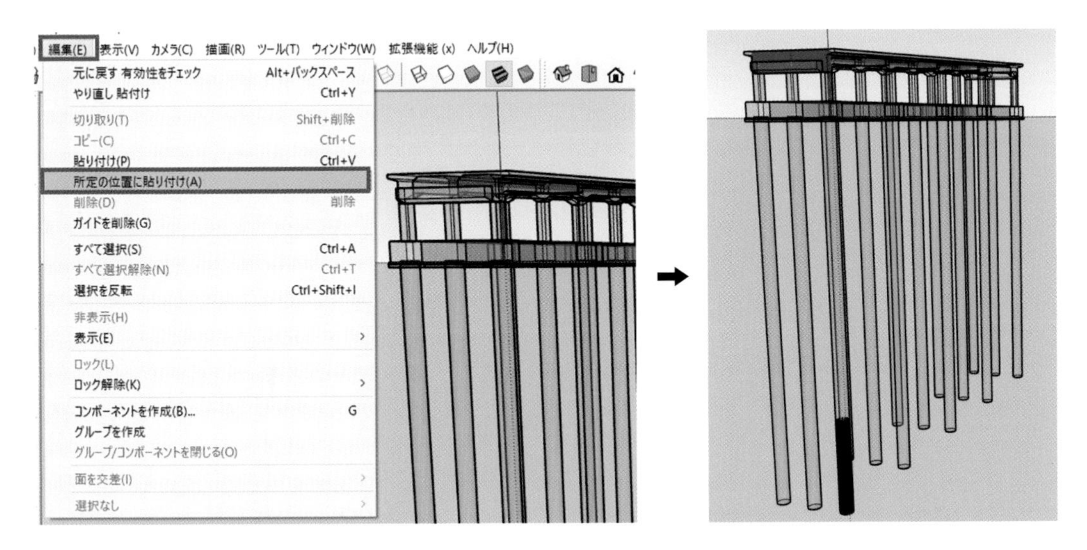

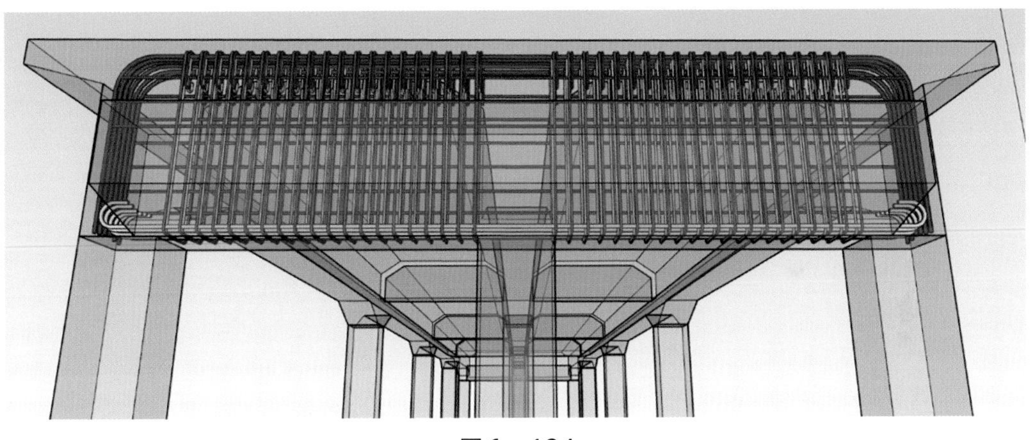

図6－134

付　録

図　　　面
付録の使い方
付　録　一　覧

付録：図面①　構造一般図（その１）

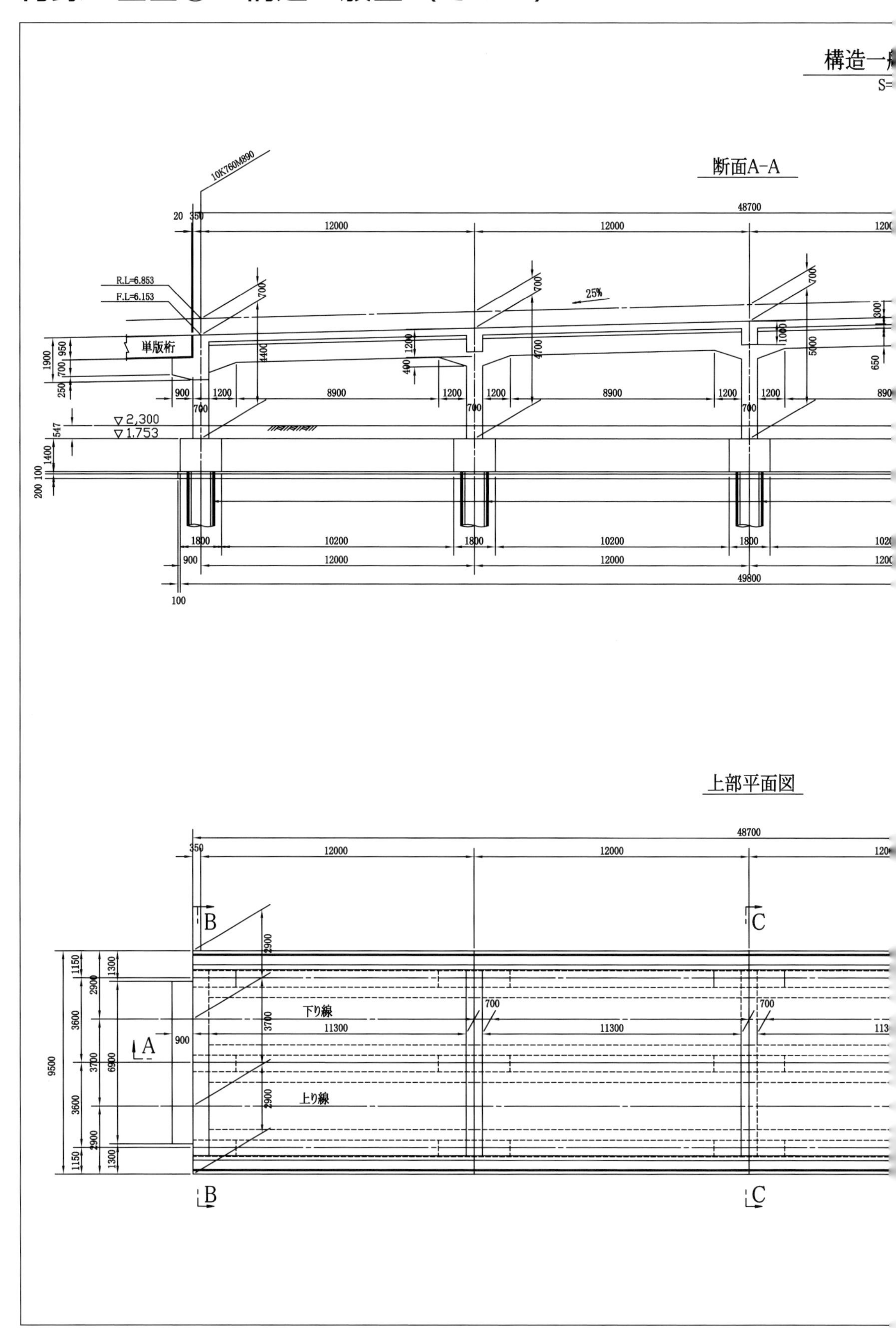

1)

10K808M890
12000
350 20
R.L=8.053
F.L=7.353
700
700
単版桁
950
1900
700
250
5300
5600
1200 1200 8900 1200 900
700 700
1400
200 100
場所打ちコンクリート杭
φ=1,300 L=36,500
1800 10200 1800
12000 900
100

設計条件

項目				
線名				
構造形式	グルバー式ラーメン高架橋			
橋長	48m(4径間 4x12.0) m			
高架橋の高さ	地中梁天端～スラブ上面 5.6m～4.4m			
列車荷重	KS-15			
曲線半径				
設計耐用期間	100年			
設計想定地震動と耐震性能	L1地震動		耐震性能 I	
	L2地震動(スペクトルII)		耐震性能 II	
	地域別係数		1.0(東京都)	
	計算された地盤区分		G6地盤	
構造物の環境条件	桁上面・柱		一般の環境	
	桁下面・側面・地中梁		一般の環境	
温度変化	ラーメン本体:±10℃			
乾燥収縮度	上層梁:15x10^{-5}			
鉄筋のかぶり(温暖地)	スラブ・梁	柱	地中梁	場所打ち杭(リバース杭)
	上面	―	上面・側面	120mm以上(主鉄筋)
	40mm以上	45mm以上	50mm以上	
	下面・側面	―	下面	
	40mm以上	45mm以上	75mm以上	
コンクリートの品質 部材	スラブ・梁・柱	地中梁	場所打ち杭	
設計基準強度(呼び強度)	27 N/mm^2 (27)	27 N/mm^2 (27)	30 N/mm^2 (30)	
粗骨材の最大寸法	25mm	25mm	25mm	
最大水セメント比	50%	50%	55%	
鉄筋の品質 部材	スラブ・梁・柱	地中梁	場所打ち杭	
種別	SD 390	SD 390	SD 390	
設計引張強度	560 N/mm^2	560 N/mm^2	560 N/mm^2	
設計引張降伏強度	390 N/mm^2	390 N/mm^2	390 N/mm^2	
設計標準	コンクリート(H16.04)	基礎(H12.06)	耐震(H11.10)	

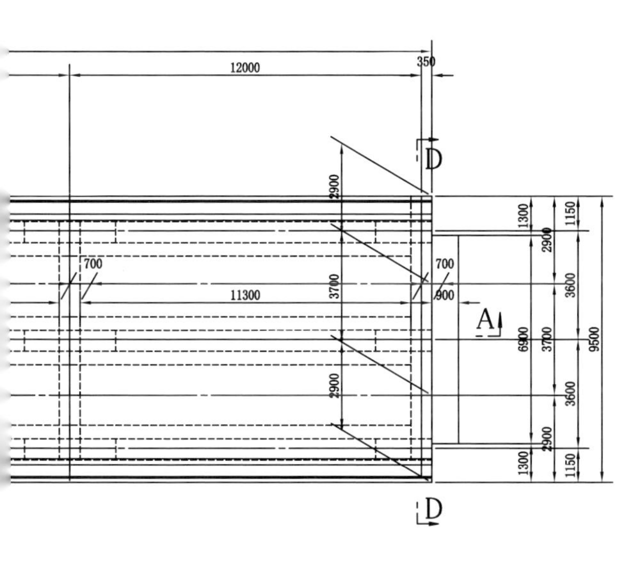

工事名	
構造物名称	高架橋
図面名称	構造一般図(その1)
寸法単位	mm 縮尺 1/100
図面番号	全 葉中 葉
設計年月	

付録：図面②　構造一般図（その２）

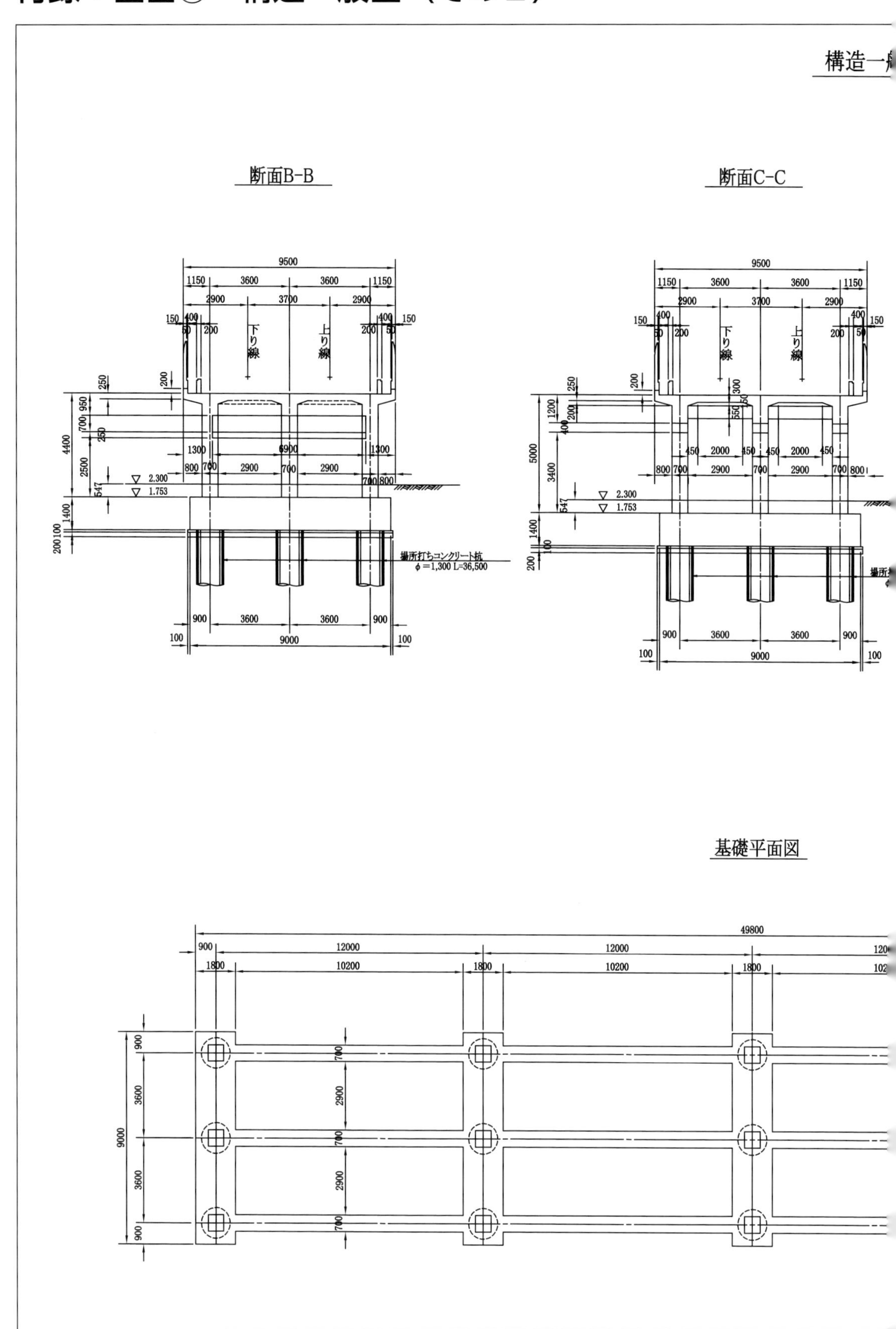

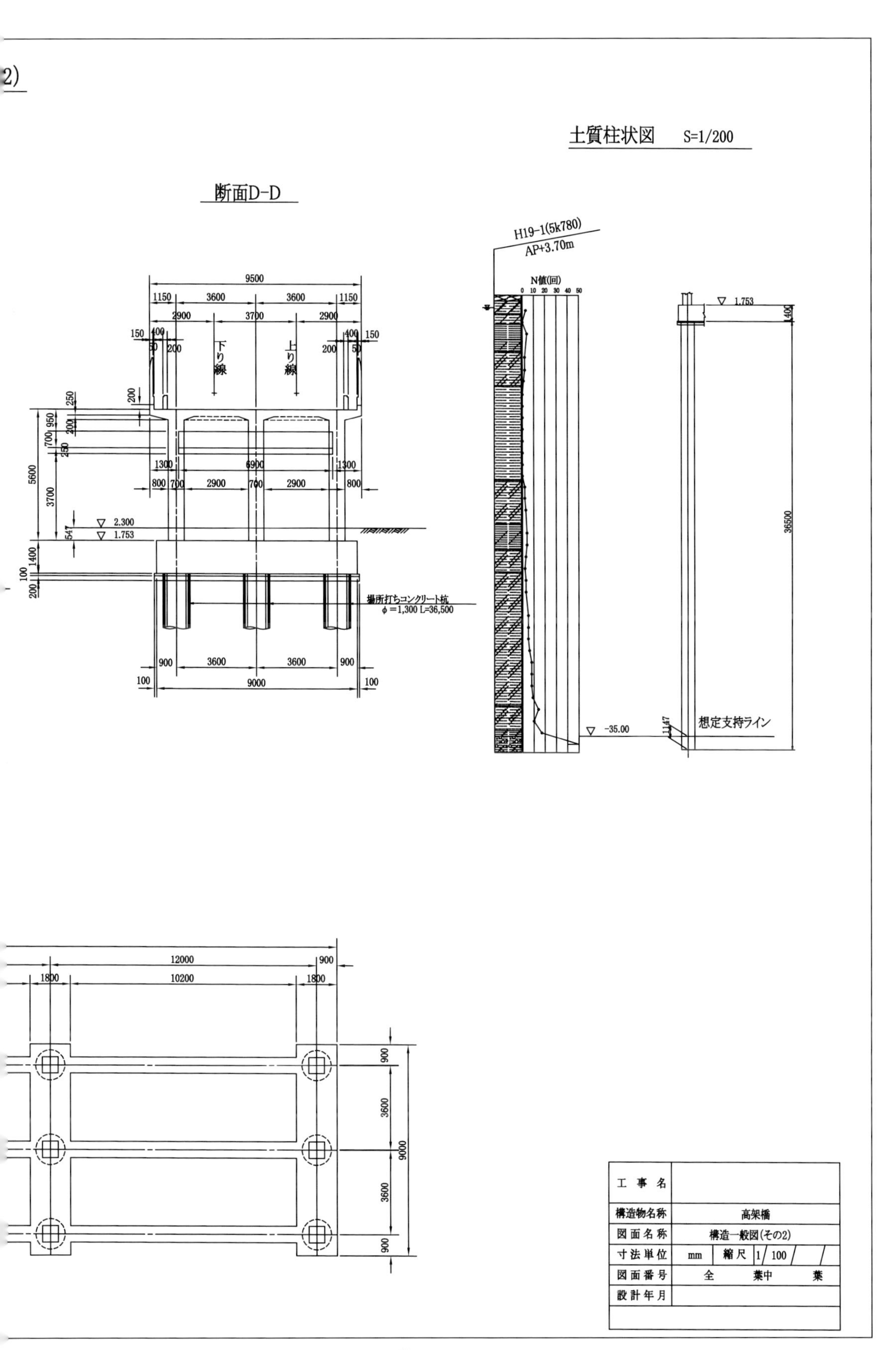
2)
土質柱状図　S=1/200
断面D-D
H19-1(5k780)
AP+3.70m
N値(回)
下り線
上り線
場所打ちコンクリート杭
φ=1,300 L=36,500
想定支持ライン
工事名
構造物名称　高架橋
図面名称　構造一般図(その2)
寸法単位　mm　縮尺　1/100
図面番号
設計年月

付録：図面③　杭 配筋図（その１）

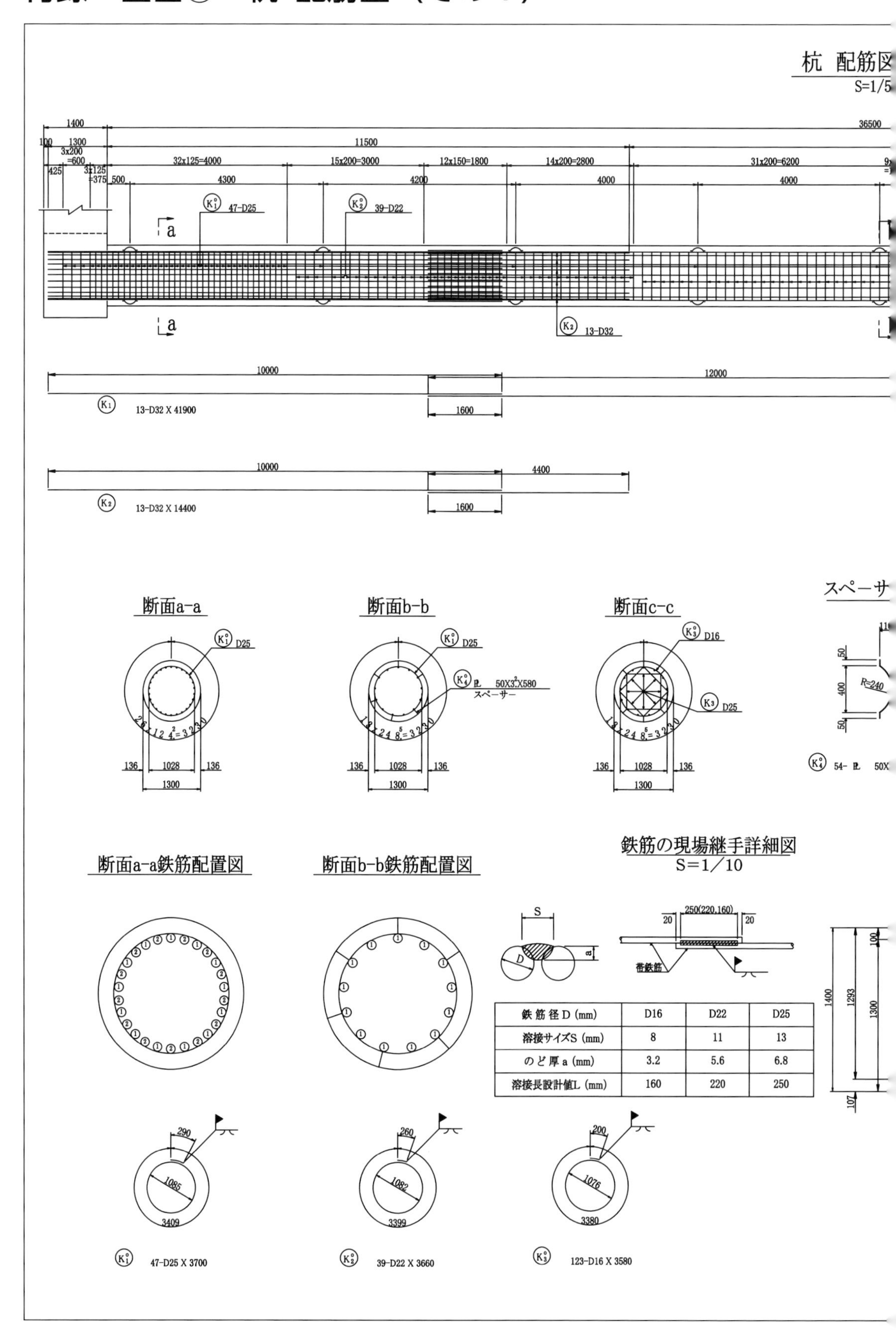

鉄筋径D (mm)	D16	D22	D25
溶接サイズS (mm)	8	11	13
のど厚a (mm)	3.2	5.6	6.8
溶接長設計値L (mm)	160	220	250

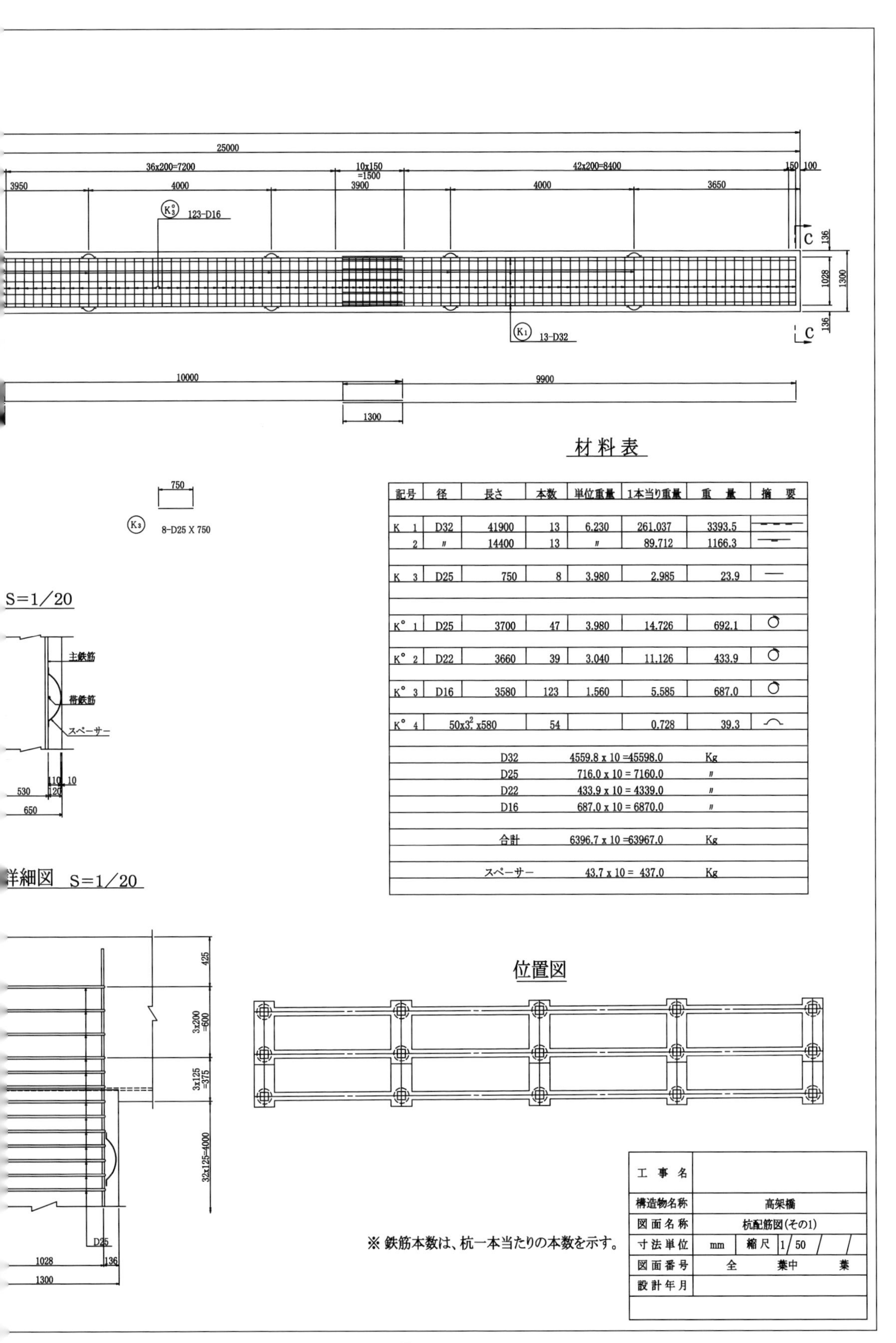

材料表

記号	径	長さ	本数	単位重量	1本当り重量	重　量	摘　要
K 1	D32	41900	13	6.230	261.037	3393.5	
2	〃	14400	13	〃	89.712	1166.3	
K 3	D25	750	8	3.980	2.985	23.9	
K° 1	D25	3700	47	3.980	14.726	692.1	
K° 2	D22	3660	39	3.040	11.126	433.9	
K° 3	D16	3580	123	1.560	5.585	687.0	
K° 4	50x3.2 x580		54		0.728	39.3	
		D32	4559.8 x 10 =45598.0		Kg		
		D25	716.0 x 10 = 7160.0		〃		
		D22	433.9 x 10 = 4339.0		〃		
		D16	687.0 x 10 = 6870.0		〃		
		合計	6396.7 x 10 =63967.0		Kg		
		スペーサー	43.7 x 10 = 437.0		Kg		

https://sketchup-book.kensetsunews.com/main/

付録：図面④　横ばり配筋図（その１）

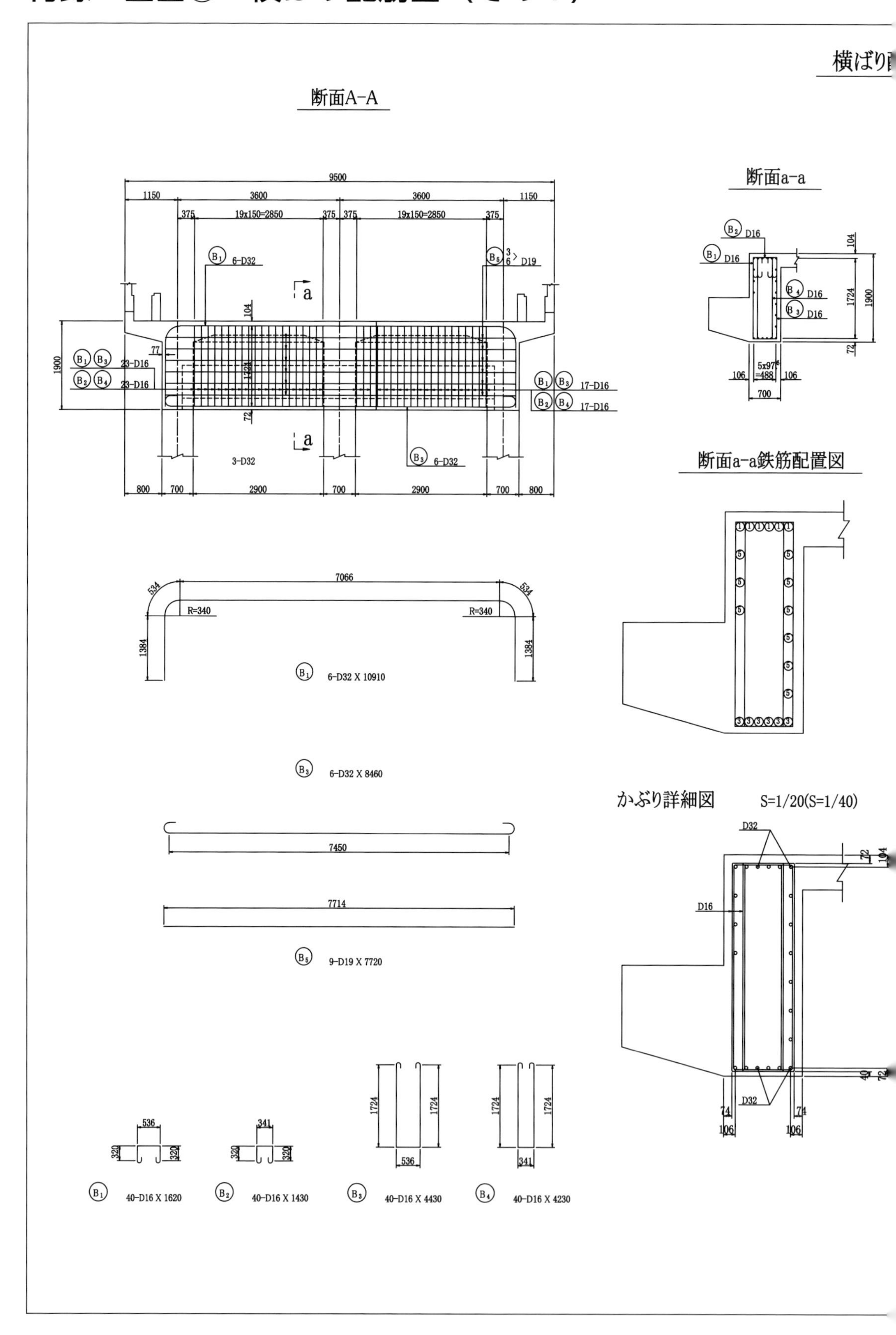

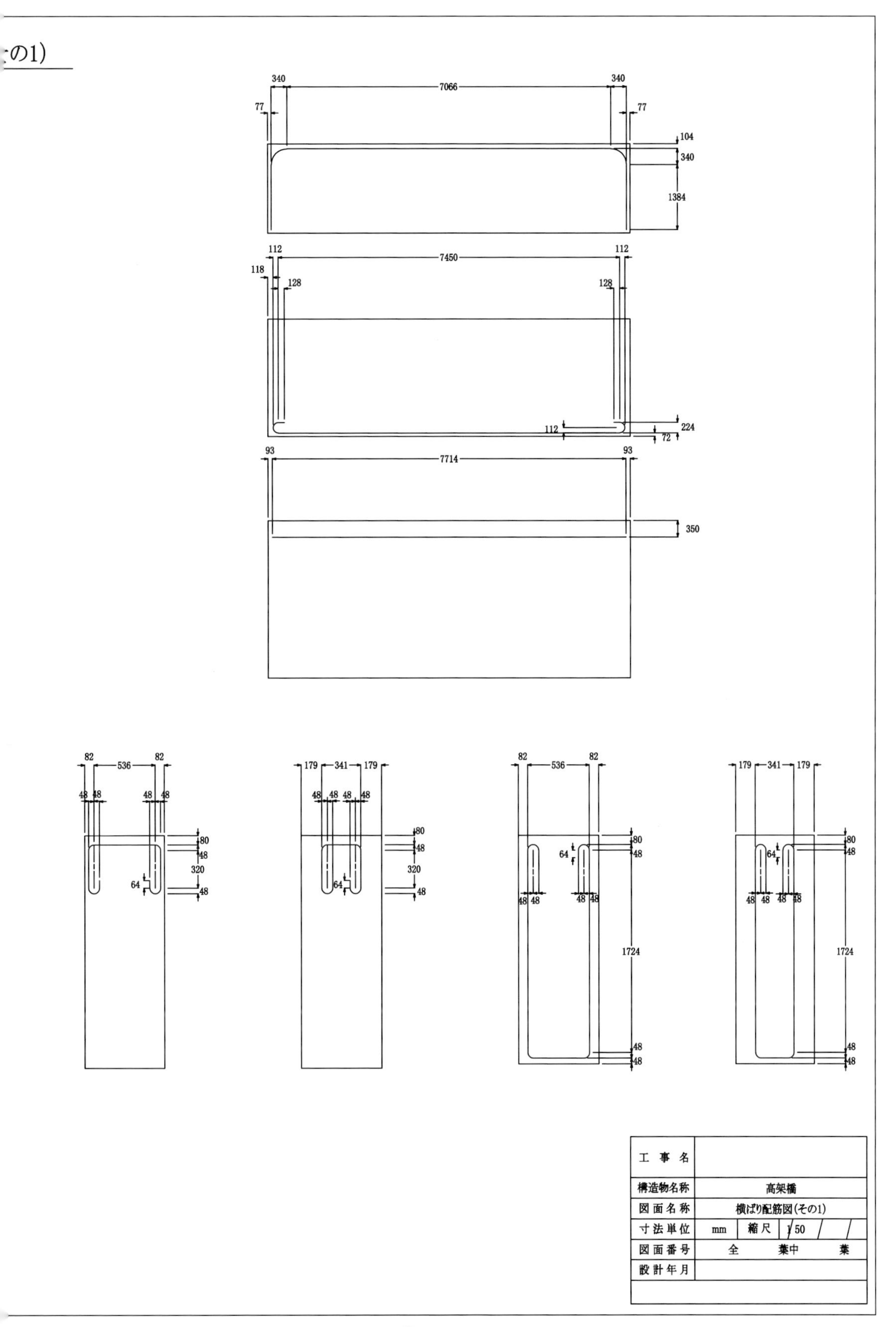

:の1)
340
7066
340
77
77
104
340
1384
112
7450
112
118
128
128
112
224
72
93
7714
93
350
82
536
82
48
48
48
48
80
48
320
64
48
179
341
179
48
48
48
48
80
48
320
64
48
82
536
82
80
48
64
48
48
48
48
1724
48
48
179
341
179
80
48
64
48
48
48
48
1724
48
48
工 事 名
構造物名称
高架橋
図 面 名 称
横ばり配筋図(その1)
寸 法 単 位
mm
縮 尺
1/50
図 面 番 号
全 葉中 葉
設 計 年 月

付録：図面⑤　構造一般図（その１参考）

1)

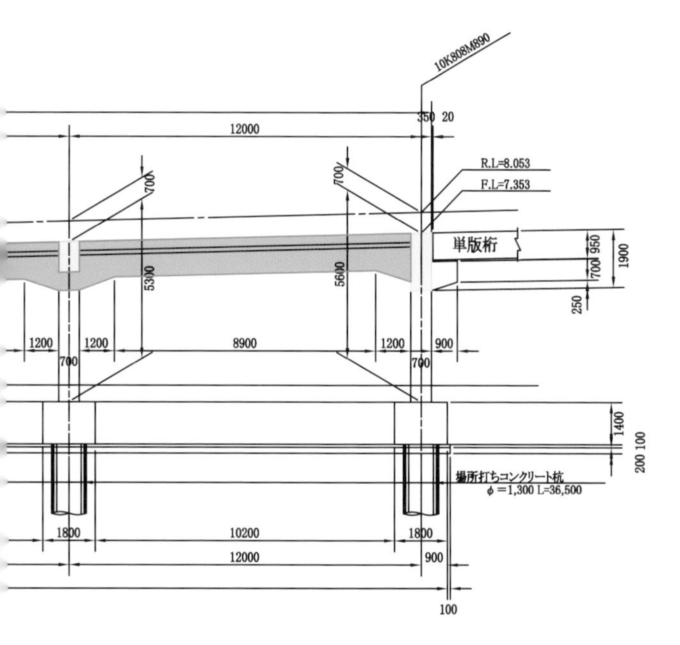

設計条件

項目	内容	
線　名		
構造形式	ゲルバー式ラーメン高架橋	
橋　長	48m(4径間 4x12.0)^{m}	
高架橋の高さ	地中梁天端～スラブ上面　5.6m～4.4m	
列車荷重	KS-15	
曲線半径		
設計耐用期間	100年	
設計想定地震動と耐震性能	L1地震動	耐震性能Ⅰ
	L2地震動(スペクトルⅡ)	耐震性能Ⅱ
	地域別係数	1.0(東京都)
	計算された地盤区分	G6地盤
構造物の環境条件	桁上面・柱	一般の環境
	桁下面・側面・地中梁	一般の環境
温度変化	ラーメン本体:±10℃	
乾燥収縮度	上層梁:$15x10^{-5}$	

鉄筋のかぶり(温暖地)	スラブ・梁	柱	地中梁	場所打ち杭(リバース杭)
	上面	——	上面・側面	120mm以上(主鉄筋)
	40mm以上	45mm以上	50mm以上	
	下面・側面	——	下面	
	40mm以上	45mm以上	75mm以上	

コンクリートの品質	部　材	スラブ・梁・柱	地中梁	場所打ち杭
	設計基準強度(呼び強度)	27 N/mm² (27)	27 N/mm² (27)	30 N/mm² (30)
	粗骨材の最大寸法	25mm	25mm	25mm
	最大水セメント比	50%	50%	55%
鉄筋の品質	部　材	スラブ・梁・柱	地中梁	場所打ち杭
	種　別	SD 390	SD 390	SD 390
	設計引張強度	560 N/mm²	560 N/mm²	560 N/mm²
	設計引張降伏強度	390 N/mm²	390 N/mm²	390 N/mm²
設計標準		コンクリート(H16.04)	基礎(H12.06)	耐震(H11.10)

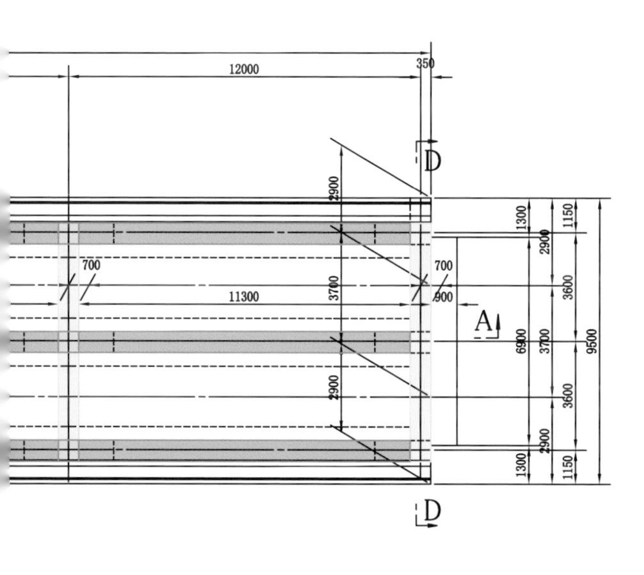

工事名				
構造物名称	高架橋			
図面名称	構造一般図(その1)			
寸法単位	mm	縮尺	1/100	
図面番号	全	葉中	葉	
設計年月				

付録：図面⑥　構造一般図（その２参考）

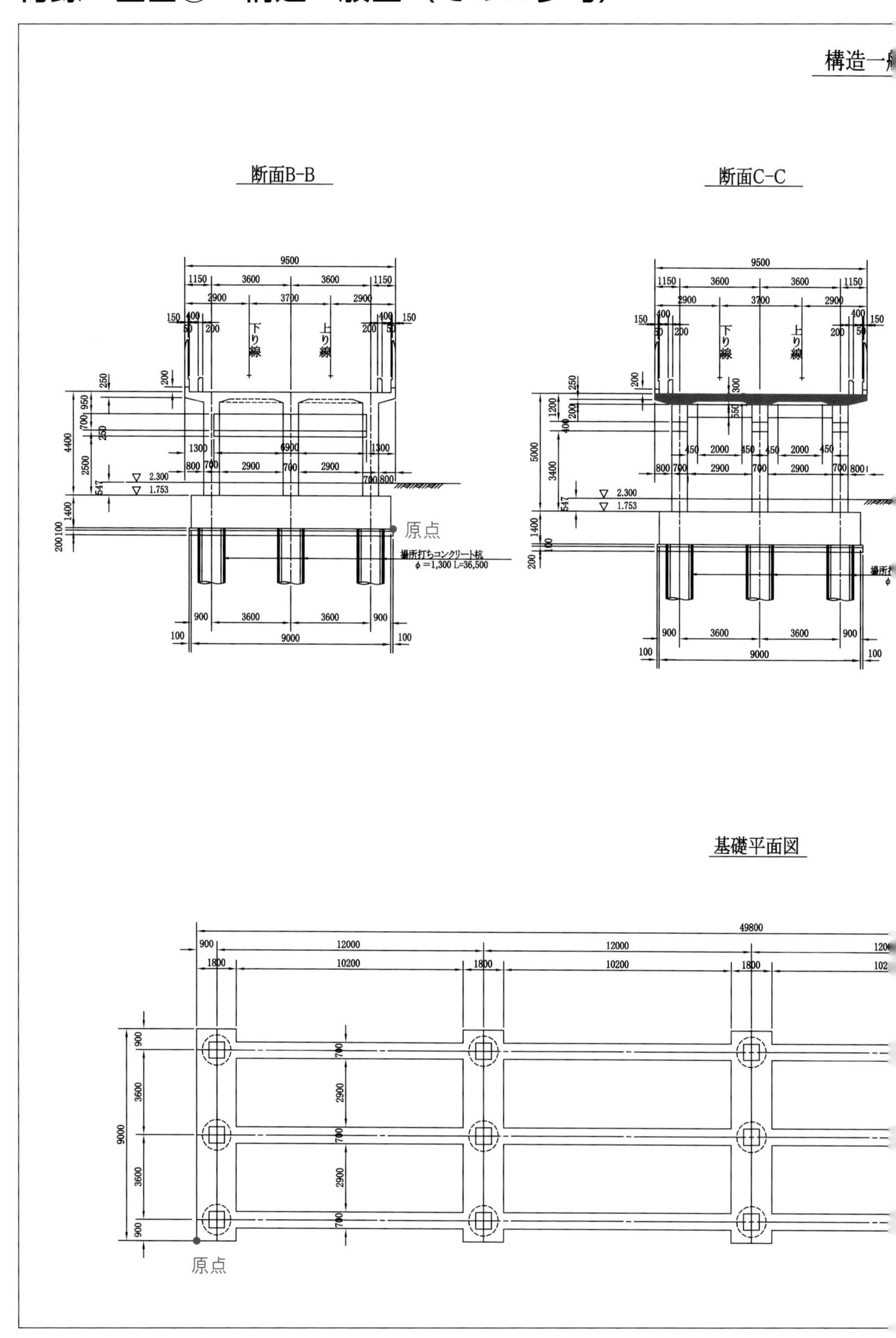

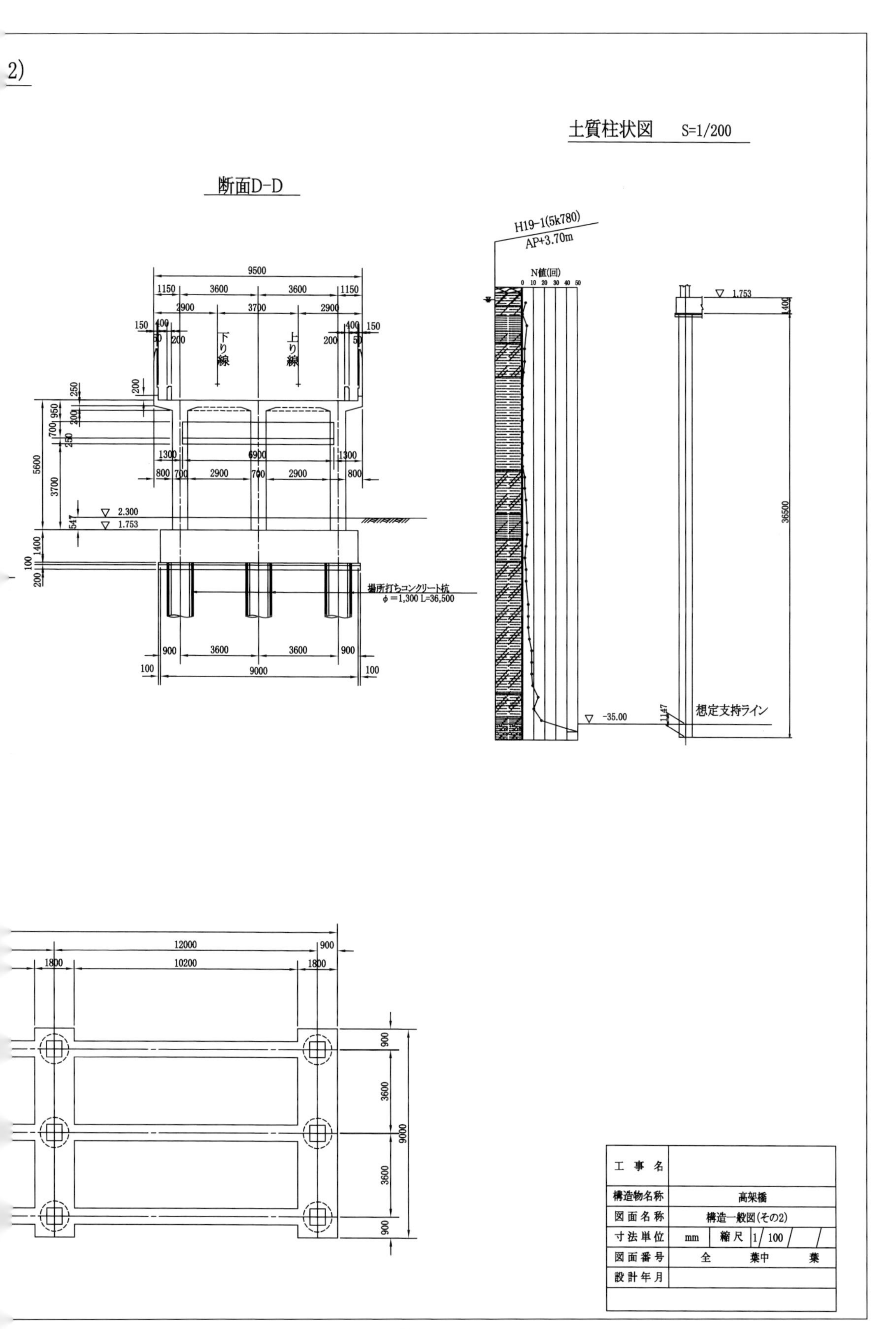

工事名	
構造物名称	高架橋
図面名称	構造一般図(その2)
寸法単位	mm 縮尺 1/100
図面番号	全 葉中 葉
設計年月	

https://sketchup-book.kensetsunews.com/main/

付録の使い方

1．URL を開きます。

2．使用する鋼材（今回は H 鋼）を選択します。

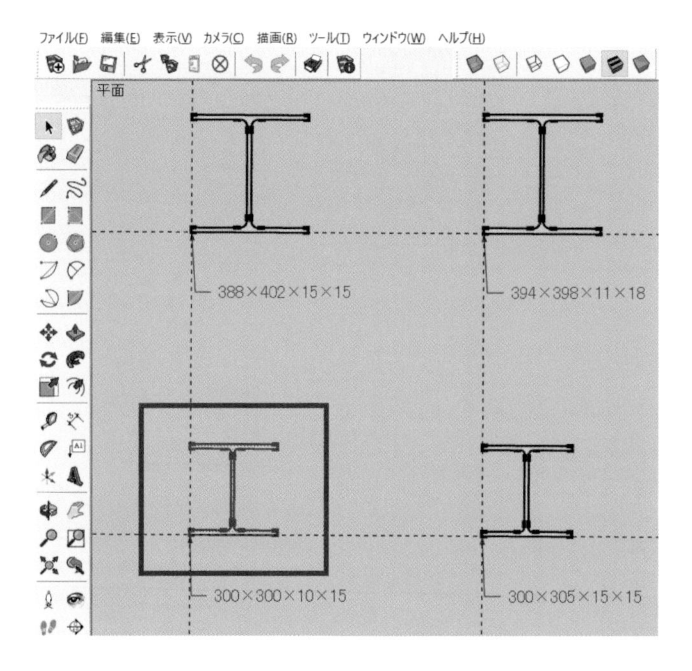

3．メニューバーの「編集 (E)」→「コピー (C)」を選択します（もしくは Ctrl キー＋ C キー）。

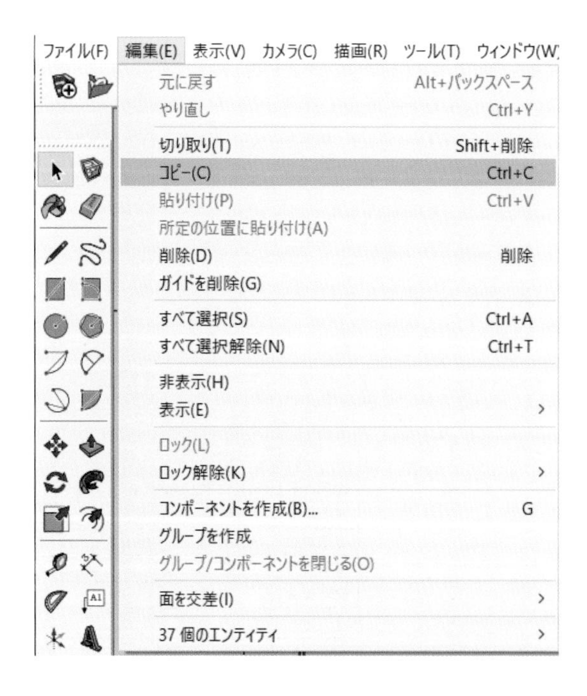

4．貼り付けたい SketchUp 画面を開き、コピーした H 鋼をメニューバーの「編集 (E)」→「貼り付け (P)」（もしくは Ctrl キー ＋ V キー）で貼り付けます。

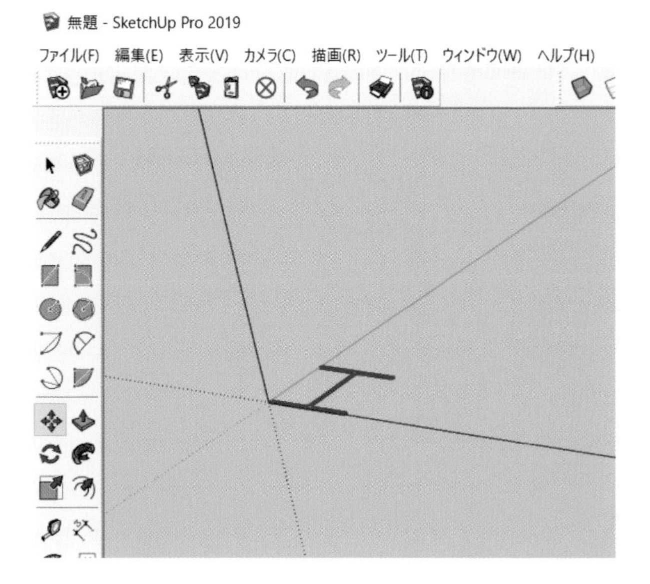

5．貼付けた後、プッシュ / プルツールを選択し、H 鋼を任意の長さに引き伸ばして使用します。

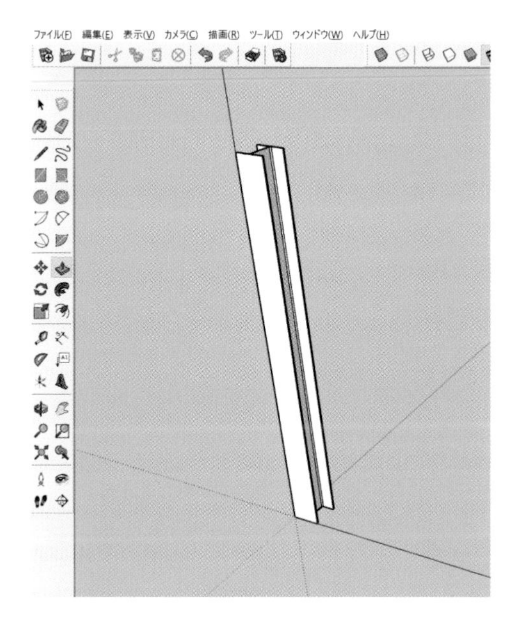

（図は 4,000㎜引き伸ばした例）

※コンクリート二次製品に関しては、部材がすでにコンポーネントになっております。

※基本的には円の側面は 24 セグメントで作成しておりますが、鋼材などを大量にコピーするとファイル容量が大きくなるため極力簡易版（円の側面数８）をご使用ください。見栄えは変わりません。

※山留材などはボルト孔を省略しています。

付録一覧

付　　録	名　　称	サ イ ズ
コンクリート二次製品	L 型擁壁	600 ～ 5000
	鉄筋コンクリート L 形	250A ～ 350B
	落ちふた式 U 型側溝（3 種）	250 ～ 500B
	U 型側溝上ぶた式	150 ～ 600（3 種）
	ヒューム管（B 形）	φ＝150 ～ 1350
	ヒューム管（NC 形）	φ＝1500 ～ 3000
	ベンチフリューム（1 種）	200 ～ 1000
	ベンチフリューム（2 種）	200 ～ 1000
	下水道用マンホール側塊	600A~1500B
	街渠桝	A 型～ D 型
	国土交通省 L 形及び縁塊	I 型～縁塊Ⅲ型
	自由勾配側溝（250 ～ 600 及び蓋）	250 ～ 600
	自由勾配側溝（700 ～ 1000）	700 ～ 1000
	小口推進管（E 形）	φ＝200 ～ 700
	推進管（E 形）	φ＝800 ～ 3000
	足掛け金物	
鋼　　材	ハイパービーム	
	CT 形鋼　　簡易版共	
	H 形鋼　　簡易版共	
	I 形鋼　　簡易版共	
	コラム　　簡易版共	
	リップ溝形鋼	
	溝形鋼　　簡易版共	
	山形鋼　　簡易版共	
	山留材　　簡易版	250 ～ 500
	山留用ブラケット	
	鋼矢板	
	軽量鋼矢板	
	覆工板　　簡易版共	2000 ～ 3000
	ライナープレート　簡易版	円形、小判形、矩形

INDEX

数 字

アルファベット

和 文

著者紹介

井出　進一
東急建設株式会社
土木事業本部　事業統括部
ICT 推進グループ
1972 年入社

水野　麻香
東急建設株式会社
価値創造推進室
デジタルイノベーション部
プラットフォーム開発グループ
2015 年入社

私が SketchUp を知ったのは 60 歳を過ぎた時でした。自分で図面を書いてみようと思ったとき、知人に「3D のいいソフトがあるよ」と紹介され、まあとりあえず試してみようかなと始めました。これが思いのほか簡単で直感的に操作できる優れものだったんです。プッシュ / プルツールで平面が立体になった瞬間は思わず声を出していました。それからすっかりはまってしまい、日曜大工の図面などを書いていました。簡単なマニュアルを作り、社内の有志に声をかけ私的サークル活動として SketchUp を教え始めました。しばらくして当社も SketchUp Pro を導入することになりましたので、社内向けのマニュアルとして加筆し講習会のテキストとして使用してきました。

今回、感性豊かな若い土木女子とともに土木に特化して初級編をまとめました。爺さんでもすぐできる、簡単でありながら奥の深い SketchUp に是非ふれていただきたいと思います。

井出

国民の「安心で快適な生活環境づくり」のためには、土木技術者の存在が必要不可欠です。その土木技術者が ICT を活用してたのしく仕事をすることは、パフォーマンス力の向上が期待できます。私の ICT への取り組みの第一歩は SketchUp でした。この本を通じて、土木における 3D の魅力を感じていただければと存じます。

本書は、繰り返し行った社内講習会での反省点やアンケート調査などによる受講者の意見を反映し、わかりやすいマニュアルを作成しました。CAD 経験がない方でも習得しやすいように構成いたしましたので、土木技術者から学生、一般の方と多くの方のお役に立てれば幸いです。

水野

これから始める3Dモデリング
土木技術者のためのSketchUp 改訂版

2022年10月31日 第1版第1刷発行

東急建設株式会社
著 者 井 出 進 一
水 野 麻 香

発行人 和 田 恵

発行所 株式会社 日刊建設通信新聞社
〒101-0054
東京都千代田区神田錦町3-13-7（名古路ビル本館）
TEL 03-3259-8719 / FAX 03-3259-8729
https://www.kensetsunews.com

印刷所 奥村印刷株式会社

ISBN978-4-902611-90-8 C2051